イラストで学ぶ

制御工学

An Illustrated Guide to Control Engineering

木野 仁 著　谷口 忠大 監修　峰岸 桃 絵

Hitoshi Kino / Taniguchi Tadahiro / Minegishi Momo

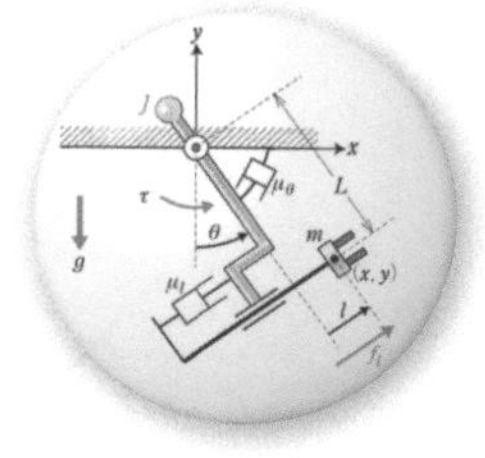

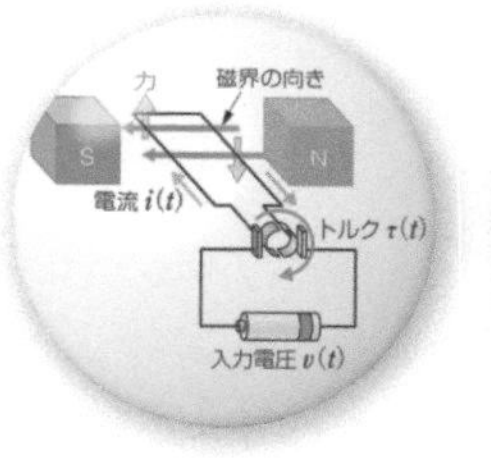

講談社

ご注意

①本書を発行するにあたって，内容について万全を期して制作しましたが，万一，ご不審な点や誤り，記載漏れなどお気づきの点がありましたら，出版元まで書面にてご連絡ください．

②本書の内容に関して適用した結果生じたこと，また，適用できなかった結果について，著者および出版社とも一切の責任を負えませんので，あらかじめご了承ください．

③本書に記載されている情報は，2024年1月時点のものです．

④本書に記載されているWEBサイトなどは，予告なく変更されることがあります．

⑤本書に記載されている会社名，製品名，サービス名などは，一般に各社の商標または登録商標です．

イラスト：峰岸 桃　図版：TSスタジオ　デザイン：達 由則（達デザイン事務所）／ next door design

監修にあたって

制御工学の歴史は長い．その産業界における貢献は計り知れない．

理工系の学部においては古典制御理論と現代制御理論を学ぶことが定番になっている．本書はしばしば別の教科書となるその２つを要点に絞りつつコンパクトに一冊の中に織り込んだ．

本書は監修である私（谷口）が 2014 年に出版した『イラストで学ぶ人工知能概論』（2020 年に改訂第２版を出版）から始まった「ホイールダック」シリーズの第３作目となる．拙著の『イラストで学ぶ人工知能概論』ではホイールダック２号が登場し，木野仁先生著の『イラストで学ぶロボット工学』ではホイールダック２号が改造されホイールダック２号@ホームが誕生した．第３作目となる本書ではついに満を持してホイールダック１号が登場する．そういうわけで物語の時間軸は過去に飛ぶ．

のっけから裏話であるが，『イラストで学ぶ人工知能概論』でホイールダック２号を出したときから「ホイールダック１号は登場しないんですか?」とよく聞かれた．そのときから，「もし出すなら３冊目で」と心に決めていた．『ドラゴンクエスト』という超有名な RPG がある．１作目は「ロトの末裔」で，２作目は「１作目の勇者の子孫たち」，そして３作目の主人公が実は「ロト本人」という設定だ．ホイールダックシリーズもこのパターンを踏襲しているわけだ．そういうわけで本書では，ついにホイールダック１号が登場する．三輪のオムニホイールで動いていたホイールダック２号と異なり，ホイールダック１号は２輪の倒立振子としてデザインされる．それを立たせて動かすことが，博士の——そして読者各位の使命となるのである．

先に述べたように，大学で学ぶ制御工学では古典制御理論と現代制御理論を学ぶという慣習が長く続いている．それぞれに若干，理論の構成が異なる．大学でこれらを「どう教えるか?」は悩ましい問題で，一方のみに絞るということがほとんどの大学のカリキュラムでできずにいるように思う．現代制御理論も今やまったく「現代」の産物ではなく，随分と長い歴史を持っている古典的な存在だ．また制御論は高校でも習う物理学における力学を「制御入力を持つ枠組み」へと拡張したような存在でもあり，高校で習う基礎的な学問を工学的な世界へと橋渡しする重要な役割も果たす．なんだかんだで，重要な学問であることは間違いない．

一方で制御工学は数学的厳密性を求める文化が強く，必ずしも数学が得意でない初学者にとっては直感的な理解が得られない結果として，俯瞰的な視点で学べないという問題が生じがちでもある．2020年代に書かれた制御工学の入門書としての本書の持てる役割は，「手にとりやすく，雰囲気を掴むうえで役に立つ存在である」というものだろう．著者自身が折に触れて述べるように，本書は「厳密な数学的論理の組み立て」よりも，手法の動機や意味の直感的理解を優先している．厳密性が重要でないわけではないが，それが本書の「役割」ということだ．他の教科書と併せて活用することで，より総合的な理解にたどり着くことができるだろう．

同時に監修として，これまでの過去2作のホイールダックシリーズとのつながりについてもコメントしたい．人工知能，ロボット工学，制御工学はいずれも，知的なロボット（実世界で動く人工知能）を作ろうとするうえでは重要な学問である．しかしこれらを専門とする技術者や研究者の間にはいまだに隔たりがある．これらすべてをきちんと勉強していてその間を気楽に行き来することのできる人材はまだまだ求められる．その意味で「ホイールダック」という存在でこれら3つの学問に串を通せることもまた，本書の出版意義だろう．

さて今回のお話は，ホイールダック2号が生まれる随分前の時間から始まる．すべては博士が受けた天啓から始まる．各章の導入を楽しみながらページを捲っていただきたい．さあ，すべてのホイールダックの物語の始まりだ．

2024年1月

監修　谷口忠大

はじめに

近年，深層学習（ディープラーニング）などに代表される人工知能（AI）が大変注目されている．最新の人工知能の技術は，これまでは不可能だったり，著しく手間がかかった多くの問題を解決してくれている．例えば，社会問題化している労働人口の不足などは，今後，人工知能がロボットのさらなる社会進出を可能にし，ある程度は解決する可能性はある．一方で，このような人工知能では，多くの部分がブラックボックス化されていることが多い．今後，技術者が人工知能の仕組みを理解しないまま（できないまま），単に入力と出力のみの整合性だけを論じることに慣れてしまう可能性がある．特に若い技術者にとって「よく分からんが，人工知能にパ〜とやってもらえばよいんじゃないの！？」というような安直な風潮が生じる懸念がある．

人工知能といえども万能ではなく，これまで通りのモデルベースド手法（数理モデルに基づく解決法）が有効な手段の１つであり，より難しいタスクを求められる場合には，モデルベースド手法と人工知能が連携することが大切になっていくだろう．

本書は制御工学のなかでも「古典制御理論」と「現代制御理論」について解説する．これらの理論は，モデルベースド手法として制御技術の基本となるものであり，今日においては，枯れた技術（信頼性が高く広く利用されている技術）ともいえる．しかし，モデルベースド手法に基づく制御理論を学ぶには，比較的高いレベルの数学知識を必要するため，初学者には難易度が高い．

一方，近年の大学教育に目を向けると，少子化により入学者の半分以上が推薦入試による大学も多い．一般論としていえば，推薦入試は一般入試に比べて著しく難易度が低いため，そのような大学では，理工系学部でも高校数学や物理を満足に理解できていない学生が多く存在するのが事実である．

また，機械システムを対象とする制御工学では，センサやアクチュエータの知識が必要となる．しかし，卒業研究を体験していない多くの大学生は，そのような知識に乏しい．したがって，制御工学を学ぶ多くの大学生にとっては，理論で用いる数学・物理だけでなく，そもそもセンサやアクチュエータを利用した「制御」のイメージがつかみづらい．

本書では，そのような背景に鑑みて，数学・物理の知識が豊富ではなく，センサやアクチュエータに疎い初学者に対し，できるだけ基礎的な数式や，例え話などを用いて分かりやすい解説を心がける．そのとき，架空のロボット「ホイールダック１号」の開発物語をベースに，技術スキルを徐々にステップアップさせることで，読者自身がホイールダックを開発していくことを仮想体験し，制御工学を学んでいく．

先述したように，本書で扱う制御理論は枯れた技術である．つまり，今現在においてさまざまなところに用いられている完成度が高いものである．今後，どれほど人工知能が発達しても，これらの制御理論の重要性は失われることはないであろう．前述したように制御理論と人工知能が融合し，相互に欠点を補完することで，人工知能の発展とともに制御理論の重要度は増していくと著者は考える．

2024 年 1 月

著者　木野 仁

本書の登場人物

ホイールダック 1 号

アヒルに見た目が似ていることから「ホイールダック 1 号」と名付けられたペンギン型ロボット．2 つの車輪を左右に持ち，これを適切に前後に回転させることにより，転倒せずに直立し，また前後に動くことができる．倒立振子と同じ原理．

博士

ホイールダック 1 号の生みの親．将来的にはホイールダック 2 号やホイールダック 2 号@ホームを手がけることになるが，今はまだ駆け出しの若手研究者．元々の専門は人工知能であり，制御工学にはあまり詳しくない．いつの日か，自分の作ったロボットが世界で大活躍することを夢見ている．趣味は紅茶と読書．学位は博士 (工学)．

幼馴染みの彼女（将来の助手）

博士の幼馴染みの女の子．10 歳年下．現在は大学生で，アメリカの大学に留学中．博士は彼女にとってずっといい「お兄さん」．博士が将来ロボットを作ると言い出したときからは，いつかその手助けをしたいと思っている．アメリカで学んでいる理由もそのため．趣味は乗馬．少女時代の将来の夢は幼稚園の先生．

教授

アメリカのとある大学で教鞭をとるグレーヘアでナイスミドルな教授．制御工学を専門とする．数理最適化に関する教科書を執筆し全世界で読まれている．趣味は庭いじり．研究者の業績を数値化した指標である h-index の値は 60．

目 次

第 1 章

いろいろなものを制御しよう

STORY

ロボットを作るのが夢だった．人工知能を学び博士になったけれど，働き出すと大学の日常業務に追われて，そんな夢を忘れてしまっていた．

そんなある日のこと，自宅の布団でスヤスヤと寝ていた博士の夢の中に謎のロボットたちが現れる．二輪で立つ変なロボット，３つのオムニホイールを持ったロボット，正面から一本の腕を生やしたロボット．それは白いアヒルみたいなペンギン型ロボットだった．

博士は直感的に気づく．それは自分が作るべきロボットなのだと．

『ねぇ，博士！　制御工学を勉強して，僕たち――ホイールダックを作ってよ！』

そして博士は目を覚ます．さぁ，制御工学を学ぼう！　今度こそ夢を叶えるために！

図 1.1　博士の夢の中に降臨する白いアヒルみたいなペンギン型ロボット，その名はホイールダック！

1.1 ホイールダックを通じて制御を学ぶ

1.1.1 ホイールダック１号参上！

本書『イラストで学ぶ制御工学概論』は，**制御工学**について学んでいく，初学者用の書籍である．しかし，初学者にとっては制御という言葉は少し聞き慣れないかもしれない．**制御**とは，対象とする機械（ロケット，自動車やロボットなど）や電気機器（モータを動かす電気回路など）に対し，その物理量（例えば速度や角度など）を目標の値にコントロールすることである．

本書の読者として想定しているのは，理工系学部の大学２年生以上である．もちろん，それ以外の高専・学部・大学院生，リメディアル教育を試みる社会人技術者，純粋に制御工学に興味のある人などにもぜひとも読んでいただきたい．ただし，前提として高校と大学初等で学習する数学と物理を理解しているものとする．

本書では，図 1.2 の**ホイールダック１号**の開発にまつわるストーリを通じて，制御工学を学習していく．ホイールダックとは姉妹書である『イラストで学ぶ人工知能概論』，『イラストで学ぶロボット工学』にも登場する架空のロボットである[1]．これらの姉妹書がホイールダック２号，および２号の改良機である２号@ホームの開発物語であったのに対し，本書のストーリはそれらよりも過去のお話である[2]．

本書を読み進めることで最終的に完成するホイールダック１号は図 1.2(a) のように，胴体の左右に１つずつの合計２つの車輪（ホイール）が搭載され，

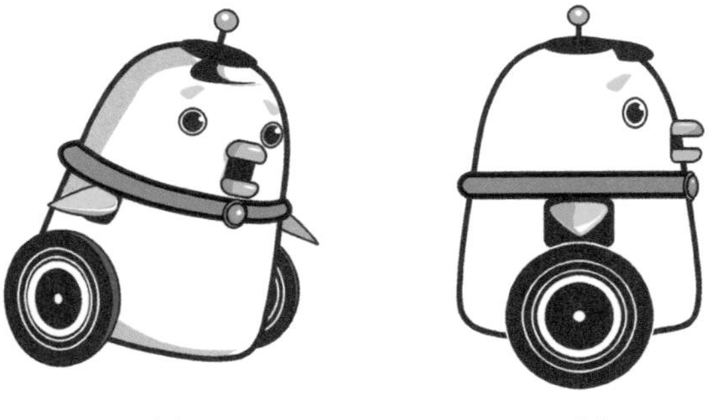

(a)　(b)

図 1.2　ホイールダック１号

[1] 巻末ブックガイド [1,2] を参照．
[2] ストーリ上の時系列で並べれば『制御工学』→『人工知能概論』→『ロボット工学』となる．

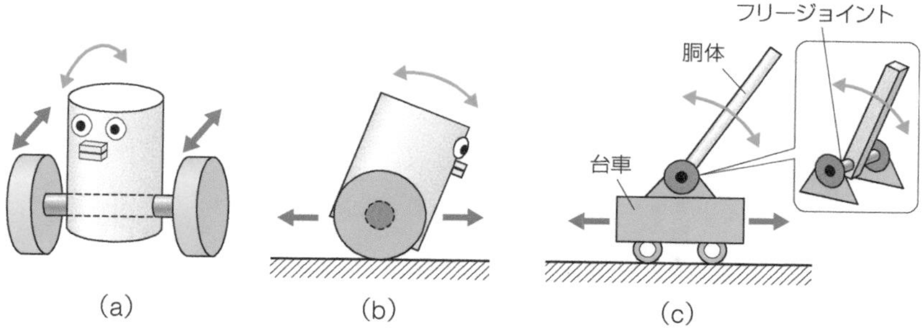

図 1.3　ホイールダック 1 号の簡略化したイメージ

本書では図 1.2(b) のように鉛直平面内の運動に限定して解説を行う．

ホイールダックの本体は図 1.3(a) のように車輪と胴体で構成される．左右の車輪は軸で連結されており，左右とも同じ動きをする．胴体に内蔵されたモータを駆動させることで車輪を回転させ，胴体を移動させることができる．ただし横から見たら，図 1.3(b) のように一輪車と同じ状態なので，やみくもに車輪を回転させても，胴体は重力の影響を受けて倒れてしまう．この一輪車の構造は解説するときにイメージが湧きにくいので，本書における制御工学の説明では，**図 1.3(b) と同じ形式の数式で表現でき，同じ解析手法が利用可能な図 1.3(c) の構造に置き換えて解説していく**．

図 1.3(c) の構造では，下部の台車と上部の胴体から構成される．胴体と台車はフリージョイントでつながっている．このジョイントにはモータなどが接続されておらず，文字通り自由に回転する．台車には質量が無視できる小さい車輪が搭載されており，車輪を動かすことで台車に任意の移動力を発生できる．台車自体は転倒せず，地面から離れることはない．ただし，図 1.4 のように，何もしなければ胴体は重力の影響で，このジョイントを中心に回転し，倒れてしまう．この現象は一輪車と同じ構造を持つ図 1.3(b) において，ホイールダックの胴体が転倒することと同様の意味を持つ．

1.1.2 ホイールダックと倒立振子

以上の設定を踏まえ，本書での制御としての最終目的はホイールダック 1 号の胴体を**倒れないように直立に保ちつつ，本体をある位置に移動させること**とする．これを図 1.3(c) を用いて考えれば，目的は上部の胴体を直立に保ちつつ，下部の台車をある位置に移動させることと同じとなる．

まずは高校までに学ぶ知識のみで，この制御の要求に挑戦してみよう．直立していた胴体が風などの影響を受けて，ある瞬間に図 1.4(左) のように鉛

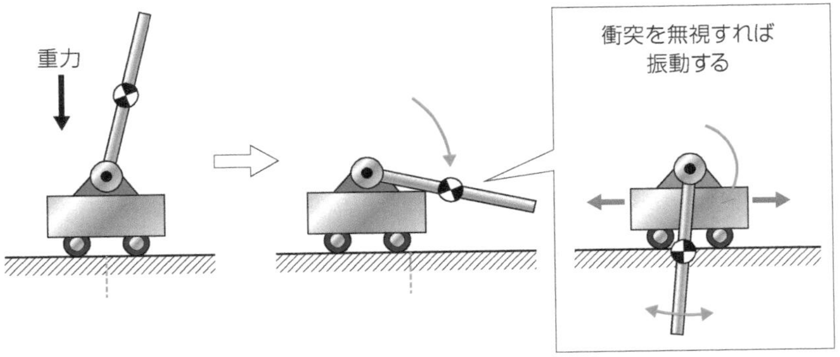

図 1.4 台車型倒立振子：何もしなければ胴体は倒れる．台車と胴体の衝突および胴体と床の衝突を無視すれば台車と胴体は振動する

直上向きから少しずれた角度になったとする[3]．もし，ジョイントに胴体と連結したモータがとりつけてあれば，そのモータを回転させることで胴体を回転させて直立に保てるかもしれない．

しかし，台車と胴体をつなぐのはフリージョイントのために，このようなモータは存在せず，図 1.4(右) のように胴体は倒れてしまう．「胴体と台車」，「胴体と床」の物理的な衝突を無視すれば，重力の影響を受けて，位置エネルギと運動エネルギの和が保存される．その結果，胴体は振り子のように振動するだろう[4]．

このように，胴体を直接的にモータで回転できない場合には，胴体を「直立に保つ」という目的を達成できないように思われる．さて，どうしたものか……．そこで，胴体の回転を直接的に制御できないなら，「台車の位置を調節して，反作用を利用して胴体を直立に制御できないか」と発想を変えてみよう．

ここで，図 1.5 のように掃除のホウキを逆さにして，手のひらにのせてバランスをとる遊びを想像してみよう．これはホウキが図 1.3(c) の胴体に，手のひらが台車に，そしてホウキの柄と手のひらの接点がフリージョイントに相当する．この遊びでは，ホウキが前方に倒れそうになると手のひらを前方に動かし，ホウキが後方に倒れそうになると手のひらを後方に動かすことでバランスをとり，ホウキを直立に保つことができる．

[3] 図 1.4 では，胴体部分に「白黒に色分けされた丸い記号」が存在するが，これは重心位置を意味している．今回は胴体の重心を示している．

[4] ただし，高校の物理で習う単振り子と異なる点は，台車の存在である．今回の場合には胴体が振動するときに台車から作用・反作用の影響を受けて台車も振動し，逆に台車の振動が胴体の運動に影響を与える．したがって，単振動とはならない．

図 1.5　ホウキを逆さにしてバランスをとる遊び

このように，支点より重心が高い状態にある棒状の物体を，棒の支点の位置などを調節することで転倒しないように制御するものを**倒立振子**という．特に，図 1.3(a)(b) の車輪タイプを**車輪型倒立振子**，図 1.3(c) の台車タイプを**台車型倒立振子**と呼ぶことがある．両者は制御工学において最終的には，同じ形式の数式で表現でき，同様の数式テクニックを利用できる．先ほど本書の最終目的について触れたが，これを言い換えれば，ホイールダック 1 号と同様の意味を持つ図 1.3(c) の台車型倒立振子に対し，台車の位置を調節することで胴体を直立に保ちつつ，台車をある位置に移動させることとなる．

1.2 なぜ制御工学を学ぶ必要があるのか

1.2.1 システムとは

倒立振子のように，制御の対象となる「まとまり」や「仕組み」のことを**システム**と呼ぶ．システムは日本語では系（けい）という言葉を用いる．例えばロボットや自動車などはシステムである．ロボットはセンサやモータなどからなる「まとまり・仕組み」であり，自動車はエンジン，ブレーキ，アクセルや車体

図 1.6　入力と出力のイメージ

(a)　(b)　(c)

図 1.7　機械システムのイメージ

(a) SpaceX Crew-7 [画像提供：NASA]
(b) 自動運転車 [画像提供：Getty Images]
(c) ロボット [画像提供：Getty Images]

などからなる「まとまり・仕組み」である．

制御工学は，対象とするシステムの状態を特定の状態にコントロールするための工学分野である．図 1.6 のように，対象システムに何らかの信号や物理量を与えたとき，これを**入力**という．その結果，何らかの反応が生じる．これを**出力**という．例えば，缶ジュースの自動販売機をシステムと考えると，入力がお金であり，出力が缶ジュースとなる．

本書では，主な対象として**機械システム**を想定している（一部，簡単な電気システムも対象にしている）．機械システムとは機械部品の集合体から構成された，図 1.7 のようなロケットや自動車，ロボットなどが当てはまる [5]．しかし，対象システムが同様の数式で表現できる場合には，機械以外のシステムにも本書の手法は有用である．

1.2.2 制御器を設計するとは

次に「なぜ，制御工学を学ぶ必要があるのか？」を考えてみよう．例とし

[5] 例えばロケットでは，入力を推進力，出力を高度や姿勢と考えることができる．自動車では，入力をアクセル，出力を速度と考えることができる．ロボットでは，入力を人間の指令，出力をロボットの行動と考えることができる．ただし，何を入力とし，何を出力とするかは，場合に応じて変わる．

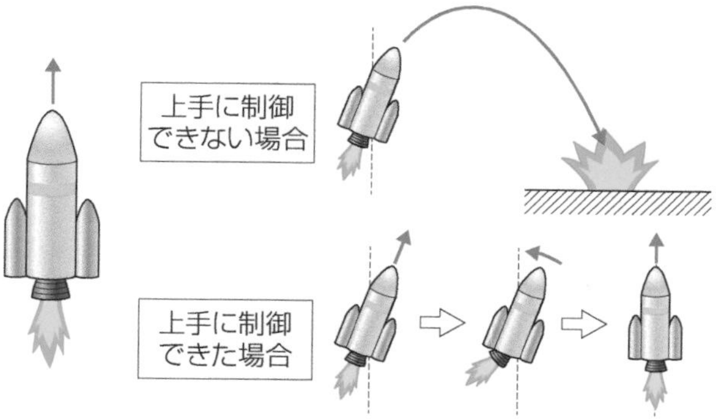

図 1.8　ロケットの制御（上は失敗例，下は成功例）

て図 1.8 のロケットの打ち上げを考えよう．このロケットは燃料を燃焼させて推進力を得る．このとき，噴射ノズルの方向を変えることで，ロケットの姿勢を変化させて進行方向を変えることができるものとする．

ここでの目的は，「ロケットの姿勢を鉛直に保ちながら上昇させる」としよう．しかし，ロケットは風などの影響を受け，上昇中に姿勢が変化してしまう．このとき，噴射ノズルの方向を上手に調節し，ロケットの進行方向を制御しないと，図 1.8(上) のように墜落してしまう．

そこで，ロケットが常に鉛直上向きに上昇していくように，ロケットの姿勢をセンサで計測し，その姿勢によって噴射ノズルの向きを調節し，ロケットの姿勢を制御する必要がある（図 1.8(下)）．しかし，制御と一言でいっても，その方法が間違っていると姿勢を上手に制御できずに墜落してしまう．

ロケットなどの機械システムが「安全に目標運動などを実現できるか」どうかは，用いる制御の方法に強く影響する．したがって，与えられたシステムと目的に対し，制御方法を考えて，それを構築する行為が重要となる．この制御方法を 1 つの要素と考えたとき，これを**制御器**[6] といい，制御器を決めることを制御器設計（以下では単に**制御設計**）という．制御設計を行ううえでの大きなポイントとしては以下が挙げられる．

[6] より詳細にいえば，制御器とは与えられた目的に対し，センサの情報などからシステムの操作量を決める要素である．

制御設計の主なポイント

1. 対象システムが安定して動作する（暴走せずに制御する）．
2. 目標とする物理量との誤差をできるだけ小さくする（高精度に制御する）．
3. できるだけ，すばやく目標の物理量，もしくはその付近に収束させる（すばやく制御する）．

1.2.3 古典制御と現代制御

表 1.1 古典制御と現代制御の比較

制御の種類	入出力の数	主な手法	本書で扱う章
古典制御	1 入力 1 出力	ラプラス変換・伝達関数	第 2〜7 章
現代制御	多入力多出力	状態空間表現	第 8〜14 章

制御工学にはさまざまなアプローチがあるが，本書では表 1.1 に示す**古典制御理論**と**現代制御理論**の 2 つを取り扱う（以下では単に古典制御，現代制御と呼ぶ）．前半の第 2〜7 章では古典制御を取り扱い，後半の第 8〜14 章では現代制御を取り扱う．詳しい内容はそれぞれの章で説明するとして，ここでは 2 つの制御の違いを簡単に説明しておこう．

古典制御は，対象システムの微分方程式をラプラス変換という方法を用いて，特殊な s 領域の数式に変形し，入力と出力を関係づける伝達関数を求め，その伝達関数に基づき解析する．その対象とするのは，1 つの入力に対し 1 つの出力を行うシステム（**1 入力 1 出力システム**）に限定される．

一方，現代制御では，対象システムの微分方程式を状態空間表現というベクトル・行列の形式で表現し，それらの式に基づき制御解析を行う．複数の入力に対し複数の出力を行うシステム（**多入力多出力システム**）に対応している．

古典制御と現代制御の 2 つはそれぞれ重要なアプローチであり，両方を学んでおくのが望ましい．また，この 2 つは完全に分離できるものでもなく，融合している部分も存在する．

一般的に制御工学の内容を深く理解するには，大学で学習する比較的高度な数学や物理の知識が必要とされる．一方で，学ぶ内容が多岐にわたる現在の大学カリキュラムでは，時間の制約上，大学の数学や物理に十分な時間を割くことができず，結果として，制御工学を深く理解できるだけの予備知識を持っていない学生も多い．本書では基本的な内容に的を絞り，それらの概要を広く浅く解説することで，できるだけ大学初等レベルの基礎的な数学・物理の知識を利用して制御工学を解説していく．より高度な内容を学びたい読者は，まずは本書で基礎的なことを学び，その後に巻末のブックガイドに紹介する他の専門書にステップアップしてほしい．

なお，人工知能を用いた制御は**知的制御**などと呼ばれるが，本書では対象としない．知的制御について興味のある読者は，姉妹書の『イラストで学ぶ人工知能概論』を参考にしていただきたい．また，ロボット制御に特化した内容に関しては，同じく姉妹書の『イラストで学ぶロボット工学』を参考にしていただきたい．

1.2.4 ホイールダック 1 号開発物語

ホイールダック 1 号開発のストーリは各章の導入部で徐々に明らかにしていくが，ここでは大筋のみ明らかにしておこう．登場人物の一人である博士は，移動ロボット（ホイールダック 1 号）の開発を目指し，日夜研究を続けていた．博士は，古典制御編（第 2〜7 章）でホイールダックに搭載する基本技術を通じて古典制御の手法を理解していく．

次の現代制御編の前半（第 8〜10 章）は，後に博士の助手となる女性の物語である（三人称を使って「彼女」と呼ぶ）．博士が古典制御を学んでいるのと同じ頃，彼女は海外の大学に留学し，そこで現代制御の基礎を学ぶ．その後，二人は合流し，現代制御編の後半（第 11〜14 章）で二人で協力してホイールダック 1 号を開発していく．

読者の皆さんもぜひ，ストーリを楽しみながら制御工学を学んでいってほしい．

1.3 力学と時間の微積分の基礎

1.3.1 物理と力学

制御工学を学ぶうえで物理の知識は必要不可欠である．例えば，「対象システムに力を入力すると，結果的にどのような運動が出力されるか？」などを知る必要がある．これを知るための根幹をなすのが，物理の中でも**力学**と呼ばれる分野である．この力学をしっかり理解するには微分・積分の知識が必要となる．

ここでは，本書で用いる力学の基礎を微分・積分との関連を意識して解説しておく．本書では特にことわりがない限り，単位はSI単位系[7]を用いる．

なお，以下では変数 p があったとして，この値が時間 t [s] で変化する場合，$p(t)$ と明示的に表記する．ただし，場合によっては簡略化して単に p と表記することもある．

1.3.2 並進運動

1.3.2.1 時間微分と並進運動の関係

並進運動とは，物体の回転を考慮に入れず平行移動する運動である．このように並進のみを考えたシステムを**並進システム**（並進系）という．

図1.9(a) のように質量 m [kg] の物体が力 $f(t)$ [N] を受けて並進運動をしており，基準点からの距離を $x(t)$ [m] とする．ある瞬間から，短い時間 Δt の間に物体の移動した距離を Δx としよう．例えば，$\Delta t = 2$ [s] として，この時間に移動した距離を $\Delta x = 10$ [m] とする．このとき，この Δt 間の**平均速度** $\bar{v}$ は $\bar{v} = \frac{\Delta x}{\Delta t} = 5$ [m/s] である．

ただし，これはあくまでも Δt 秒間の平均速度であり，ある瞬間の厳密な速度ではない．そこで，Δt をもっと小さい時間幅（例：2秒→ 0.001秒）で考え，その間に移動した距離 Δx を考えれば，より精度の高い平均速度 $\bar{v} = \frac{\Delta x}{\Delta t}$ が得られる．

この時間幅をどんどん小さくしていき，最終的には「無限に小さい時間幅（ただしゼロではない）」である微小時間 dt について考え，その微小時間で移動した微小距離を dx としよう．このとき厳密な速度 v は $v = \frac{dx}{dt}$ で表される．これはまさに，時間で変化する変数 $x(t)$ を時間 t で微分したものである．したがって，並進運動中の物体の時間 t における速度 $v(t)$ [m/s] は，距離 $x(t)$ を時間 t で微分し，

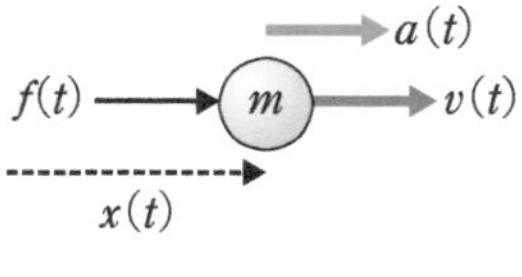

(a) 並進運動

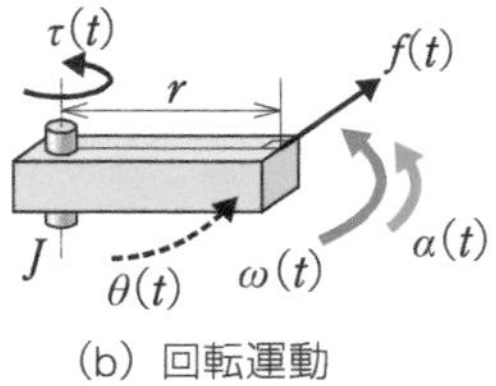

(b) 回転運動

図1.9 並進運動と回転運動

[7] 国際単位系（International System of Units）のこと．国際的に広く用いられている標準的な単位系．長さをメートル（m），質量をキログラム（kg），時間を秒（s），力をニュートン（N）などの単位を用いて表す．

$$v(t) = \frac{dx(t)}{dt} \tag{1.1}$$

で表現できる.

次に，並進運動の加速度について解説しよう．短い時間 Δt [s] を考え，この時間に生じた速度変化を Δv とする．例えば $\Delta t = 3$ [s] とし，この時間に変化した速度を $\Delta v = 9$ [m/s] としよう．このとき，**平均加速度** $\bar{a}$ は $\bar{a} = \frac{\Delta v}{\Delta t}$ で表され，今回の場合は $\bar{a} = 3$ [m/s^2] となる.

先ほどと同様に，時間 t における厳密な加速度 $a(t)$ [m/s^2] は速度 $v(t)$ [m/s] を時間微分することで，以下のように得ることができる．また，加速度 $a(t)$ は距離 $x(t)$ を時間 t で 2 回微分しても求めることができる.

$$a(t) = \frac{dv(t)}{dt} = \frac{d^2x(t)}{dt^2} \tag{1.2}$$

このように距離を時間 t で微分していくことで，距離→速度→加速度となる.

1.3.2.2 時間積分と並進運動の関係

次に，逆の関係を考えよう．簡単な例として物体が等速で並進運動しており，その時の速度が v_1 [m/s] であったとする．ただし，$t = 0$ での距離 x_0 は $x_0 = 0$ とする．このとき，t 秒間に移動した距離 $x(t)$ は $x(t) = v_1 t$ [m] となる．これは図 1.10(a) の上部のように縦軸を速度 v，横軸を時間 t とした速度－時間グラフにおいて，v_1 と t で囲まれる長方形の面積を示している.

これを拡張して等速運動ではなく，時間 t で変化する速度 $v(t)$ の場合を考える．図 1.10(a) の下部の速度－時間グラフにおいて，距離 $x(t)$ は速度 $v(t)$ をその移動に要した時間で積分して面積を計算し，次式で表される.

$$x(t) = \int_0^t v(\tau)\ d\tau + x_0 \tag{1.3}$$

ただし，$t \geq 0$ とし，x_0 は $t = 0$ における距離である.

この積分を加速度について考えてみよう．物体が等加速度 a_1 [m/s^2] で並進運動しているとする．ただし，$t = 0$ の速度 v_0 は $v_0 = 0$ とする．このとき，t 秒間に加速して速度 $v(t)$ [m/s] になったとする．この速度は $v(t) = a_1 t$ となる．これは縦軸を加速度 a，横軸を時間 t とした図 1.10(b) の上部の加速度－時間グラフにおいて，a_1 と t で囲まれる長方形の面積を示している.

次に等加速度運動ではなく，時間 t で変化する加速度 $a(t)$ の場合では，図 1.10(b) の下部の加速度－時間グラフにおいて，速度 $v(t)$ は加速度 $a(t)$ を移動に要した時間で積分して面積を計算して，次式で表される.

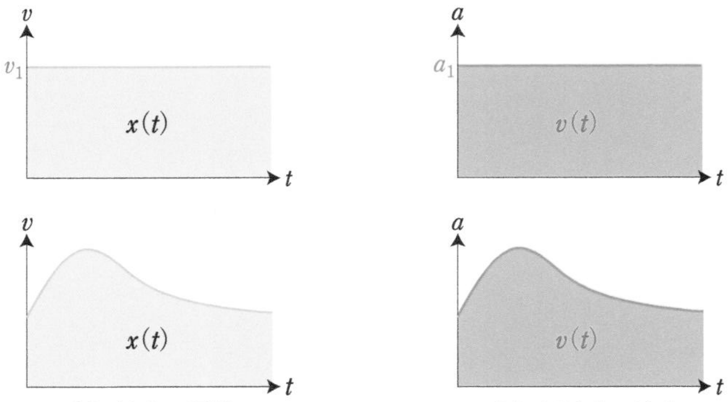

(a) 速度→距離　　(b) 加速度→速度

図 1.10　積分の面積と距離・速度・加速度の関係

$$v(t) = \int_0^t a(\tau)\ d\tau + v_0 \tag{1.4}$$

ただし，v_0 は $t = 0$ の速度である．式 (1.4) を式 (1.3) に代入すると

$$x(t) = \int_0^t \left(\int_0^s a(\tau)\ d\tau + v_0 \right) ds + x_0 \tag{1.5}$$

を得る．これらの式 (1.3)〜(1.5) は，式 (1.1)〜(1.2) の逆関係と考えることができる．

1.3.3 回転運動

1.3.3.1 角速度と角加速度の関係

機械制御ではモータの回転などを扱う場合も多い．次に，回転運動について解説しよう．**回転運動**とは物体の並進を考慮に入れず，回転のみを考慮する運動である．このようなシステムを**回転システム**（回転系）という．

図 1.9(b) のように，摩擦を無視できる固定された回転軸の中心から r [m] 離れたハンドル部分に，ハンドルの柄と常に直交する力 f [N] を受けているとする．この力 f によってハンドルの回転角 $\theta(t)$ [rad] が時間によって変化する．このとき，単位時間あたりの角度の変化である**角速度** $\omega(t)$ [rad/s] は式 (1.1) と同様に次式となる．

$$\omega(t) = \frac{d\theta(t)}{dt}$$

さらに単位時間あたりの角速度の変化である**角加速度**を α（アルファ）を用いて $\alpha(t)$ [rad/s^2] で表すと，式 (1.2) と同様に角速度 $\omega(t)$ を時間 t で微分して次式で表される．

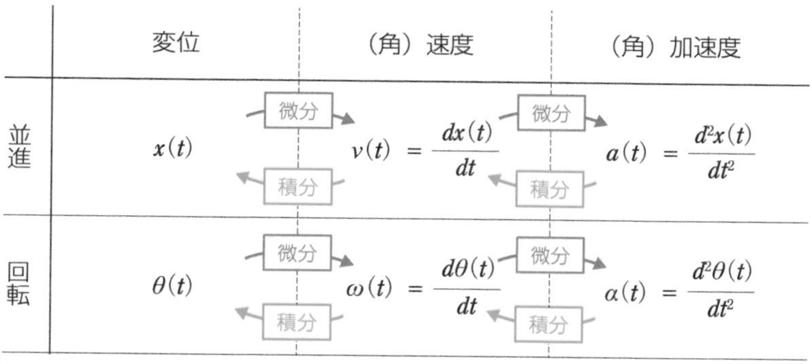

図 1.11　変位・速度（角速度）・加速度（角加速度）と時間微積分との関係

$$\alpha(t) = \frac{d\omega(t)}{dt} = \frac{d^2\theta(t)}{dt^2}$$

このように，軸の回転運動でも時間 t で微分していくことで角度→角速度→角加速度となり，積分するとその逆になる[8]．並進と回転のこれらの関係をまとめたものが図 1.11 である．なお，並進運動の距離，回転運動の角度のことをまとめて**変位**と呼ぶ．

1.3.3.2　トルクと慣性モーメント

いったん回転運動を離れて並進運動の話題に戻ろう．ニュートンの運動法則より，質量 m [kg] の物体に力 $f(t)$ [N] が加わったときの加速度 $a(t) = \frac{d^2x(t)}{dt^2}$ との関係式は，以下で表される．

$$f(t) = ma(t) = m\frac{d^2x(t)}{dt^2} \tag{1.6}$$

式 (1.6) では一定の力 f を与えた場合，質量が n 倍になれば加速度 a は $\frac{1}{n}$ 倍となることを意味する．つまり，質量とは加速のしにくさを表す物理量と考えることができる．

これを踏まえて，再び図 1.9(b) の回転運動を考えよう．この運動では回転中心から r [m] 離れたハンドル先端に直交する力 f [N] を受けて軸が回転し，回転角 $\theta(t)$ [rad] が変化する．このとき，**トルク** τ [Nm] という物理量が以下で定義される．

$$\tau = rf$$

回転運動におけるトルク τ は，並進運動における力 f に相当するものであり，イメージとしては「回転力」という言葉のほうが理解しやすいかもしれない．

[8] 今回は 1 つの軸に拘束されている回転運動に限定している．拘束のない場合には，積分しても「角加速度→角速度→角度」に戻らない場合も存在する．

表 1.2 並進と回転の力学の類似性（f と τ は一定）

変位	(角)速度	(角)加速度	(角)加速のしにくさ	力（トルク）	バネ力（バネトルク）
距離 x	$\frac{dx}{dt}$	$\frac{d^2x}{dt^2}$	m	$m\frac{d^2x}{dt^2}$	kx
角度 θ	$\frac{d\theta}{dt}$	$\frac{d^2\theta}{dt^2}$	J	$J\frac{d^2\theta}{dt^2}$	$k\theta$
変位	**(角)運動量**	**運動エネルギ**	**バネエネルギ**	**ポテンシャルエネルギ**	**—**
距離 x	$m\frac{dx}{dt}$	$\frac{1}{2}m(\frac{dx}{dt})^2$	$\frac{1}{2}kx^2$	fx	—
角度 θ	$J\frac{d\theta}{dt}$	$\frac{1}{2}J(\frac{d\theta}{dt})^2$	$\frac{1}{2}k\theta^2$	$\tau\theta$	—

ハンドルにトルク τ を与えて回転運動 $\theta(t)$ が生じたとき，角加速度 $\alpha(t) = \frac{d^2\theta(t)}{dt^2}$ とトルク $\tau(t)$ の関係は，新たな物理量 J を用いて次式で表される．

$$\tau(t) = J\alpha(t) = J\frac{d^2\theta(t)}{dt^2} \tag{1.7}$$

ここで，式 (1.6) と式 (1.7) を見比べてみると，式 (1.7) の物理量 J は並進運動における質量 m に相当するものであり，回転する物体の回転加速のしにくさを示すことが分かる．この J のことを**慣性モーメント**と呼び，単位は [kgm^2] となる [9]．

慣性モーメント J の値が大きければ回転加速をしにくく，小さければ回転加速をしやすい．J の値は回転物体の「形状」，「質量や密度（の分布）」，「回転軸の場所」などから計算できる．逆にいえば，これらに依存して値が変化する．したがって，一般に物体の「重心まわり」と「重心を通らない回転軸まわり」の慣性モーメントとでは値が異なる．本書では紙面の都合で詳細の説明は省略するが，慣性モーメントの具体的な計算方法が知りたい読者は，他の機械力学などの良書を読むことをお勧めする [10]．

以上のように並進運動と回転運動の間には，強い類似性が成立する．例えば，運動量（角運動量）やエネルギの物理量は同様の形式で表現できる．これらをまとめたものが表 1.2 である．この類似性を利用すればそれぞれの物理的な意味が理解しやすい．

[9] 慣性モーメントを英語で moment of inertia といい，inertia の頭文字をとって I で表記することも多い．ただし，例えば電気回路の式では i や I が電流を意味する場合も多く，そのような場合には混乱を避けるために慣性モーメントを J で表記することもあり，本書では J を用いる．また，式 (1.7) より，J の単位は [Nms^2/rad] となるが，[rad] は厳密には無次元量であり，単位変換を行うと [kgm^2] となる．

[10] 巻末ブックガイド [3] などを参照．

1.4 線形微分方程式

式 (1.6) や式 (1.7) では，時間 t で変化する変数 $x(t)$ などに対し，時間微分したもの（例えば $\frac{d^2x(t)}{dt^2}$ など）に対して係数をかけており，

$$b(t) + c\frac{d^2x(t)}{dt^2} = 0$$

の形式を持つ[11]．これは微分を用いた方程式であり**微分方程式**と呼ばれる．上式において「解を求める」とは，時間 t で積分などして $x(t)$ を求めることになる．

本書ではこれ以降，多くの微分方程式が登場するが，上式を拡張した

$$b(t) + a_0x(t) + a_1\frac{dx(t)}{dt} + a_2\frac{d^2x(t)}{dt^2} + \ldots + a_n\frac{d^nx(t)}{dt^n} = 0 \qquad (1.8)$$

という構造の微分方程式を持つシステムを対象に解説を進める（$a_0, \ldots, a_n$ は係数）．このような形式で示される微分方程式を**線形微分方程式**と呼ぶ[12]．

これに対して，式 (1.8) の形式で表現できない微分方程式のことを**非線形微分方程式**という．例えば以下の式が非線形微分方程式となる．非線形微分方程式は線形微分方程式に比べ，解の導出などが格段に難しくなる．

$$\frac{a_0}{\frac{dx(t)}{dt}} + a_1\frac{d^2x(t)}{dt^2}\frac{d^3x(t)}{dt^3} = 0$$

線形微分方程式で表現されるシステムを**線形システム**といい，そうでないものを**非線形システム**という．

ホイールダック 1 号開発の進捗

本書では，これらの基礎的な知識を拡張して，ホイールダック 1 号を開発していく．

[11] この場合，$b(t) = -f(t)$，$c = m$ とみなせば式 (1.6) となる．

[12] 式 (1.8) は 1 つの独立した変数 t のみでの微分であり，これを「常微分」というので，線形常微分方程式ともいう．

まとめ

- 倒立振子の制御は高校の知識だけでは対処できない．
- 制御を行うには適切な制御設計が必要である．
- 変位を時間 t で微分することで速度（角速度），加速度（角加速度）が計算できる．また，積分することで逆計算ができる．
- 並進運動と回転運動の力学には強い類似性がある．
- 式 (1.8) で表現されるものを線形微分方程式という．

章末問題

1. 制御とは何か，工学的視点から 50 字程度で説明せよ．また，工学分野における制御の例を 3 点以上挙げよ．
2. 制御工学における「システム」，「入力」，「出力」について，3 つの語句の関係を 100 字程度で説明せよ．
3. 時間 t [s] に対し，加速度 $a(t) = t^2$ [m/s^2] で並進運動している物体がある．この物体の時間 t における距離 $x(t)$ [m] と速度 $v(t)$ [m/s] を求めよ．ただし，$t = 0$ [s] において $x(0) = 1$ [m]，$v(0) = 3$ [m/s] とする．
4. 時間 t [s] に対し，距離 $x(t) = 2t^4 + 6t + 5$ [m] で並進運動している物体がある．時間 t における速度 $v(t)$ [m/s] と加速度 $a(t)$ [m/s^2] を求めよ．
5. 時間 t [s] に対し，角度 $\theta(t) = \frac{1}{2}\sin(\pi t^2)$ [rad] で回転運動しているモータ軸の角速度 $\omega(t)$ [rad/s] と角加速度 $\frac{d\omega(t)}{dt}$ [rad/s^2] を求めよ．
6. 時間 t [s] に対し，角速度 $\omega(t) = 3t + e^{-t}$ [rad/s] で運動しているモータ軸の回転角 $\theta(t)$ [rad] と角加速度 $\frac{d\omega(t)}{dt}$ [rad/s^2] を求めよ．ただし，時間 $t = 0$ のとき $\theta(0) = \pi$ [rad] とする．
7. 固定された軸に対し，時間 t [s] において角速度 $\omega(t)$ [rad/s] で回転してる物体がある．物体の回転軸まわりの慣性モーメントを J とするとき，角運動量と運動エネルギを求めよ（単位は SI 単位とする）．

制御と運動方程式

第2章

STORY

さっそくロボット作りに入った博士．夢で見たロボット――ホイールダックを作るのだ．まず挑戦しようと思ったのは，夢の中で真ん中にいた二輪で立つ変なロボットだ．夢で見たホイールダックの姿をスケッチに残していた博士は，3Dプリンタを使いながらその身体を作成していく．その形ができ上がり，モータに電流を入れて動かし出したところ，それは走り出した．ただ一瞬ですっ転び，倒れたままホイールは宙を回り始めた．

博士はそこで当たり前の事実に気づく．そもそもロボットには形があるし重さがある．パソコンの中のキャラクタとは違う．この世界に存在する身体は物体で，それを動かすのは力学なのだ．そう博士は力学の基礎――運動方程式を復習しなければならなかった！

図2.1　すっ転ぶホイールダック1号

2.1 P制御とPD制御

2.1.1 P制御

2.1.1.1 並進システムのP制御

本章では，機械制御の基礎を説明していく．まずは機械制御の最も簡単な例として，図2.2のような並進システムを考えよう．台車は力 $f(t)$ [N] を受けて，原点からの距離 $x(t)$ [m] が変化する．台車と床の間には，車輪を介して適度な摩擦が存在すると仮定する．また，センサを用いて距離 $x(t)$ はリアルタイム（実時間）で計測できるとし[1]，コンピュータを介して車輪を動作させるモータを制御し，任意の力 $f(t)$ を発生できるとする[2]．

台車は時間 $t = 0$ [s] のときに初期位置 $x(0) = x_0$ で静止しており，ここでの目的は，力 $f(t)$ を調節することで台車の位置 $x(t)$ を目標位置 x_d に制御することとする．このように，物体の位置（変位）を制御することを**位置制御**（あるいは**位置決め制御**）という．ただし，今回の例では x_d は一定であり，変化しないものとする．

台車の位置を x_d に位置制御するために，ここでは力 $f(t)$ をコンピュータ上でプログラミングするなどして，以下で与えよう．

$$f(t) = K_p(x_d - x(t)) \tag{2.1}$$

ただし，K_p は一定値で $K_p > 0$ とする．上式は目標値 x_d と現在値 $x(t)$ の差

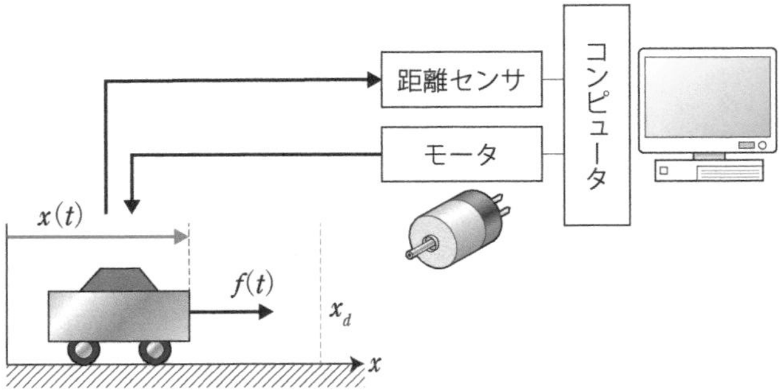

図2.2 並進システムの位置制御

[1] リアルタイムとは実時間のこと．例えば「センサがリアルタイムで計測できる」とは，その瞬間における対象の物理量をセンサで時間遅れなく計測できること．

[2] センサの信号をコンピュータに伝達させ，モータを制御する具体的な仕組みについては，巻末ブックガイド [2] を参照．

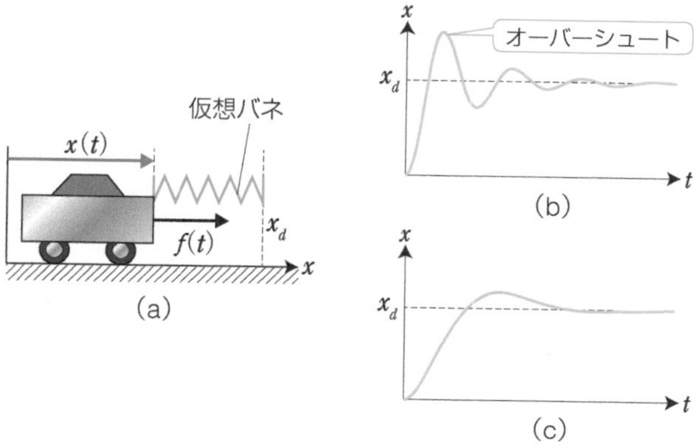

図 2.3 並進システムの P 制御のイメージ

に対し，比例係数 K_p をかけた力 $f(t)$ を与えている．そこで $x_e(t) = x_d - x(t)$ とおけば

$$f(t) = K_p x_e(t)$$

と表現でき，式 (2.1) はバネの力を表すフックの法則と同じ形式であることが分かる[3]．つまり，式 (2.1) では，図 2.3(a) のように仮想的なバネ力を台車に与えていると解釈できる．

この仮想バネの力 $f(t)$ を台車に与えたときに，結果的に生じる動きを考えてみよう．この動きのイメージを距離－時間グラフで示したものが図 2.3(b) と (c) である（(b) と (c) の違いについては後述する）．結果として，台車の位置 $x(t)$ は初期位置 x_0 からスタートし，バネの影響を受けて振動しながら，徐々に目標位置 x_d に収束していく．このように，振動が徐々に減っていく現象を**減衰**（**減衰振動**）という[4]．つまり，式 (2.1) の方法で力 $f(t)$ を与えることで，台車の目標位置 x_d への位置制御が可能となる．この制御法は x_d と $x(t)$ の差 $x_e(t)$ に対して比例の力を与えるので，**比例制御**という．また，英語で比例のことを「Proportion」というので，**P 制御**とも呼ばれる．この P 制御は制御工学において極めて重要な制御法である．

ここで，式 (2.1) の比例定数 K_p は，フックの法則におけるバネ定数に相当するが，プログラム上に再現された仮想的なバネである．したがって，K_p

[3] フックの法則では，バネ定数 k [N/m] のバネを自然長から距離 X [m] だけ伸ばしたときのバネ力 f [N] は，距離 X に比例した $f = kX$ で表現される．

[4] 今回の問題設定では，適切な摩擦が存在すると仮定している．そのため減衰して $x = x_d$ に収束するが，摩擦がない場合には単振動となる．

の値は自由に決められる．図 2.3(b) に K_p の値が大きい場合を，(c) に小さい場合の台車の挙動を表している．図 2.3(b) のように，K_p が大きい場合には硬く強いバネになり，同じ $x_e(t) = x_d - x(t)$ の値に対して K_p が小さい場合と比較して強い力 $f(t)$ が発生できる．その結果，制御の開始から短い時間内に速い運動を実現して，大きく振動しながら減衰していく．この図 2.3(b) では，運動 $x(t)$ が目標位置 x_d を超えて振動している．この目標値を超えた部分を**オーバーシュート**（**行き過ぎ量**）という．

一方，図 2.3(c) の K_p が小さい場合には，柔らかく弱いバネとなり，同じ $x_e(t)$ の値に対して K_p が大きい場合と比較して弱い力 $f(t)$ を発生させる．その結果，発生する運動も遅くなり振動も少なくなる．

このように，比例定数 K_p の値を調節することで仮想的なバネの強さを変化させ，台車の位置制御における挙動を調整することができる．この調節可能な比例定数 K_p のことを**比例ゲイン**と呼ぶ．

2.1.1.2 回転システムの P 制御

次に，回転システムに P 制御を採用する例を紹介しよう．今回，図 2.4(a) のように土台などに固定されたモータの軸の回転を考える．図 2.2 と同様にコンピュータのプログラムを介し，モータの軸に任意のトルク τ [Nm] を発生できる．また，軸の角度 $\theta(t)$ [rad] は角度センサにより，リアルタイムに計測できるものとする．軸角度は時間 $t = 0$ [s] のときに初期角度 $\theta(0) = \theta_0$ の状態であるとし，ここでの目的は「軸の角度 $\theta(t)$ を目標角度 θ_d に制御する」こととする．ただし，θ_d は一定とする．また，軸と軸受（軸を支える部品）の間には適度な摩擦が存在する．

表 1.2 の並進と回転の力学の類似性を参考にして，式 (2.1) の P 制御を回転システムに拡張し，トルク τ を次式で与えよう．

$$\tau(t) = K_p(\theta_d - \theta(t)) \tag{2.2}$$

ここで，K_p は一定値で $K_p > 0$ とする．ただし，上式の K_p は式 (2.1) のものと単位が異なる [5]．これはフックの法則に従う回転のバネにより，目標角度 θ_d でゼロになるようなトルクを軸に発生させている．

並進システムの P 制御の場合と同様に，K_p が大きい場合には硬くて強い回転バネになり，大きなトルク $\tau(t)$ が発生する．その結果，図 2.4(b) のように，速い回転運動で目標値に動いていき，大きく振動しながら減衰してい

[5] 式 (2.1) の K_p は [N/m]，式 (2.2) の K_p は [Nm/rad]（もしくは rad は厳密には無次元量なので [Nm]）となる．

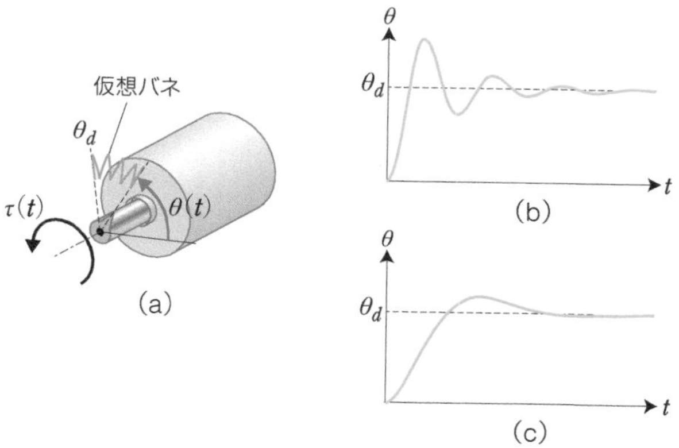

図 2.4　回転システムと P 制御のイメージ

く．一方，K_p が小さい場合には柔らかく弱い回転バネとなり，発生するトルク $\tau(t)$ が小さい．その結果，図 2.4(c) のように回転運動も遅くなり，ゆっくり収束して振動が少なくなる．

2.1.1.3　P 制御の問題点

一般に位置制御では，8 ページの制御設計のポイント 3 のように制御対象をできるだけ短時間に目標値に収束させたい．そのためには，

すばやく制御するために必要なこと

1. 制御開始時の運動を速くして，すばやく目標値に近づける．
2. できるだけオーバーシュートを取り除き，振動を小さくし整定時間を短くする [6]．

という 2 つの要求を同時に満たす必要がある．図 2.3 の並進運動を例にすると，P 制御では台車の運動は比例ゲイン K_p，台車の質量，摩擦の影響を受ける．一般に与えられたシステムに対し，質量や摩擦の変更は困難な場合が多い．しかし，K_p は自分で決めた（プログラム上の）仮想的なバネ定数なので，自由に変更できる．そこで，P 制御では K_p のみを調整して，上記の 2 つの要求を同時に満たす必要が出てくる．

しかし，K_p を大きくすると要求 1 は満たすが，発生力が大きくなること

[6] 整定時間については第 6 章に後述するが，ここでは「運動が静止するまでの時間」くらいにとらえてもらえればよい．

で速さが大きくなり，勢いがつきすぎてオーバーシュートが大きくなる．その結果，要求 2 が満足されずに目標位置に収束するまでに時間がかかる．一方，K_p を小さくするとオーバーシュートは小さくなるが，発生力が小さくなることで運動の速さが小さいため，目標位置に到達するまでに時間がかかる．つまり，今度は逆に要求 2 は満たすが，要求 1 は満足しなくなる．一般に P 制御ではこのようなジレンマ（板挟み）が生じる．

2.1.2 PD 制御

2.1.2.1 ダンパとは

P 制御の問題点を解決するために重要なものが，**ダンパ**という機械要素である．ダンパは**減衰器**や**ダッシュポット**とも呼ばれる．まずは，並進システムのダンパについて説明しよう．ダンパは図 2.5(a) のように，シリンダ内部に油などの非圧縮性[7]の粘性流体を満たし，ピストンを外部から動かす機構である．ただし，ピストンは自分自身で能動的に動くことはできない．

ピストンには穴が開いており，ピストンが動くことで内部の粘性流体がピストンの内側と外側を移動する．このとき，イメージとしては「ねちょ〜」と油が移動する．これが抵抗力となり，シリンダの運動にブレーキをかける．なお，ダンパの省略記号としては図 2.5(b) が用いられる．

一般にダンパには，ピストンの運動速度 $v(t) = \frac{dx(t)}{dt}$ に比例した抵抗力が生じると考える．運動方向の力を正とすれば抵抗力 $f_{\mathrm{dmp}}(t)$ は運動の逆方向に作用するので，以下のように表すことができる．

$$f_{\mathrm{dmp}}(t) = -\mu v(t) = -\mu \frac{dx(t)}{dt} \tag{2.3}$$

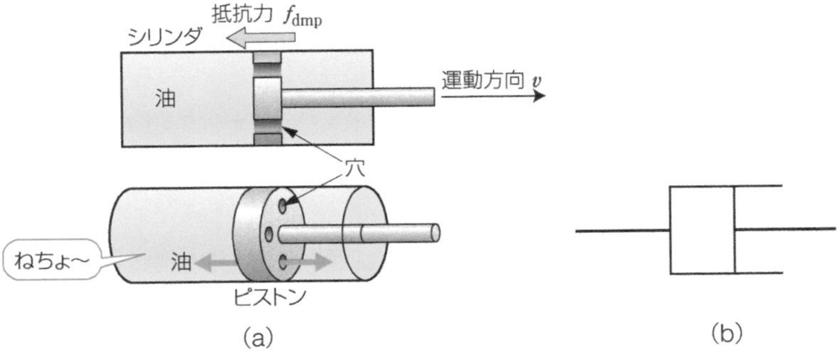

図 2.5　ダンパのイメージ

[7] 圧力を加えても体積が変化しない特性のこと．

これは，流体の粘性によって生じる摩擦であり，この摩擦のことを**粘性摩擦**と呼ぶ．上式で μ は正の定数（$\mu > 0$）であり，**粘性抵抗係数**あるいは単に粘性係数と呼ぶ．同じ速度であれば μ が大きいほど抵抗力（ブレーキ力）も大きい．実際のダンパでは，μ の値は内部の油の粘度やピストンの穴の大きさなどに影響を受ける．

ダンパには速度に応じた抵抗力が生じるため，速い運動のときには大きなブレーキ力を発生して運動速度を大きく抑制し，逆に遅い運動のときには小さなブレーキ力で運動速度をあまり抑制しない．

2.1.2.2　並進システムの PD 制御

再び，図 2.2 の台車の位置制御に戻そう．ここでは，先述した P 制御の問題点を解決するために，P 制御にダンパを組み合わせる．ただし，実際のダンパを用いるわけではなく，仮想的にダンパの特性を力 $f(t)$ の内部にプログラムなどで組み込む．2.1.1 節の P 制御の問題設定では，台車の距離 $x(t)$ のみが計測可能としたが，今回の場合では距離 $x(t)$ と速度 $v(t) = \frac{dx(t)}{dt}$ がリアルタイムで計測可能とする．

式 (2.1) と式 (2.3) を参考に，仮想的なバネとダンパを組み合わせた制御式として力 $f(t)$ を次式で与えよう．

$$f(t) = K_p(x_d - x(t)) - K_v \frac{dx(t)}{dt} \tag{2.4}$$

ここで，K_p と K_v は定数とし，$K_p > 0$，$K_v > 0$ とする．上式の右辺第 2 項は仮想ダンパであり，K_v は式 (2.3) の粘性抵抗係数 μ に相当する．したがって，K_v が大きいほど大きな抵抗力（ブレーキ力）が発生し，振動を抑制できる．この K_v を**速度ゲイン**や**微分ゲイン**と呼ぶ．図 2.6 はこの制御法のイメージであり，仮想バネと仮想ダンパにより力を発生させている．速度は距離の時間微分であり，英語で微分のことを「Differentiation」ということから，この制御法のことを**比例・微分制御**や **PD 制御**と呼ぶ．

式 (2.4) はプログラミングを介して与えるものであり，比例ゲイン K_p と速度ゲイン K_v の値は，ハードウェアが許容する範囲で自由に決めることが

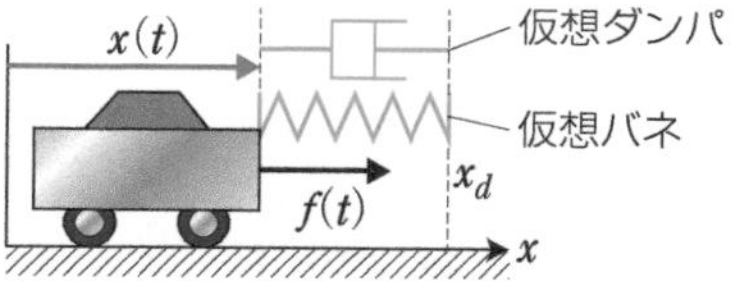

図 2.6　並進システムの PD 制御のイメージ

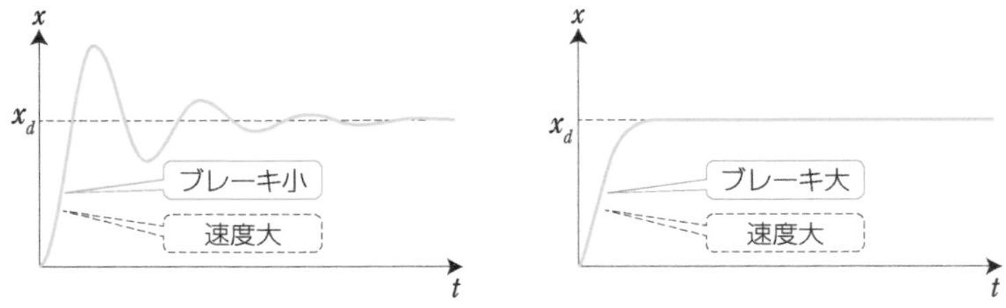

(a) K_v が小さいとき　　(b) K_v が大きいとき

図 2.7　PD 制御の速度ゲイン K_v の大小による運動の変化（K_p は一定）

できる．

図 2.7 は PD 制御による台車位置の時間変化のイメージであり，図 2.7(a) は K_v が小さい場合，図 2.7(b) は K_v が大きい場合である．仮想バネと仮想ダンパはいうなれば，自動車のアクセルとブレーキのようなものであり，K_p と K_v の値を上手に決めることで，図 2.7(b) に示すように，すばやく，かつオーバーシュートせずに目標位置に収束できる．つまり，PD 制御を用いることで P 制御の問題点を解決し，21 ページの 2 つの要求を同時に満足することが可能となる．このようにゲインを変化させ，制御の運動を調節することを**ゲインチューニング**という．ゲインチューニングの具体的な方法にはいくつかの方法が存在するが，ここでは省略する[8]．

この PD 制御は実際に広く用いられている制御法である．さらに精度向上を目的に PD 制御に改良を加えた PID 制御という方法も存在する[9]．

2.1.2.3　回転システムの PD 制御

次に，並進システムの PD 制御を回転システムに拡張しよう．並進システムのダンパと同様に，図 2.8 のような回転システムのダンパ（ロータリーダンパ）も存在する．本質的な仕組みは図 2.5 のダンパと同じであり，外部から軸を回転させると，内部の油が移動することで運動に抵抗するトルクが発生し，ブレーキの役割を果たす．

回転ダンパによる抵抗トルク $\tau_{\mathrm{dmp}}(t)$ は回転軸の角速度 $\omega(t) = \frac{d\theta(t)}{dt}$ に比例し，角速度の逆向きに発生する．これは以下の式で表される．

$$\tau_{\mathrm{dmp}}(t) = -\mu\omega(t) = -\mu\frac{d\theta(t)}{dt} \tag{2.5}$$

[8] 線形システムで各パラメータが既知の場合には，伝達関数から求める方法や 14.1 節の方法が使える．巻末ブックガイド [4] などを参照．

[9] 本書では PID 制御については省略する．巻末ブックガイド [2,4] などを参照．

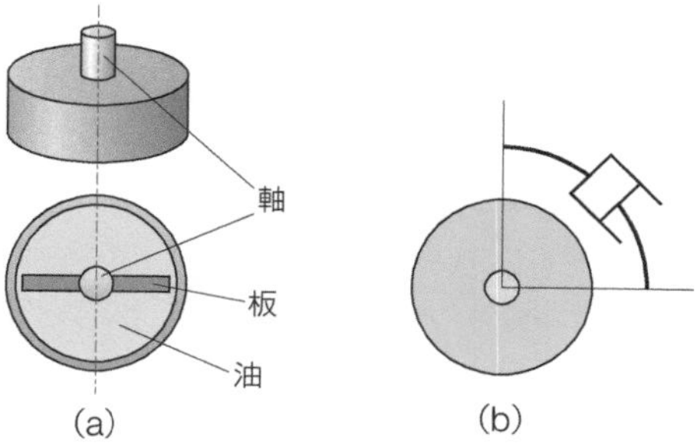

図 2.8　回転ダンパのイメージ

ここで，μ は粘性抵抗係数であるが，式 (2.3) とは単位が異なる．角速度 $\omega(t)$ が同じであれば μ が大きいほど，大きな抵抗トルクが生じる．

以上の回転ダンパの特性を利用し，回転システムに PD 制御を採用しよう．図 2.4(a) のような軸に任意のトルク $\tau(t)$ が発生できるモータの軸回転を考え，式 (2.2) の代わりに PD 制御の式として，以下でトルク $\tau(t)$ を与える．

$$\tau(t) = K_p(\theta_d - \theta(t)) - K_v \frac{d\theta(t)}{dt} \tag{2.6}$$

並進システムの PD 制御と同様に，定数 K_p，K_v はそれぞれ比例ゲインと速度ゲインとし，$K_p > 0$，$K_v > 0$ とする．結果の運動は並進システムの PD 制御と同様に，K_p と K_v の値によって図 2.4 や図 2.7 のように変化する．

2.2 システムのモデル化

制御工学では制御対象とするシステムに対し，以下の【I】または【II】の視点が重要となる．

【I】 目標の動作を実現させたい場合に，どのような制御入力を与えればよいか？

【II】 ある制御入力を与えたときに，システムが結果的にどのような挙動を示すのか？

機械システムを設計・開発する場合，実際に製作したシステムにさまざまな制御入力を与えながら，実験的に上記の【I】と【II】を調査することも可能である．しかし，それでは効率が悪いし，場合によっては機械システムが暴走して破損したり，周囲に危険を及ぼすこともある．

そこで，実験的な検証は最終段階で行うものとし，設計の段階などでは数学的（理論的）に【I】と【II】を検証して解析すれば安全で効率がよい．したがって，制御工学では，対象システムの特性を数式で表現することが非常に重要となる．このように，対象システムを数式で表現することを**モデル化**という．以下では，機械制御におけるモデル化の基礎を解説する．

2.2.1 マス・バネ・ダンパシステムのモデル化（並進システム）

図 2.9(a) に示すような台車の並進運動を考えよう．台車の質量を m [kg] とし，台車は力 $f(t)$ [N] を受けて並進運動を行う．距離 $x(t)$ [m] と速度 $\frac{dx(t)}{dt}$ [m/s] はリアルタイムに計測可能である．また，今回は車輪を介した台車と床の間の摩擦は無視できるとする．$f(t)$ は制御によって与えられる力であり，今回の制御では台車を目標位置 $x_d = 0$ で静止させることを目的とする．

ここで，力 $f(t)$ が与えられたときの台車の距離 $x(t)$ の関係は次式で表現される．

$$f(t) = m\frac{d^2x(t)}{dt^2}$$

次に，$x_d = 0$ とし，台車に式 (2.4) の PD 制御を力 $f(t)$ として与えると，上式に代入することで次式を得る．

$$m\frac{d^2x(t)}{dt^2} + K_v\frac{dx(t)}{dt} + K_px(t) = 0 \tag{2.7}$$

上式は図 2.9(b) のように，台車に実際のバネとダンパをとりつけたものと等価である．したがって，PD 制御の場合だけでなく，実物のバネとダンパを台車に接続した場合にも，同じ式で表現できる．この式のように，対象システムを数式で表すことがモデル化である．

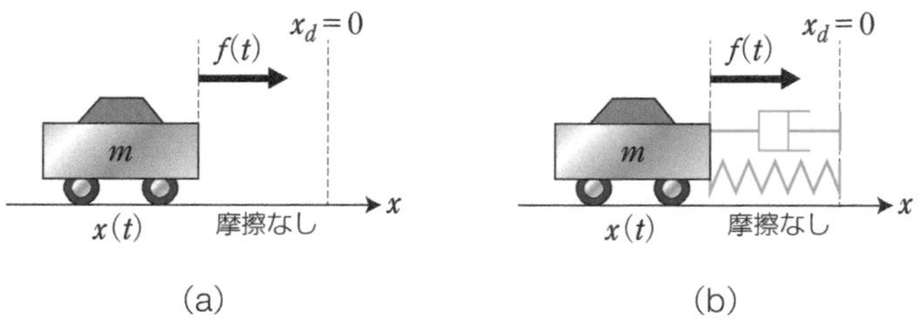

図 2.9 並進システムのモデル化

式 (2.7) に注目すると，この式は $x(t)$ を変数とした時間 t に関する微分方程式である．この方程式を時間 t で積分などして解くことで，時間 t の変化に対する台車の運動（この場合は距離 $x(t)$）を知ることができる．このような機械システムの運動について，時間 t に関する微分方程式で記述した数式を**運動方程式**と呼ぶ．特に今回の例のように，質量（マス）[10]，バネ，ダンパの 3 つが組み合わさったシステム（もしくはそれに相当するシステム）を**マス・バネ・ダンパシステム**と呼ぶ．マス・バネ・ダンパシステムは，制御工学のみならずさまざまな関連分野で重要な機械要素であり，多くの機械システムの近似モデルなどにも用いられる．

2.2.2 マス・バネ・ダンパシステムのモデル化（回転システム）

次に，回転システムのモデル化の例についても解説しよう．図 2.10(a) のようなモータ軸の角度 $\theta(t)$ を $\theta_d = 0$ に PD 制御することを考える．ただし，摩擦を無視できるとする．モータ軸の回転部分の慣性モーメントを J とし，軸にトルク $\tau(t)$ を加えた場合は以下のように表現できる．

$$\tau(t) = J\frac{d^2\theta(t)}{dt^2}$$

このとき，PD 制御の式 (2.6) を $\theta_d = 0$ として上式の $\tau(t)$ に与えると，次式を得る．

$$J\frac{d^2\theta(t)}{dt^2} + K_v\frac{d\theta(t)}{dt} + K_p\theta(t) = 0 \tag{2.8}$$

この微分方程式が図 2.10 のシステムの運動方程式となり，この微分方程式を解くことで，PD 制御を与えたときの軸の角度 $\theta(t)$ の時間 t に対する挙動を知ることができる．

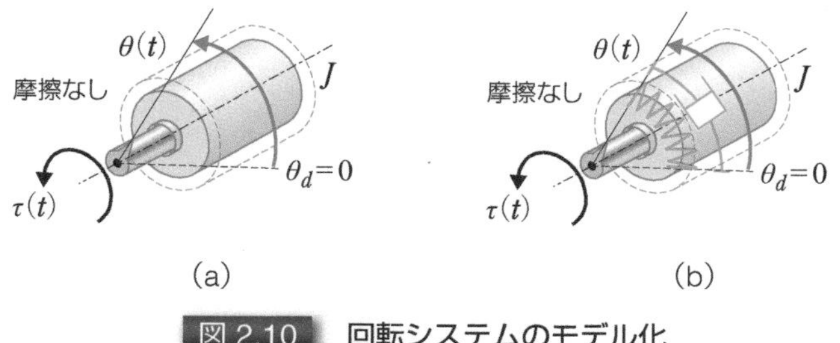

図 2.10 回転システムのモデル化

[10] 質量のことを英語で mass という．

なお，式 (2.7) と式 (2.8) を見比べると，同じ構造の運動方程式であることが分かり，表 1.2 に示す並進と回転の類似性を確認できる．

2.3 微分方程式の線形化

先述した式 (2.7) と式 (2.8) の運動方程式の構造は，式 (1.8) で表現された線形な微分方程式であり，非線形な微分方程式と比較して解を計算することが容易である．

しかし，一般に実世界のほとんどのシステムの運動方程式は，厳密には複雑な非線形微分方程式によって表現される[11]．このような場合，対象システムの非線形な方程式を線形な式で近似することで，より簡単な線形微分方程式として解析できる場合がある．このような近似を**線形近似**もしくは**線形化**という．以下では，制御工学のモデル化において多用される線形化の手法を紹介する．

2.3.1 接線を利用した線形化

はじめに接線を利用した線形化を説明しよう．これは，例えば図 2.11(a) のように関数 $f(x)$ があった場合，図 2.11(b) のように特定の $x = a$ 点での接線で近似する方法である．この場合では，近似の直線は関数 $f(x)$ の $x = a$ における傾き k を用いて

$$f(x) = kx + b$$

と表される．ここで k は

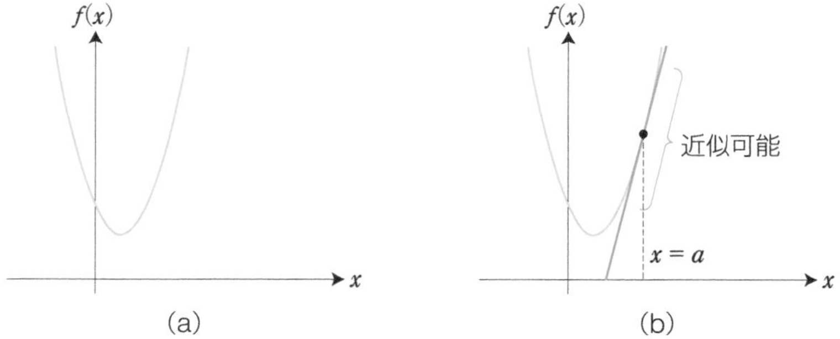

図 2.11 接線による近似

[11] 近似しないと，数式表現そのものが不可能な場合もある．

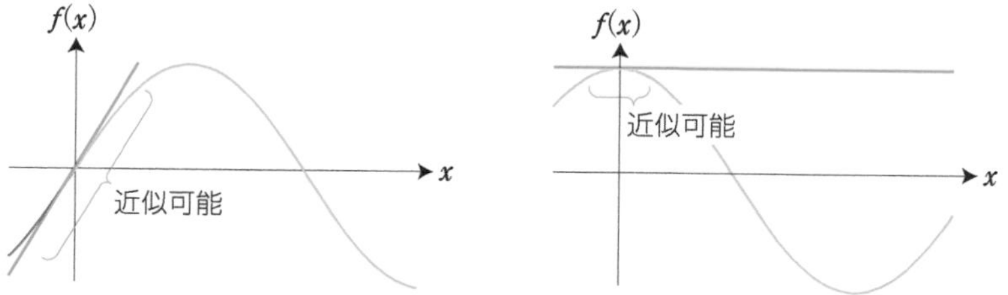

(a) sin 関数の近似　　(b) cos 関数の近似

図 2.12　三角関数の近似の代表例

$$k = \left. \frac{df(x)}{dx} \right|_{x=a}$$

で表現される．ただし，この近似は $f(x)$ が $x = a$ で微分可能な場合に限定される．右辺の $|_{x=a}$ は $\frac{df(x)}{dx}$ に $x = a$ を代入することを意味する．また，b は切片に相当する．例えば，$f(x) = (x-1)^2 + 2$ という関数を $x = 3$ の近傍で近似する場合には，$\frac{df(x)}{dx} = 2(x-1)$ より傾きは $k = 4$ となり，近似式は $f(x) = 4x - 6$ となる（図 2.11(b)）．

さらに，この方法を拡張して三角関数の $f(x) = \sin x$ と $f(x) = \cos x$ の場合では，$x = 0$ の近傍で

$$f(x) = \sin x \quad \rightarrow \quad \text{近似式：} f(x) = x$$

$$f(x) = \cos x \quad \rightarrow \quad \text{近似式：} f(x) = 1$$

と近似できることが知られている（角度 x の単位は [rad]）．確かに，図 2.12 より，$x = 0$ の近傍では $\sin x$ と $\cos x$ が高い精度で近似できていることが理解できるだろう．

2.3.2 小さい値を無視して線形化

次に紹介するのは「非常に小さい値を無視」する近似法である．例えば，以下のような微分方程式があったとしよう．

$$b(t) + a_0 x(t) + a_1 \frac{dx(t)}{dt} + \underset{\sim\sim\sim\sim\sim}{c\left(\frac{d^2x(t)}{dt^2}\right)^2} + a_3 \frac{d^3x(t)}{dt^3} = 0$$

ここで，式 (1.8) の線形微分方程式と比較すると，上式では左辺第 4 項（波線の箇所）が存在するため，線形微分方程式とはならない．しかし，もし，係数 c の値が他の係数に比べ十分に小さく，$c \fallingdotseq 0$ とみなせる場合には，この

項を無視すれば

$$b(t) + a_0 x(t) + a_1 \frac{dx(t)}{dt} + a_3 \frac{d^3 x(t)}{dt^3} = 0$$

と線形微分方程式で近似できる．

同様の手法は，変数そのものの値が小さい場合にも用いることができる．例えば，

$$a_0 x(t) + a_1 \frac{dx(t)}{dt} + \underset{\sim\sim\sim}{\left(\frac{dx(t)}{dt}\right)x(t)} + a_3 \frac{d^3 x(t)}{dt^3} = 0$$

という式が与えられていたとしよう．この場合も左辺第 3 項（波線の箇所）が原因で線形微分方程式とはならない．しかし，$|\frac{dx}{dt}|$ と $|x|$ の値が非常に小さくゼロに近い条件下では「0 に近い値 × 0 に近い値 ≒ 0」と考え，第 3 項を無視すれば

$$a_0 x(t) + a_1 \frac{dx(t)}{dt} + a_3 \frac{d^3 x(t)}{dt^3} = 0$$

と近似でき，線形微分方程式となる．また，一般に高次の微分項[12]は値の変動が小さく，ほとんどゼロとみなせる場合もある．上式では，3 階微分の $\frac{d^3 x(t)}{dt^3}$ の項を無視できれば，さらに簡単になり

$$a_0 x(t) + a_1 \frac{dx(t)}{dt} = 0$$

と近似できる．

より詳細な内容を知りたい読者は，9.4.2 節にて後述するテイラー展開を用いた近似などを勉強することをお勧めする[13]．いずれの近似の場合でも，想定する条件から外れた場合には，十分な近似精度が得られないので注意が必要である．

ホイールダック 1 号開発の進捗

博士は PD 制御を理解した．また，ホイールダックをモデル化し，近似することで，ホイールダックの運動を線形微分方程式で表現できるようになった．

[12] $\frac{d^n x(t)}{dt^n}$ において n が大きい場合のことで，何度も微分している項のこと．
[13] 巻末ブックガイド [5] などを参照．

まとめ

- P 制御は仮想バネを利用している.
- ダンパは速度（角速度）に比例した抵抗力（トルク）を発生させる.
- PD 制御は仮想バネと仮想ダンパを組み合わせた制御法である.
- 非線形な微分方程式は近似することで線形微分方程式が得られる.

章末問題

❶ ダンパ（減衰器）の力学的特性を，並進運動を例に 100 字程度で説明せよ.

❷ P 制御と PD 制御の原理とそれらの違いについて，並進システムを例に 100 字程度で説明せよ.

❸ 図 2.13(a) に示すシステムの運動方程式を導出せよ．ただし，m_i は質量，k_i はバネ定数，$f(t)$ は物体に与えられた力とする．バネ定数が自然長のとき $x_i = 0$ とする $(i = 1, 2)$.

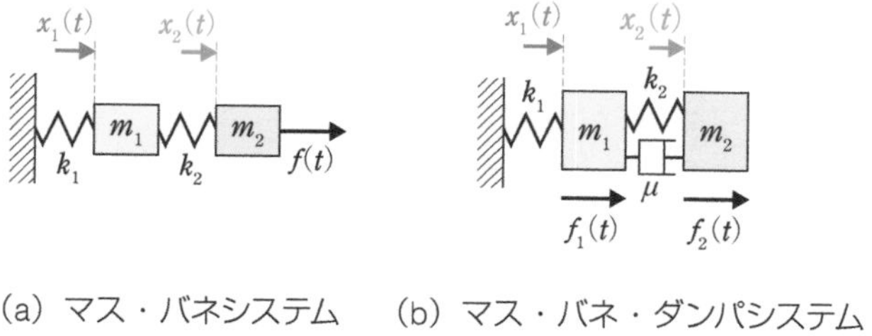

図 2.13　2 自由度並進システム

❹ 図 2.13(b) に示すシステムの運動方程式を導出せよ．μ は粘性抵抗係数，$f_i(t)$ は力とし，その他の問題設定は図 2.13(a) と同じとする.

❺ 以下の式を $x = 0$ もしくは $\theta = 0$ の近傍で適切に近似し，線形微分方程式にせよ.

(1) $\left(\frac{d^3x(t)}{dt^3}\right)^2 + 2\frac{d^2x(t)}{dt^2} + \frac{4}{\cos x(t)} + \sin x(t) = 0$

(2) $5\frac{dx(t)}{dt} + x(t)^5 + 2x(t) + 4 = 0$

(3) $\left(\frac{d^3\theta(t)}{dt^3}\right)\cos\theta(t) + \left(\frac{d\theta(t)}{dt}\right)\sin\theta(t) + \frac{d^2\theta(t)}{dt^2}\cdot\frac{d\theta(t)}{dt} + 1 = 0$

ラプラス変換を用いる微分方程式の解法

STORY

博士は努力家である．いろいろな制御対象を見つけたり，機械を作ったりしては，その運動方程式を書き起こし，その挙動を「力学」の知識に基づいて数学的に考えるという練習に取り組んでいた．そのたびに博士は微分方程式を解かないといけなかった．それはとても面倒くさかった．多項式で表された方程式の解なら，これまでだってたくさん練習してきたし簡単に解けるのに．

$x^2 - 2x + 1 = 0 \Leftrightarrow (x-1)^2 = 0 \Leftrightarrow x = 1$，みたいに．

ある日，大学の図書館で書籍を読んでいた博士は新たな道具と出会う．

「――ラプラス変換……だとっ！？」

18 世紀フランスの天才数学者ピエール＝シモン・ラプラスの名を冠したその手法は，制御工学に現れる微分方程式を簡単に解くことを可能にする魔法の道具だった！

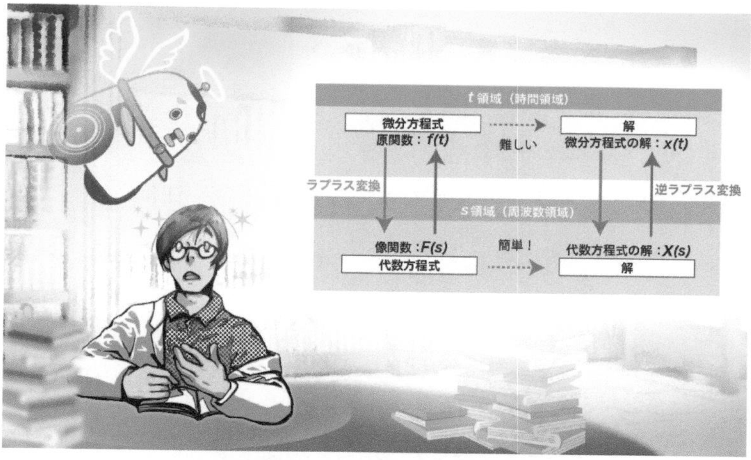

図 3.1　ラプラス変換と出会う博士

3.1 微分方程式の解法

3.1.1 解析解と数値解の違い

第 2 章では，対象システムの運動が運動方程式という微分方程式で表現されることを説明した．この微分方程式を「解く」ことで，制御を行ったときに，結果的に生じる機械システムの運動を知ることが可能となる．

微分方程式に限らず，一般に方程式を解く方法には主に 2 つの種類が存在する．1 つが解析的に解く方法であり，もう 1 つが数値的に解く方法である．以下の連立方程式を通じて 2 つの解法の違いを簡単に説明しよう．

$$\begin{cases} 2x + y = 0 \\ x + 3y = 5 \end{cases} \tag{3.1}$$

解析的に解く方法とは，数式を変形して解を得る方法である．式 (3.1) の例では，上の式から $y = -2x$ を得て，それを下の式に代入することで，解（$x = -1$，$y = 2$）を得る．このような解を**解析解**という．

一方，数値的に解く方法とは，数式に具体的な数値を入れて計算する方法である．例えば x と y の値を「$x = -10$，$-9\ldots$」，「$y = -10, -9\ldots$」と変化させ解の候補の数値を次々と式 (3.1) に入力していき，方程式を満足する「解の値」を見つけ出す方法などである．このような解を**数値解**という [1]．

微分方程式を解く場合にも，解析的な方法と数値的な方法が存在し，それぞれに短所・長所がある．解析的に微分方程式を解くには，数式変形に必要な数学の知識が不可欠である．一方で数値的に微分方程式を解くには，現実的にはコンピュータプログラムやソフトウェア（アプリ）を用いることになるため，プログラミングやソフトウェアの知識が必要となる [2]．本書では，前者の解析的な方法に主観をおく．

3.1.2 積分による基本的な微分方程式の解き方

微分方程式を解析的に解く方法はいくつか存在するが，最も基本的な方法は，微分方程式を積分して解を求める方法である．まずは高校で学ぶ知識を利用して，次の例題 1 と 2 を時間積分して解いてみよう．以下では時間 t で

[1] 例えば，表計算ソフト（エクセルなど）や電卓を用いて計算する方法も具体的な数値を入力して計算しているので，数値的な方法である．

[2] 非線形な微分方程式を線形近似せずに解くには，解析的な方法では困難な場合がある．そこで，積極的にコンピュータを利用して数値的に解くことが多い．

変化する変数 $x(t)$ の微分方程式に対し，その解である $x(t)$ を求めることを目的とする．

【例題 1】 以下の微分方程式の解 $x(t)$ を求めよ．ω は定数とし，時間 $t=0$ において $x(0)=0$ とする．

$$\frac{dx(t)}{dt} = \cos\omega t \tag{3.2}$$

上式を時間 t で積分し，$x(0)=0$ の条件を考慮すると次式を得る．

$$x(t) = \int_0^t \cos\omega\tau \; d\tau + x(0) = \frac{1}{\omega}\sin\omega t$$

【例題 2】 以下の微分方程式の解 $x(t)$ を求めよ．m と f は定数とし，$v(t)=\frac{dx(t)}{dt}$ とする．時間 $t=0$ において $x(0)=0$，$v(0)=0$ とする．

$$m\frac{d^2x(t)}{dt^2} = f$$

上式は質量 m の物体が一定の力 f を受けて運動している場合に相当する．まずは時間積分を 1 回して $\frac{dx(t)}{dt}$ を求めよう．

$$\frac{dx(t)}{dt} = \int_0^t \frac{d^2x(\tau)}{d\tau^2}\; d\tau + v(0) = \frac{f}{m}t$$

上式をさらに，もう一度，時間積分すれば解として次式を得る．

$$x(t) = \int_0^t \frac{dx(\tau)}{d\tau}\; d\tau + x(0) = \frac{f}{2m}t^2$$

3.1.3 単純な積分計算で微分方程式が解けない例

上記の例題では簡単な計算で解を得られたが，単純な積分計算で解を得られない場合も存在する．以下の微分方程式を考えよう．

$$\frac{d^2x(t)}{dt^2} = \gamma x(t)$$

ただし，γ は定数とする．この式は $\gamma = -\frac{k}{m}$ とおけば，質量 m の物体にバ

ネ定数 k のバネを組み合わせた運動に相当する．ここでは不定積分を用いて計算する．

両辺を時間 t で積分すると

$$\begin{aligned}\int \frac{d^2x(t)}{dt^2}\ dt &= \gamma \int x(t)\ dt \\ \frac{dx(t)}{dt} &= \gamma \int x(t)\ dt + C \qquad (3.3)\end{aligned}$$

を得る．C は積分定数をまとめたものである．ここで，上式の右辺に注目しよう．もし $x(t)$ が t に関する具体的な式，例えば $x(t) = 4t^3 + \cos\omega t$ などであれば積分計算が可能である．一方，式 (3.3) の $x(t)$ のように t の具体的な式で表現されていない場合には，$x(t)$ をこれ以上は時間 t で積分できない[3]．

一般に，本例のような場合や微分方程式が複雑な式の場合には，その解を解析的に求める計算に手間がかかる．そこで，微分方程式の解析解を簡単に得るためのテクニックが重要となる．

3.2 微分方程式の解法のイメージ

3.2.1 ラプラス変換のイメージ

制御工学（特に古典制御）では，**ラプラス変換**というテクニックが登場する．しかし，初学者にとっては理解しにくく，制御工学を学ぶうえでの大きな壁の1つとなっている．本書では，初学者がラプラス変換の「基本的な使い方」を理解することを目的として解説していく．

まずはラプラス変換を「何の目的で使うのか？」を明らかにしよう．先述したように，微分方程式を解析的に解くには計算に手間がかかる場合が多い．そこで，微分方程式を簡単に解く方法として考案されたのがラプラス変換を用いる方法である．このラプラス変換を用いることで，多くの場合には積分計算を行うことなく，微分方程式の解を得ることができる[4]．

この方法の大雑把な方向性を説明しよう（厳密な方法は次の 3.2.2 節以降で解説する）．例えば，次式の微分方程式を考えよう．以下では解説の都合で $\frac{dx(t)}{dt}$ を $\frac{d}{dt}x(t)$ と表記しているが，両者は同じ意味なので注意すること．

---

[3] 式 (3.3) の場合には，$x(t)$ を三角関数に関する式と仮定して解く方法や，他の方法も存在するが，ここでは触れない．

[4] ただし，ラプラス変換が適用できるのは，後述するように通常は線形微分方程式である．また，後述のラプラス変換表に対象がない場合には自分で積分計算する必要がある．

$$\frac{d^2}{dt^2}x(t) + 2\frac{d}{dt}x(t) + 3x(t) = t \tag{3.4}$$

ここで微分記号 $\frac{d}{dt}$ を1つのまとまりと考えて $s = \frac{d}{dt}$, $s^2 = \frac{d^2}{dt^2}$ とおこう．これがラプラス変換の大きなポイントとなる．すると，

$$\begin{aligned} s^2x(t) + 2sx(t) + 3x(t) &= t \\ (s^2 + 2s + 3)x(t) &= t \end{aligned}$$

と計算でき，解 $x(t)$ が次式のように得られそうである．

$$x(t) = \frac{t}{s^2 + 2s + 3} \tag{3.5}$$

しかし，$\frac{d}{dt}$ を s とおくのは少し強引な気はするし，そもそも式 (3.5) の解 $x(t)$ には s が存在したままで，t の式にはなっておらず，完全な答えにはなっていない．したがって，上述の説明のように単に $s = \frac{d}{dt}$ とおくだけでは不十分である．

ラプラス変換を使って正しく微分方程式を解くには，次に説明するように特定のルールに従って式を変換する必要がある．

3.2.2 ラプラス変換による解法（クイックガイド）

ラプラス変換による微分方程式の解法を，クイックガイドとしてコンパクトにまとめたものを通じて説明する．良くも悪くも従来の積分の解法とは異なるため，少し困惑するかもしれないが，最初のうちは「そういうもの」と割り切ってトライしてみよう．

微分方程式を解くには**ラプラス変換**と**逆ラプラス変換**[5] の2つがセットになっており，以下の3つのステップから成り立つ．ここでは微分方程式の解を $x(t)$ として話を進める．

ラプラス変換による微分方程式の解法のクイックガイド（簡易的表現）

ステップ1 ラプラス変換により，微分方程式を特定のルール（後述する42ページを参照）に沿って変換する．

ステップ2 変換後の数式から四則演算（$+ - \times \div$）のみで**仮の解** X を求める．

ステップ3 逆ラプラス変換により，仮の解 X を**真の解** x に逆変換する．

[5]「ラプラス逆変換」ともいう．

このステップ1〜3を式(3.2)の例題1を通じて解説していこう．ここでは「習うより慣れろ」で読み進めて，大まかな流れを理解してほしい．以下に式(3.2)を再掲する（左辺は解説しやすいように記述を少し変えている）．

$$\frac{d}{dt}x(t) = \cos\omega t$$

まずは，ステップ1のラプラス変換を行う[6]．詳細のラプラス変換のルールについては3.3.2節で後述するが，ここではラプラス変換の結果だけ述べる．上式の場合では以下のように変換が行われる．

- 微分記号 $\frac{d}{dt}$ を s に書き換える（$\frac{d}{dt} \to s$）．
- 変数 $x(t)$ を $X(s)$ に書き換える（$x(t) \to X(s)$）．
- 右辺は付録の**ラプラス変換表**（249ページの表A.1のNo.6）を参考に $\cos\omega t$ を $\frac{s}{s^2+\omega^2}$ に書き換える（$\cos\omega t \to \frac{s}{s^2+\omega^2}$）．

これらをまとめると，ステップ1によるラプラス変換は以下となる．

ステップ1（ラプラス変換）

$$\textbf{変換前：}\ \underline{\frac{d}{dt}x(t) = \cos\omega t} \quad \Rightarrow \quad \textbf{変換後：}\ \underline{sX(s) = \frac{s}{s^2+\omega^2}} \tag{3.6}$$

ここで注目してほしいのは，ラプラス変換後の式には微分の記号 $\frac{d}{dt}$ がなくなり，代わりに変数 s による簡単な代数方程式（多項式を等号で結んだ式）で表される点である．本来の目的は微分方程式の解 $x(t)$ を求めることであり，本書では $x(t)$ を「真の解」と呼ぼう．一方，変換後の式では本来求めるべき解 $x(t)$ は変換されて $X(s)$ となっている．本書では $X(s)$ を「仮の解」と呼ぼう[7]．

ここでのポイントは，ラプラス変換後の式では仮の解 $X(s)$ は，積分を使わずに四則演算（$+ - \times \div$）のみで求められることである．次のステップ2では $X(s)$ について解き，仮の解を得る．

ステップ2（仮の解を求める）

$$sX(s) = \frac{s}{s^2+\omega^2} \quad \Rightarrow \quad X(s) = \frac{1}{s^2+\omega^2}$$

[6] ラプラス変換をするときに初期条件は重要である．ここでは後述の式(3.7)を満たすものとする．

[7] 「真の解」，「仮の解」という呼び方は本書のみで使用される．一般的な用語ではないので注意すること．

最後にステップ3では仮の解 $X(s)$ を逆ラプラス変換することで，真の解 $x(t)$ を得ることができる．ここでは逆ラプラス変換の結果だけを述べる．上式の場合では以下の変換が行われる．

- 変数 $X(s)$ を $x(t)$ に書き換える（$X(s) \to x(t)$）．
- ラプラス変換表（249ページの表A.1のNo.5）を参考に，先ほどとは逆向きに $\frac{1}{s^2+\omega^2}$ を $\frac{1}{\omega}\sin\omega t$ に変換する（$\frac{1}{s^2+\omega^2} \to \frac{1}{\omega}\sin\omega t$）．

これらをまとめると，ステップ3による逆ラプラス変換は以下となる．

ステップ3（逆ラプラス変換）

$$\textbf{変換前：}\ X(s) = \frac{1}{s^2+\omega^2} \quad \Rightarrow \quad \textbf{変換後：}\ x(t) = \frac{1}{\omega}\sin\omega t$$

以上のステップ1〜3で積分を行うことなく，簡単な作業で式(3.2)の微分方程式の解 $x(t)$ を得ることができた．

コラム　ラプラス変換による解法のたとえ話

上述の微分方程式の解法をイメージすることが困難な読者のために，類似の例として「外国語での意思疎通」を紹介しておこう．今，Aさんと Bさんが会話しているとする．ただし，Aさんは英語の話し手，Bさんは日本語の話し手とする．AさんはBさんに英語で「What is this?」と尋ねた．これに対するBさんのAさんへの回答は「This is a pen.」とする．そのとき，言語の変換は辞書を用いて行うものとする．Bさんの回答は以下のステップ1〜3で得られる．

外国語での意思疎通の例

ステップ1　「What is this?」を**英和辞書**を使って日本語「これは何ですか？」に翻訳する．

ステップ2　翻訳された日本語の質問から日本語での**仮の回答**「これはペンです．」を考える．

ステップ3　日本語の仮の回答を，**和英辞書**を使って**真の回答**「This is a pen.」に翻訳する．

この例では最初の「What is this?」が微分方程式，「This is a pen.」が真の解に相当する．さらに英語から日本語への変換がラプラス変換，その逆が逆ラプラス変換に相当し，英和／和英辞書がラプラス変換表（と関連ルール）とみなせる．

ここで重要なことは図 3.2(a) のように，日本語であろうと英語であろうと，文法や単語が違うだけで文意そのものは同じであるという点である．ラプラス変換と逆ラプラス変換は，ある真実（数式）を異なる裏表で表現しているといえる．

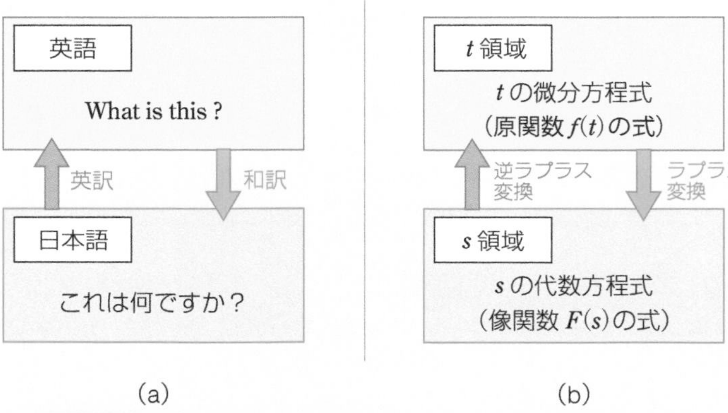

図 3.2　英語⇔日本語の翻訳と t 領域⇔ s 領域の類似性

3.3 ラプラス変換の真相

3.3.1 t 領域と s 領域

これまで，大まかにラプラス変換を使った微分方程式の解法について説明したが，より詳しく解説していこう．再び，式 (3.6) の左側の式（ラプラス変換前の式）に注目しよう．変換前の式では変数 $x(t)$ は微分方程式によって支配され，時間 t によって従属的に変化する変数である．このような場合には時間 t を**独立変数**，$x(t)$ を**従属変数**と呼び，時間 t で支配される微分方程式を t **領域**の式と呼ぶ．解 $x(t)$ を得るには時間 t で積分するなどが必要になる．

一方，式 (3.6) の右側の式（ラプラス変換後の式）では，独立変数は新たに設定された s であり，従属変数が $X(s)$ である．したがって，その式は s で支配されている式であるともいえる．このような式を s **領域**の式と呼び，s を**ラプラス演算子**と呼ぶ [8]．変換後の s 領域の式には微積分は存在せず，解 $X(s)$ は四則演算（$+ - \times \div$）のみで得られる．

t 領域の式と s 領域の式には基本的には可逆的な関係があり，t 領域の式は s 領域の式に変換でき [9]，逆に s 領域の式も t 領域に変換できる．t 領域から s 領域への変換がラプラス変換であり，s 領域から t 領域への変換が逆ラプラス変換である．t 領域の式とそれをラプラス変換した s 領域の式は表裏一体の関係にある．これは，図 3.2(b) のように「外国語での意思疎通の例」と対比させると分かりやすいだろう．

ここで，t 領域の関数を $f(t)$，s 領域の関数を $F(s)$ で表すと，ラプラス変換を以下のように "$\mathcal{L}$"，逆ラプラス変換を "$\mathcal{L}^{-1}$" を用いて表す．

$$\textbf{ラプラス変換：} \quad F(s) = \mathcal{L}\big[f(t)\big]$$
$$\textbf{逆ラプラス変換：} \quad f(t) = \mathcal{L}^{-1}\big[F(s)\big]$$

なお，$f(t)$ を**原関数**，$F(s)$ を**像関数**という．ラプラス変換を用いた微分方程式の解法では，図 3.3 のように t 領域の式から直接的に解 $x(t)$ を求めるの

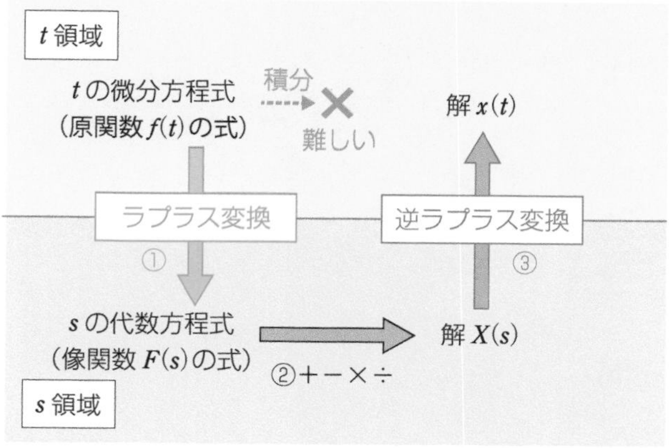

図 3.3　ラプラス変換と逆ラプラス変換による微分方程式の解法（① 〜③ がステップ 1〜3 に対応）

[8] ラプラス演算子と 9.3.2 節の行列の特性方程式の変数は同じ s を使うが，両者は異なるので注意すること．

[9] ただし，ラプラス変換が可能な場合に限る．可逆性については一部の例外はある．

が困難なため，計算が簡単な迂回ルートをとって解を求めていることになる．

以上を踏まえ，37 ページの微分方程式の解法のクイックガイドを，より一般的な表現に書き換えると，以下のようになる．

ラプラス変換による微分方程式の解法のクイックガイド（一般的表現）

ステップ 1　t 領域の微分方程式にある原関数 $f(t)$ をラプラス変換し，s 領域の像関数 $F(s)$ に変換する．

ステップ 2　s 領域の像関数 $F(s)$ によってつくられた代数方程式を四則演算することで，s 領域での解 $X(s)$ を求める．

ステップ 3　s 領域での解 $X(s)$ を逆ラプラス変換し，t 領域での解 $x(t)$ を求める．

3.3.2 ラプラス変換の詳細なルール

先述したクイックガイドでは，ステップ 1 のラプラス変換を簡単に説明したが，ここでは詳しく解説する．ただし，まずは $x(t)$ の n 階微分方程式に対し，$t=0$ のときの初期条件として以下を満たすとする．

$$\left.\frac{d^{n-1}x(t)}{dt^{n-1}}\right|_{t=0} = \left.\frac{d^{n-2}x(t)}{dt^{n-2}}\right|_{t=0} = \ldots = \left.\frac{dx(t)}{dt}\right|_{t=0} = x(0) = 0 \qquad (3.7)$$

この初期条件を満たさない場合には，ラプラス変換の結果が少しだけ変わってくる．その場合については 3.3.4 節に後述する．

まず，時間 t に関する微分方程式（原関数 $f(t)$ からなる式）が与えられるとする．そのとき，時間 t で変化する従属変数，例えば $x(t)$ を小文字で表現する．以下では例として微分方程式の従属変数を $x(t)$ としているが，$y(t)$ や $\theta(t)$ などでも対応は同じである．ラプラス変換は以下の 5 つのルールに従って $f(t)$ を s 領域の $F(s)$ に変換する．

ステップ 1 のラプラス変換のルール

【ルール 1】　t 領域の従属変数 $x(t)$ を大文字にして s 領域の従属変数 $X(s)$ に置き換える（例：$x(t) \to X(s)$）．

【ルール 2】　$x(t)$ やその時間微分 $\frac{d^n x(t)}{dt^n}$ の係数は，変換後もそのままの値とする．ただし，単に数字しか持たない項は，数値の 1 に係数がかかっているものとみなし，この場合には 1 を後述のルール 5 に従って置き換える（例：$kx(t) \to kX(s)$，$5x(t) \to 5X(s)$，$1 \to \frac{1}{s}$（ルール 5 より））．

【ルール 3】 t 領域の n 階の微分記号 $\frac{d^n}{dt^n}$ を，s^n で置き換える．微分記号の直後にある変数 $x(t)$ はルール 1 に従う（例：$\frac{dx(t)}{dt} \to sX(s)$，$\frac{d^3x(t)}{dt^3} \to s^3X(s)$）．

【ルール 4】 積分の場合には，積分記号のセット「$\int * dt$」を $\frac{1}{s}$ で置き換える．内部の変数 $x(t)$ はルール 1 に従う（例：$\int x(t)dt \to \frac{X(s)}{s}$，$\int\int x(t)dtdt \to \frac{X(s)}{s^2}$）．

【ルール 5】 ルール 1〜4 に当てはまらないものにはラプラス変換表（249 ページの表 A.1 など）を用いる．ラプラス変換表には t 領域の原関数と，それをラプラス変換した s 領域の像関数が記載されている．ラプラス変換表に載っていない変換については後述の式 (3.10) の計算を行う（例：$\cos\omega t \to \frac{s}{s^2+\omega^2}$）．

なお，逆ラプラス変換は上述したラプラス変換ルール 1〜5 を逆方向に変換を行う（例えば $X(s) \to x(t)$）．ルール 5 ではラプラス変換表を像関数から原関数へ，逆方向の変換に用いる（例えば $\frac{s}{s^2+\omega^2} \to \cos\omega t$）．また，変換表にない場合には後述の式 (3.11) を用いて計算する．

3.3.3 微分方程式の解法の例題

以上を踏まえ，次の例題 3 の微分方程式を解いてみよう．

【例題 3】 以下の微分方程式の解 $x(t)$ を求めよ．時間 $t=0$ において $\left.\frac{dx(t)}{dt}\right|_{t=0} = x(0) = 0$ とする．

$$\frac{d^2x(t)}{dt^2} - 3\frac{dx(t)}{dt} + 2x(t) = e^t \tag{3.8}$$

まずはステップ 1 のラプラス変換を行う．ルール 1 より変数 $x(t)$ を変数 $X(s)$ に，ルール 3 より微分記号を s で置き換える．ルール 2 より係数はそのままとなる．右辺の e^t はラプラス変換表（249 ページの表 A.1 の No.2）より $e^t \to \frac{1}{s-1}$ を用いる．したがって，式 (3.8) は以下のように変換される．

左辺： $\mathcal{L}\left[\dfrac{d^2x(t)}{dt^2} - 3\dfrac{dx(t)}{dt} + 2x(t)\right] = s^2X(s) - 3sX(s) + 2X(s)$

右辺： $\mathcal{L}[e^t] = \dfrac{1}{s-1}$

以上より，式 (3.8) をラプラス変換した式は以下となる．

$$s^2X(s) - 3sX(s) + 2X(s) = \frac{1}{s-1}$$

次にステップ 2 として上式を変形して，仮の解 $X(s)$ を求めると以下となる．

$$\begin{aligned}(s-1)(s-2)X(s) &= \frac{1}{s-1} \\ X(s) &= \frac{1}{(s-1)^2(s-2)} \qquad (3.9)\end{aligned}$$

最後にステップ 3 として式 (3.9) を逆ラプラス変換して真の解 $x(t)$ を求めればよい．しかし，249 ページのラプラス変換表を眺めても，式 (3.9) の右辺に相当するものを見つけることができない．そこで，式 (3.9) を逆ラプラス変換しやすい形に変形しよう．ここで登場するのが高校の数学で習う**部分分数分解**である．

ラプラス変換表を眺めてみると $\frac{1}{s+a}$，$\frac{1}{(s+a)^2}$ の変換は確認できる（249 ページの表 A.1 の No.2 と No.8）．そこで係数 A〜C を用いて式 (3.9) 右辺を

$$\frac{1}{(s-1)^2(s-2)} = \frac{A}{s-2} + \frac{B}{s-1} + \frac{C}{(s-1)^2}$$

とおくと，結果として $A = 1$，$B = C = -1$ を得る．したがって，式 (3.9) は以下のように変形できる．

$$X(s) = \frac{1}{s-2} - \frac{1}{s-1} - \frac{1}{(s-1)^2}$$

この形式なら，ラプラス変換表（表 A.1 の No.2 と No.8）より，以下の関係を利用できる．

$$\begin{aligned}\mathcal{L}^{-1}\left[\frac{1}{s+a}\right] &= e^{-at} \\ \mathcal{L}^{-1}\left[\frac{1}{(s+a)^2}\right] &= te^{-at}\end{aligned}$$

これらの関係を利用すれば，式 (3.9) を逆ラプラス変換でき，以下の解 $x(t)$ を得ることができる．

$$x(t) = \mathcal{L}^{-1}\big[X(s)\big] = e^{2t} - e^{t} - te^{t}$$

部分分数分解は逆ラプラス変換のときによく用いるテクニックである．本書では紙面の都合で基礎的な計算のみ取り扱っているが，ラプラス/逆ラプラス変換のより難易度の高い計算をマスターしたい読者は，他書などを参考にしてほしい[10]．

3.3.4 ラプラス・逆ラプラス変換の定義式

ここまでラプラス変換について説明したが，そもそも「なぜ，このような変換を用いて微分方程式が解けるのか？」と疑問を持つ読者もいるだろう．これは数学的に証明されているが，本書では省略する．ただし，ここではラプラス変換の厳密な定義について補足しておく．

時間 t の原関数 $f(t)$ が与えられたとき，ラプラス変換後の像関数 $F(s)$ は数学的には次式で定義される（ただし，$t < 0$ のとき $f(t) = 0$ とする）[11]．

$$F(s) = \mathcal{L}\big[f(t)\big] = \int_0^{\infty} f(t)e^{-st}\,dt \tag{3.10}$$

上式の s は複素数で $s = a + bj$ を意味する（a と b は実数，j は**虚数単位**で $j^2 = -1$）[12]．

なお，ここまで暗黙の了解で以下の加法が成立するとして計算してきたが，念のため次式が成立することを明記しておく．

$$\mathcal{L}\big[a_1 f_1(t) + \cdots + a_n f_n(t)\big] = a_1\mathcal{L}[f_1(t)] + \cdots + a_n\mathcal{L}[f_n(t)]$$

また，これまでの解説では式 (3.7) に示すように，初期値がゼロとして計算してきた．一般的には，必ずしもこれを満たす場合ばかりではない．式 (3.7) を満たさない場合，$x(t)$ に関してのラプラス変換は以下となる．

$$\mathcal{L}\left[\frac{d^n x(t)}{dt^n}\right] = s^n X(s) - s^{n-1}x(0) - s^{n-2}\frac{dx(t)}{dt}\bigg|_{t=0} - \cdots - \frac{d^{n-1}x(t)}{dt^{n-1}}\bigg|_{t=0}$$

上式は $n \geq 2$ のとき，以下のようにまとめられる．

---

[10] 巻末ブックガイド [6–11] など．特に [6] は計算例が豊富に紹介されている．
[11] 厳密には，$f(t)$ についてラプラス変換が可能な条件が存在するが，本書では省略する．
[12] 虚数単位には一般に i の記号を用いるが，一部の分野では i の代わりに j で表記することも多い．特に工学分野では電流 i と混同するために j を用いる．

$$\mathcal{L}\left[\frac{d^n x(t)}{dt^n}\right] = s\left(\mathcal{L}\left[\frac{d^{n-1}x(t)}{dt^{n-1}}\right]\right) - \left.\frac{d^{n-1}x(t)}{dt^{n-1}}\right|_{t=0}$$

例えば，$\frac{dx(t)}{dt}$，$\frac{d^2x(t)}{dt^2}$，$\frac{d^3x(t)}{dt^3}$ のラプラス変換は以下となる．

$$\begin{aligned}
\mathcal{L}\left[\frac{dx(t)}{dt}\right] &= sX(s) - x(0) \\
\mathcal{L}\left[\frac{d^2x(t)}{dt^2}\right] &= s\left(\mathcal{L}\left[\frac{dx(t)}{dt}\right]\right) - \left.\frac{dx(t)}{dt}\right|_{t=0} = s^2X(s) - sx(0) - \left.\frac{dx(t)}{dt}\right|_{t=0} \\
\mathcal{L}\left[\frac{d^3x(t)}{dt^3}\right] &= s\left(\mathcal{L}\left[\frac{d^2x(t)}{dt^2}\right]\right) - \left.\frac{d^2x(t)}{dt^2}\right|_{t=0} \\
&= s^3X(s) - s^2x(0) - s\left.\frac{dx(t)}{dt}\right|_{t=0} - \left.\frac{d^2x(t)}{dt^2}\right|_{t=0}
\end{aligned}$$

したがって，式 (3.7) を満たさない場合には，これらを考慮してラプラス変換してやればよい．

一方，逆ラプラス変換では像関数 $F(s)$ が与えられたとき，それの t 領域での原関数 $f(t)$ は次式で定義される（c は実数）．

$$f(t) = \mathcal{L}^{-1}\big[F(s)\big] = \frac{1}{2\pi j}\int_{c-j\infty}^{c+j\infty} F(s)e^{st}\, ds \tag{3.11}$$

以上のように，式 (3.10) と式 (3.11) のラプラス変換・逆ラプラス変換には少し複雑な計算を含んでいるが，よく用いる変換はラプラス変換表にまとめられているため，多くの場合は（学校などの試験の場合を除き）変換表を辞書のように調べるだけで，変換が完了するのである[13]．

紙面の都合で式 (3.10)，(3.11) の具体的な計算例は省略する．また，ラプラス変換には他の重要な公式や定理も存在するが，これらについても紙面の都合で省略する．巻末ブックガイドなどを参照いただきたい．

3.3.5 ラプラス変換が使えない例

ラプラス変換は便利であるが，すべての微分方程式に利用ができるわけではない．基本的にラプラス変換は線形微分方程式にしか利用できない．つまり，対象の微分方程式が式 (1.8) のような形式で表現される場合に限る．

例えば，以下のケースではラプラス変換できない．

- 距離 $x(t)$ の 3 乗に比例するバネの復元力 $f(t)$（$f(t) = kx(t)^3$，k は定数）

[13] 本書のラプラス変換表のリストは紙面の都合でかなり数を厳選している．より多くの変換のリストを必要とする場合には，ネットや他書を参考にしてほしい．

- 床と接する物体に作用する摩擦力が静止摩擦力→最大摩擦力→動摩擦力と変化する場合
- 速度 $v(t)$ の 2 乗に比例する空気抵抗力 $f(t)$（$f(t) = cv(t)^2$，c は定数）

その他にも飽和やヒステリシスなどが存在する場合には，ラプラス変換は利用できない [14]．ただし，このような場合には，線形近似すればラプラス変換を利用できる．

ホイールダック 1 号開発の進捗

博士はラプラス変換を利用することで，t 領域で表現されたホイールダック 1 号の開発に関する運動方程式を s 領域に変換し，解を求めたり，解析できるようになった．

まとめ

- t 領域で表現される線形微分方程式をラプラス変換することで，s 領域の代数方程式を得ることができる．
- s 領域の代数方程式を四則演算することで，s 領域での解を計算できる．
- s 領域での解を逆ラプラス変換することで，元の t 領域の線形微分方程式の解を得ることができる．

章末問題

❶ 以下の時間 t に関する $x(t)$ を，付録のラプラス変換表を参考にラプラス変換して，$X(s)$ を求めよ（a，ω は定数）．

(1) $x(t) = 5t^3 + 1$　(2) $x(t) = at\big(\cos 2\pi t + \sin 2\pi t\big)$
(3) $x(t) = e^{-\pi t} + \cos \frac{\pi}{4}t$　(4) $x(t) = t^3 e^t + a\sin(\omega t + \frac{\pi}{4})$

❷ 以下の時間 t に関する微分方程式を付録のラプラス変換表を参考にラプラス変換し，$X(s)$ を求めよ．ただし，初期条件として式 (3.7) を満たす（ω，μ, K は定数）．

(1) $5\frac{d^4x(t)}{dt^4} + 2\frac{dx(t)}{dt} + x(t) = \sin \omega t$

[14] 巻末ブックガイド [9, 10] などを参照．

(2) $\mu\frac{dx(t)}{dt}+Kx(t)=t-e^{-t}$

③ 以下の s 領域の $X(s)$ を，付録のラプラス変換表を参考に逆ラプラス変換して，t 領域の $x(t)$ を求めよ．

(1) $X(s)=-\frac{4}{s^4}$　(2) $X(s)=\frac{1}{4s^2+1}$　(3) $X(s)=\frac{2s+1}{s^3}$

(4) $X(s)=\frac{1}{s^2-3s+2}$

④ 付録のラプラス変換表を参考に，以下の微分方程式を解け．ただし，初期条件として式 (3.7) を満たす（a は定数）．

(1) $\frac{d^2x(t)}{dt^2}=3t^3-t$　(2) $\frac{dx(t)}{dt}=e^{at}$

第4章

主な機械要素の伝達関数

STORY

ただの運動方程式から始まったはずなのに，博士の目の前には，高校時代に物理の授業で習った力学の世界とは随分と違う世界が広がっていた．微分方程式を超えて，ラプラス変換は，確かに新しい扉を開いていた．

しかし，少しばかりの不安が博士にはあった．確かにホイールダック1号の動きは，初等的な力学で習った「物体の運動」と同じように，微分方程式で表されるかもしれない．だけど，ホイールダック1号は安定して立ってくれるのだろうか？　すっ転んだりしないのだろうか？　振動したりしないのだろうか？　微分方程式をただ見つめるだけでは，僕たちはそれを知ることはできない．そのとき，耳元で声がした『博士，そんなときこそ，伝達関数だよ！』博士は驚いて振り返った．——しかし，そこには誰の姿もなかった．

図 4.1　博士の耳元で伝達関数についてささやく謎の声

4.1 伝達関数の定義

t 領域の関数 $f(t)$ と s 領域の関数 $F(s)$ はラプラス変換を介して「表裏一体」と考えることができる．この特性を積極的にとらえれば，制御システムの微分方程式の解 $x(t)$ を解析したい場合に，s 領域の解 $X(s)$ を逆ラプラス変換して t 領域の解 $x(t)$ に戻さなくても，s 領域の解 $X(s)$ を直接的に解析したほうが手間が省ける．この s 領域での解析においてポイントとなるのが，伝達関数という概念である．本章では伝達関数について解説する．

なお，前章のラプラス変換を用いた微分方程式の解法では，変数を $x(t)$ とし，システムに対する入出力を特に意識していなかったが，本章以降では対象システムへの入出力の関係が重要となる．古典制御編の残り第 4〜7 章では特にことわりのない限り，システムの入力を $x(t)$，出力を $y(t)$ という表記を多用するので注意してほしい．

4.1.1 s 領域での入出力の関係

2.1.2 節の図 2.5 にあるダンパを再び思い出そう．ピストンの変位 $x(t)$ と発生する抵抗力との関係は式 (2.3) で表現された．この t 領域の式を入力と出力の視点で見てみよう．ここではダンパが発生する抵抗力を出力 $y(t)$ とし，ピストンの変位 $x(t)$ を入力と考えると，式 (2.3) は次式となる．

$$y(t) = -\mu \frac{dx(t)}{dt} \tag{4.1}$$

この式は入力として $x(t)$ を与えると，その時間微分 $\frac{dx(t)}{dt}$ に比例した力 $y(t)$ がマイナス方向に出力されることを示している．

式 (4.1) をラプラス変換して，s 領域の式に変換すると，

$$Y(s) = -\mu s X(s) \tag{4.2}$$

となる．上式において $X(s)$ と $Y(s)$ は s 領域での入力と出力と考えることができる．ここで，新しく関数 $G(s)$ を用いて

$$G(s) = -\mu s \tag{4.3}$$

とおくと，式 (4.2) は

$$Y(s) = G(s)X(s) \tag{4.4}$$

と表現できる．

式 (4.4) を入出力の観点から見ると，$G(s)$ は対象システムであるダンパの s 領域における特性を示す関数であることが分かる．したがって，式 (4.4) は以下のように解釈できる．

$$\boxed{\text{出力}} = \boxed{\text{対象システムの特性を示す関数}} \times \boxed{\text{入力}}$$

このように，s 領域で出力は「対象システムの特性を示す関数」に入力をかけたもので計算できる．

ここでは，ダンパの場合を例に用いたが，s 領域で記述された一般のシステムに対して，入力を $X(s)$，出力を $Y(s)$ としたときに，それらの関係は式 (4.4) で示される．したがって，対象システムの特性を示す関数 $G(s)$ は

$$G(s) = \frac{Y(s)}{X(s)} = \frac{\boxed{\text{出力}}}{\boxed{\text{入力}}}$$

で表される．この s 領域の入出力関係を示す関数 $G(s)$ を**伝達関数**という．ただし，上式は s 領域の式だけの特徴であり，t 領域の式では成立しないので，注意が必要である．

4.1.2 同じシステムでも入出力が異なる伝達関数の例

伝達関数は，s 領域で対象システムの特徴を示すものであり，逆にいえば，伝達関数の構造を見ることで，対象システムの挙動を知ることができる．ただし，同じシステムでも「何を入力とし，何を出力とするか？」で伝達関数が異なることに注意する必要がある．例えば，先ほどのダンパの場合では入力を変位 $x(t)$ としていたが，代わりに入力を速度 $v(t) = \frac{dx(t)}{dt}$，出力を力 $f(t)$ とすれば，式 (4.1) より s 領域の式は

$$F(s) = -\mu V(s)$$

となり，$G(s) = \frac{F(s)}{V(s)} = -\mu$ となることから，伝達関数は式 (4.3) と異なる．

また，ダンパに発生する力 $f(t)$ を入力とし，そのときの変位 $x(t)$ を出力と考えることもできる．この場合には，式 (4.2) より

$$X(s) = -\frac{1}{\mu s}F(s)$$

となり，伝達関数は

$$G(s) = \frac{\boxed{出力}}{\boxed{入力}} = \frac{X(s)}{F(s)} = -\frac{1}{\mu s}$$

となる．同じシステムでも入力と出力のとり方を変更すると，伝達関数が異なる．したがって，対象システムの伝達関数を考えるときには「何が入力で，何が出力と考えるのか」を明確に理解しておく必要がある．

4.2 基本要素の伝達関数

伝達関数を知ることは，そのシステムの特性を知ることになる．そのときに，あらかじめ基本的な要素の伝達関数を理解しておくと便利である．なぜならば，基本要素の伝達関数を複数組み合わせて，複雑なシステムの伝達関数を構築することができるからである（第 5 章で後述）．

本節では，機械システムと電気システムの基本要素の伝達関数を解説していく．

4.2.1 比例要素

4.2.1.1 機械システムのバネ

最も基本的な要素として，比例要素の説明から始めよう．図 4.2(a) のように，質量を無視できるバネがあったとする．バネ定数を k，自然長からのバネの伸びを $l(t)$ [m] とし，外部からバネに加える力を $f(t)$ [N] とする．フックの法則より，これらの関係式は以下で与えられる．

$$f(t) = kl(t)$$

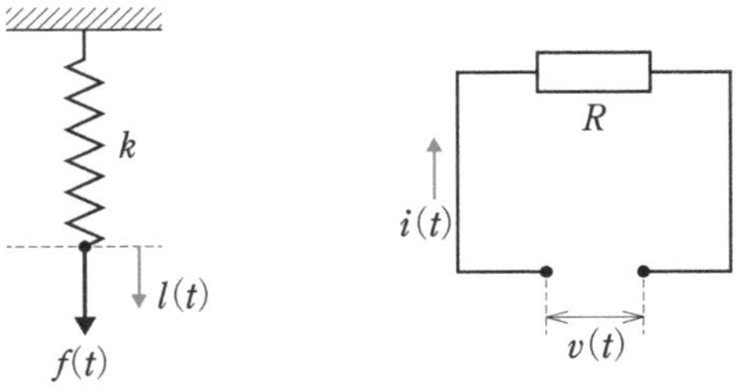

(a) バネ　(b) R 回路

図 4.2 比例要素の例

つまり，このシステムでは微分の計算を含まない運動方程式となる．入力 $x(t)$ をバネの伸び $l(t)$，出力 $y(t)$ を力 $f(t)$ と考えて，バネに加わる力と伸びの関係の伝達関数を求めよう．t 領域における入出力の関係は以下で表現される．

$$y(t) = kx(t)$$

このように t 領域において，入力と出力が比例の関係にある要素を**比例要素**という．

上式にラプラス変換を用いて，s 領域の式にすれば次式を得る．

$$Y(s) = kX(s)$$

したがって，伝達関数 $G(s)$ は

$$G(s) = \frac{Y(s)}{X(s)} = k \tag{4.5}$$

となり，バネの「入力を伸び，出力を外部からの力」とした場合は比例要素となり，伝達関数は式 (4.5) のように定数で表される．なお，比例要素の入力と出力を逆にした場合も同じく比例要素となるが，伝達関数は逆数となる．

4.2.1.2　電気システムの電気抵抗

次に，電気システムの比例要素の例を解説しよう．図 4.2(b) のように 1 つの電気抵抗を持つ電気回路を考える．このとき回路に与える電圧を $v(t)$ [V]，抵抗値を R [Ω]，電流を $i(t)$ [A] とすると次式を得る．

$$v(t) = Ri(t)$$

ここで，入力 $x(t)$ を電流 $i(t)$，出力 $y(t)$ を電圧 $v(t)$ とすれば，入出力の関係は次式で示される．

$$y(t) = Rx(t)$$

上式をラプラス変換して変形すれば，電気抵抗のみを持つ回路の「入力を電流，出力を電圧」とした場合の関係は次式となる．

$$Y(s) = RX(s)$$

したがって，式 (4.5) と同様に伝達関数は定数となり，$G(s) = R$ で表現される．

4.2.2 微分要素（1 階）

4.2.2.1 機械システムのダンパ

図 4.3(a) のように機械システムとしてダンパを考えよう．ダンパに外部から力 $f(t)$ を与えたときの点 A の移動距離を $l(t)$ とする．ただし，ダンパの質量は無視できるものとする．このとき，このシステムの運動方程式は粘性抵抗係数 μ を用いて

$$f(t) = \mu\frac{dl(t)}{dt}$$

で表される．ただし，式 (2.3) における $f_{\mathrm{dmp}}(t)$ はピストンに運動を与えたときに発生する抵抗力（運動方向の逆向きに力が発生）なのに対し，上式の $f(t)$ はピストンに外部から与えた力（力を加えた方向に運動が生じる）であり，力の正負が異なる点に注意してほしい．

ここで入力 $x(t)$ を距離 $l(t)$ とし，出力 $y(t)$ を外部から与えた力 $f(t)$ とすれば，上式は以下のように書き直すことができる．

$$y(t) = \mu\frac{dx(t)}{dt} \tag{4.6}$$

このように，出力が入力の微分に比例しているものを**微分要素**と呼ぶ．特に今回は微分を 1 回しかしていないので，1 階の微分要素といえる．

微分要素の伝達関数を求めよう．式 (4.6) をラプラス変換すると

$$Y(s) = \mu sX(s) \tag{4.7}$$

となる．以上より，ダンパの「入力を距離，出力を外部から与えた力」とし

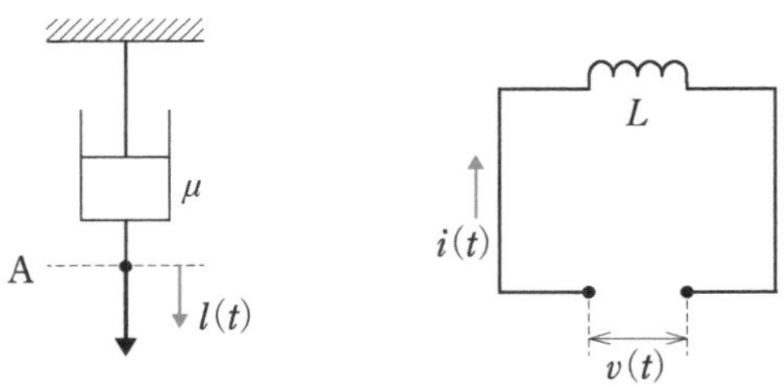

(a) ダンパ　(b) L 回路

図 4.3 微分要素の例

た場合の伝達関数 $G(s)$ は

$$G(s) = \frac{Y(s)}{X(s)} = \mu s \tag{4.8}$$

で表され，ラプラス演算子 s に係数をかけたものが伝達関数となる．

4.2.2.2　電気システムのコイル（電流と電圧）

電気回路の場合についても考えてみよう．図 4.3(b) のようなコイルを持つ回路を考え，電圧を $v(t)$，流れる電流を $i(t)$，コイルのインダクタンスを L [H] とすれば，この回路の t 領域の式は次式で表される．

$$v(t) = L\frac{di(t)}{dt} \tag{4.9}$$

ここで，入力 $x(t)$ を電流 $i(t)$，出力 $y(t)$ を電圧 $v(t)$ とすれば，上式は 1 階の微分要素となり，入出力の関係は次式で示される．

$$y(t) = L\frac{dx(t)}{dt}$$

上式をラプラス変換すると次式

$$Y(s) = LsX(s)$$

となり，コイルの伝達関数 $G(s) = Ls$ は式 (4.8) と同様の式で表現される．

注意点としては，この例では伝達関数が 1 階の微分要素として与えられるのはコイルの「入力を電流，出力を電圧」とした場合であり，同じコイルでも例えば「電気量と電圧」の関係では，この伝達関数とはならない．伝達関数はあくまでも対象システムの微分方程式の入出力の関係に依存する（後述の式 (4.11)，(4.12) を参照）．

4.2.3 微分要素（2 階）

4.2.3.1　機械システムの質量（マス）要素

次に，2 階の微分要素について説明する．質量 m の物体に外部から力を与え，そのときの変位を考えると，関係式は式 (1.6) と同様の式で与えられる．ここで入力 $x(t)$ を変位，出力 $y(t)$ を力ととれば

$$y(t) = m\frac{d^2x(t)}{dt^2}$$

となる．これは 2 階の微分要素であり，ラプラス変換して以下となる．

$$Y(s) = ms^2 X(s)$$

したがって，「入力を変位，出力を力」とした場合の伝達関数は以下となる．

$$G(s) = ms^2 \tag{4.10}$$

以上より，2 階の微分要素の伝達関数は s^2 に係数をかけたものになる．

4.2.3.2 電気システムのコイル（電気量と電圧）

電気システムの 2 階の微分要素を解説しよう．再度，図 4.3(b) のコイルの回路を考える．電圧 $v(t)$ と電流 $i(t)$ の関係は式 (4.9) で表される．電流 $i(t)$ は単位時間あたりに通過する電気量であるから，電気量 $q(t)$ [C] と電流 $i(t)$ の関係は $i(t) = \frac{dq(t)}{dt}$ で表され，式 (4.9) は以下のように変形できる．

$$v(t) = L\frac{d^2q(t)}{dt^2} \tag{4.11}$$

ここで，入力 $x(t)$ を電気量 $q(t)$，出力 $y(t)$ を電圧 $v(t)$ とすれば，上式は 2 階の微分要素となり，ラプラス変換することで伝達関数は以下で示される．

$$G(s) = Ls^2 \tag{4.12}$$

したがって，コイルを 1 つ持つ回路の「入力を電気量，出力を電圧」とした場合は 2 階の微分要素となり，伝達関数は式 (4.10) と同様の形となる．

4.2.4 積分要素

4.2.4.1 機械システムの油圧シリンダ

機械システムとして図 4.4(a) のような油圧シリンダを考えよう．油圧シリ

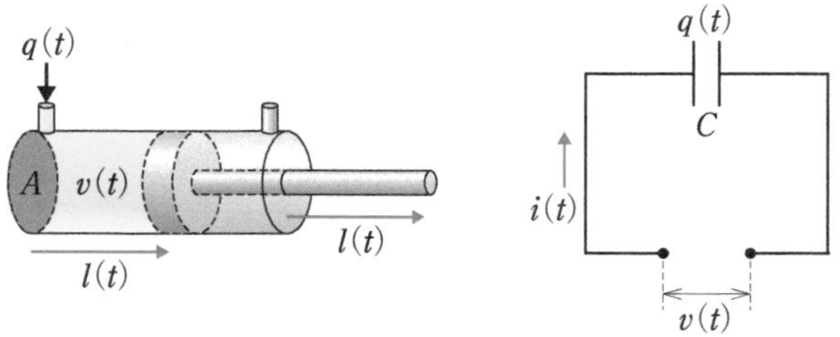

(a) 油圧シリンダ　(b) C 回路

図 4.4 積分要素の例

ンダは，円筒状の容器（シリンダ）と，内部の栓の役割を持つピストンから構成され，外部からコンプレッサ[1]などで円筒状のパーツの中に油を流入させる．ピストンを隔てた左右の油の量を調節することで，ピストンは往復運動をすることができる．油の圧力をピストンの面で受けることで大きな力を発生でき，土木・建築分野や工場などで広く用いられている．構造がダンパと似ているが，ダンパはブレーキ要素なのに対し，油圧シリンダは，そのもの自体が力を発生するアクチュエータ（駆動装置）である．

今回は簡単のために，図 4.4(a) のようにピストン内部の左側の空間にのみ油が流入し，ピストンの移動距離が変化するものとする．今，ピストンに流入する油の流量[2]を $q(t)$ [m^3/s] とし，ピストンの移動距離を $l(t)$ [m]，油を受ける面積を A [m^2]，ピストン内部の油の体積を $v(t)$ [m^3] とする．ただし，時間 $t = 0$ [s] において，$v(0) = 0$ とする．

時間 0 [s] から t [s] までに流出した油の体積 $v(t)$ は，流量 $q(t)$ を時間で積分すれば求められ

$$v(t) = \int_0^t q(\tau)\ d\tau \tag{4.13}$$

となる．一方，ピストン内部の油の体積 $v(t)$ はピストンの移動距離 $l(t)$ と面積 A との積で，次式で得られる．

$$v(t) = Al(t) \tag{4.14}$$

式 (4.13) に式 (4.14) を代入することで，時間 t におけるピストンの移動距離 $l(t)$ は以下で計算できる．

$$l(t) = \frac{1}{A}\int_0^t q(\tau)\ d\tau$$

上式より，油圧シリンダにどのくらいの流量 $q(t)$ を与えれば，ピストンの距離 $l(t)$ がどのくらいになるかを計算でき，流量 $q(t)$ を手動やコンピュータなどで制御することで，結果的に距離 $l(t)$ がコントロール可能となる．ここで入力 $x(t)$ を流量 $q(t)$，出力 $y(t)$ を距離 $l(t)$，定数 $K = \frac{1}{A}$ とおくと，上式は

$$y(t) = K\int_0^t x(\tau)\ d\tau \tag{4.15}$$

と表される．このように出力が入力の積分に比例するものを**積分要素**という．

[1] 圧力を加えた油や空気を送り出す装置のこと．
[2] 流量とは，単位時間（例えば 1 秒あたり）に流体が移動する体積のこと．

積分要素の伝達関数を求めよう．式 (4.15) をラプラス変換すると，次式を得る（43 ページのルール 4 を参照）．

$$Y(s) = \frac{K}{s} X(s)$$

したがって，油圧シリンダの「入力を流量，出力をピストンの変位」とした場合は積分要素となり，伝達関数 $G(s)$ は $\frac{1}{s}$ に係数をかけた次式となる．

$$G(s) = \frac{Y(s)}{X(s)} = \frac{K}{s}$$

4.2.4.2 電気システムのコンデンサ

次に電気システムの積分要素について説明しよう．図 4.4(b) のコンデンサを 1 つ持つ電気回路を考える．ここでは電圧 $v(t)$ と電流 $i(t)$ の関係に注目する．

まず，電気量 $q(t)$ と電流 $i(t)$ の関係は $i(t) = \frac{dq(t)}{dt}$ で表され，これを積分することで次式となる．

$$q(t) = \int_0^t i(\tau)\ d\tau$$

一方，コンデンサにかかる電圧 $v(t)$ と蓄えられる電気量 $q(t)$ の関係は，キャパシタンスを C [F] として $q(t) = Cv(t)$ で与えられる．したがって，電流 $i(t)$ と電圧 $v(t)$ の関係式として次式を得る．

$$v(t) = \frac{1}{C} \int_0^t i(\tau)\ d\tau \tag{4.16}$$

ここで，入力 $x(t)$ を電流 $i(t)$，出力 $y(t)$ を電圧 $v(t)$，定数 $K = \frac{1}{C}$ とおくと，

$$y(t) = K \int_0^t x(\tau)\ d\tau$$

となる．コンデンサの「入力を電流，出力を電圧」とした場合は積分要素で表され，ラプラス変換すると次式を得る．

$$Y(s) = \frac{K}{s} X(s)$$

その他にも基本要素として「むだ時間要素」などが存在するが，本書では省略する．それらについては，他書を参考にしていただくとよいだろう [3]．

[3] 巻末ブックガイド [9, 10] などを参照．

4.3 基本要素が組み合わさったシステムの伝達関数

4.3.1 1次遅れシステム

4.3.1.1 一般的な表現

次に，基本要素が組み合わさった場合を紹介していこう．ただし，4.2 節で説明した基本要素と比較すると，同じシステムでも入力と出力が異なる場合があるので，注意してほしい．まずは1次遅れシステムについて解説する．t 領域で入力 $x(t)$ と出力 $y(t)$ の関係が以下のような1階の微分方程式で与えられるものを**1次遅れシステム**や**1次遅れ要素**という（これまでに解説してきた要素のように $y(t) = \cdots$ とは表記されていないので，注意すること）．

$$a\frac{dy(t)}{dt} + by(t) = x(t)$$

a，b は定数である．ただし，両辺を b で割り（$b \neq 0$），$T = \frac{a}{b}$，$K = \frac{1}{b}$ とおいた

$$T\frac{dy(t)}{dt} + y(t) = Kx(t) \tag{4.17}$$

の式で表現することも多い．ここでは式 (4.17) の表現を用いて解説していく．上式をラプラス変換すると

$$\begin{aligned}(Ts+1)Y(s) &= KX(s)\\ Y(s) &= \frac{K}{Ts+1}X(s)\end{aligned}$$

となり，伝達関数は次式となる．

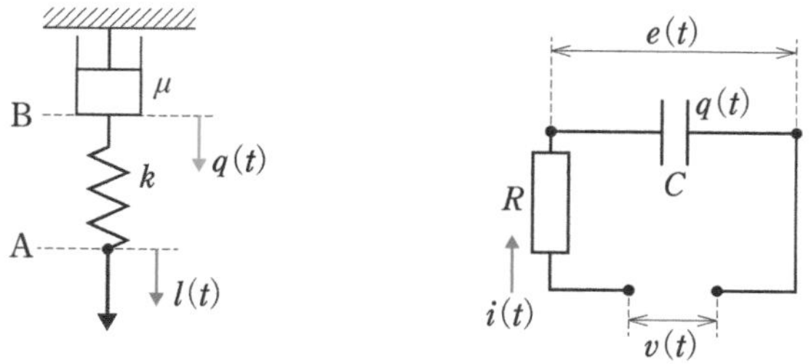

(a) バネ・ダンパ　　(b) RC 回路

図 4.5　1次遅れシステムの例

$$G(s) = \frac{K}{Ts+1} \tag{4.18}$$

4.3.1.2 機械システムのバネ・ダンパ

1次遅れシステムとして，図4.5(a)のようにバネとダンパが接続された要素を考えよう．バネ定数をk，粘性抵抗係数をμとする．バネの点Aの変位を$l(t)$，ダンパの点Bの変位を$q(t)$としよう．$t=0$のとき$l(0)=q(0)=0$とし，そのときのバネは自然長とする．ここでは「点Aの変位$l(t)$を入力とし，点Bの変位$q(t)$を出力」として考える．バネとダンパの質量は無視できるものとし，重力の影響は考慮しない．

点Aを変化させたときのバネの伸びは$l(t)-q(t)$となり，点Bにおいてダンパに与えられる力は$k(l(t)-q(t))$となる．この力がダンパの抵抗力$\mu\frac{dq(t)}{dt}$と相殺されるので，運動方程式は以下で与えられる．

$$k\bigl(l(t) - q(t)\bigr) = \mu\frac{dq(t)}{dt}$$

これはダンパ要素のみを持つシステムの点Bに対し，P制御で力を与えることと等価となる[4]．入力$x(t)$を点Aの変位$l(t)$，出力$y(t)$を点Bの変位$q(t)$に書き換え，さらに定数$T=\frac{\mu}{k}$とおけば，上式は以下のように変形できる．

$$T\frac{dy(t)}{dt} + y(t) = x(t)$$

上式は式(4.17)における$K=1$の場合に相当する．したがって，伝達関数は次式となる．

$$G(s) = \frac{1}{Ts+1} \tag{4.19}$$

4.3.1.3 電気システムのRC回路

その他の1次遅れシステムの例として，図4.5(b)に示す電気抵抗とコンデンサが直列に接続された電気回路（RC回路）を紹介しよう．電源の電圧を$v(t)$とし，コンデンサにかかる電圧を$e(t)$，回路に流れる電流を$i(t)$とする．ここでは入力を電圧$v(t)$とし，出力を電圧$e(t)$とする．

電圧$v(t)$は電気抵抗とコンデンサにかかる電圧の和であるから，以下を得る．

[4] P制御の場合ではバネの自然長はゼロ，目標位置x_dを$l(t)$とみなす．

$$v(t) = Ri(t) + e(t) \tag{4.20}$$

コンデンサにかかる電圧 $e(t)$ と電流 $i(t)$ との関係は式 (4.16) の $v(t)$ を $e(t)$ に置き換えたうえで時間微分して

$$i(t) = C\frac{de(t)}{dt} \tag{4.21}$$

で表される．上式を式 (4.20) に代入すれば

$$v(t) = RC\frac{de(t)}{dt} + e(t)$$

を得る．ここで入力 $x(t)$ を電圧 $v(t)$，出力 $y(t)$ を電圧 $e(t)$ とし $T = RC$ とおけば，

$$T\frac{dy(t)}{dt} + y(t) = x(t)$$

と 1 次遅れシステムで表現でき，この伝達関数 $G(s)$ は式 (4.19) で表すことができる．

4.3.2 2 次遅れシステム

4.3.2.1 一般的な表現

次に，2 次遅れシステムについて解説する．このシステムは制御工学だけでなく，機械や構造物の振動問題などの解析においても重要である．次式のように，t 領域で入力 $x(t)$ と出力 $y(t)$ の関係が 2 階の微分方程式で与えられているものを**2 次遅れシステム**や**2 次遅れ要素**という．

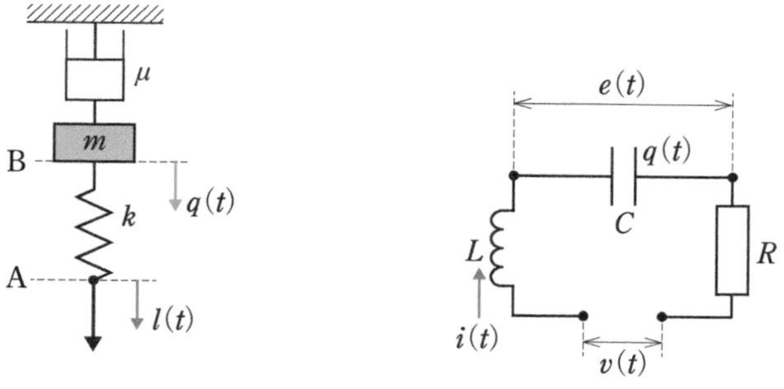

(a) マス・バネ・ダンパ　　(b) LCR 回路

図 4.6　2 次遅れシステムの例

$$a\frac{d^2y(t)}{dt^2} + b\frac{dy(t)}{dt} + cy(t) = x(t) \tag{4.22}$$

a，b，c は定数である．上式をラプラス変換すると

$$\begin{aligned}
as^2Y(s) + bsY(s) + cY(s) &= X(s) \\
(as^2 + bs + c)Y(s) &= X(s) \\
Y(s) &= \frac{1}{as^2 + bs + c}X(s)
\end{aligned}$$

となり，伝達関数は

$$G(s) = \frac{1}{as^2 + bs + c} \tag{4.23}$$

となる．機械システムの場合などでは，係数 $a \sim c$ の代わりに後述する固有角振動数 ω_0 と減衰係数 ζ を用いて，上式を表記することがあるが，その場合は次式の表記となる．

$$G(s) = \frac{K\omega_0^2}{s^2 + 2\zeta\omega_0 s + \omega_0^2} \tag{4.24}$$

ただし，$K = \frac{1}{c}$，$\zeta = \frac{b}{2\sqrt{ac}}$，$\omega_0 = \sqrt{\frac{c}{a}}$ とおいている．この表記については第 6 章で説明する．

4.3.2.2　機械システムのマス・バネ・ダンパ

2 次遅れの機械システムとして，図 4.6(a) のように質量 m の物体にバネとダンパが接続された要素を考える．ここでバネ定数 k，粘性抵抗係数 μ とし，重力の影響は無視する．これはマス・バネ・ダンパシステムとなる．

バネの点 A の変位を $l(t)$，質量の点 B の変位を $q(t)$ としよう．$t = 0$ のとき $l(0) = q(0) = 0$ とし，そのときのバネは自然長とする．1 次遅れ要素と同様に「点 A の変位を入力とし，点 B の変位を出力」として考え，点 A の $l(t)$ を変化させた場合の，点 B の $q(t)$ の変化を記述する運動方程式について考えよう．

これは質量 m の物体に対し，式 (2.4) の PD 制御によって位置制御をする場合と等価である [5]．バネの力は $k(l(t) - q(t))$ となり，この力が「ダンパの抵抗力と質量の加速による力の和」と相殺されるので，運動方程式は

$$k(l(t) - q(t)) = m\frac{d^2q(t)}{dt^2} + \mu\frac{dq(t)}{dt}$$

[5] PD 制御の場合には，目標位置 x_d を $l(t)$ とみなす．

となる．

ここで，入力 $x(t)$ を点 A の変位 $l(t)$，出力 $y(t)$ を点 B の変位 $q(t)$ とし，両辺を k で割り，新たな係数 $a = \frac{m}{k}$，$b = \frac{\mu}{k}$ を定義すれば（$k \neq 0$）

$$a\frac{d^2y(t)}{dt^2} + b\frac{dy(t)}{dt} + y(t) = x(t)$$

となり，式 (4.22) の $c = 1$ とした場合と同じ式となり，伝達関数は次式となる．

$$G(s) = \frac{k}{ms^2 + \mu s + k} \tag{4.25}$$

4.3.2.3　電気システムの LCR 回路

2 次遅れの電気システムとして，図 4.6(b) の電気回路を考えよう．この回路ではコイル，コンデンサ，電気抵抗が直列結合している（LCR 回路）．電源の電圧を $v(t)$ とし，コンデンサにかかる電圧を $e(t)$，回路に流れる電流を $i(t)$ とおく．

ここで，コイルにかかる電圧を $v_L(t)$ とすれば $v_L(t) = L\frac{di(t)}{dt}$ で表され，さらに電流 $i(t)$ には式 (4.21) の関係が成立しているから

$$v_L(t) = L\frac{di(t)}{dt} = LC\frac{d^2e(t)}{dt^2}$$

となる．電圧 $v(t)$ はコイル，コンデンサ，電気抵抗にかかる電圧の和であるから

$$v(t) = LC\frac{d^2e(t)}{dt^2} + RC\frac{de(t)}{dt} + e(t)$$

で表される．

入力 $x(t)$ を電圧 $v(t)$，出力 $y(t)$ を電圧 $e(t)$ とし，$a = LC$，$b = RC$，$c = 1$ とおけば，式 (4.22) となる．したがって，LCR 回路の「入力を電源電圧とし，出力をコンデンサにかかる電圧」とした場合は 2 次遅れシステムとなり，この場合の伝達関数は次式となる．

$$G(s) = \frac{1}{LCs^2 + RCs + 1}$$

ホイールダック１号開発の進捗

これまでの解説のように，s 領域では入出力の関係が伝達関数で表現できる．また，入出力の関係が同じ微分方程式で表記されるシステムは同様の形の伝達関数となる．これを利用し，博士はホイールダック１号の開発を効率的に進めることができるようになった．

まとめ

- 伝達関数とは，s 領域において出力を入力で割ったものである．
- t 領域において同じ形式の線形微分方程式では，s 領域でも同じ形式のものとなる．
- s 領域の伝達関数の形式が分かれば，元の t 領域の微分方程式の形式が分かる．

❶ $x(t)$ と $y(t)$ の関係が次式で表現されるとき，入力を $x(t)$，出力を $\frac{dy(t)}{dt}$ とするときの伝達関数を求めよ．$\left.\frac{dy(t)}{dt}\right|_{t=0} = y(0) = 0$ とする（a，b，c はゼロでない定数）．

$$a\frac{d^2y(t)}{dt^2} + b\frac{dy(t)}{dt} + cy(t) = x(t)$$

❷ $x(t)$ と $y(t)$ の関係が次式で表現されるとき，入力を $x(t)$，出力を $y(t)$ とするときの伝達関数を求めよ．また，入力を $y(t)$，出力を $x(t)$ としたときの伝達関数を求めよ．$\left.\frac{d^2y(t)}{dt^2}\right|_{t=0} = \left.\frac{dy(t)}{dt}\right|_{t=0} = y(0) = x(0) = 0$ とする（a，c はゼロでない定数）．

$$a\frac{d^3y(t)}{dt^3} + cy(t) = \frac{dx(t)}{dt}$$

❸ 一般的な１次遅れシステムの伝達関数を示せ．

❹ 一般的な２次遅れシステムの伝達関数を示せ．

❺ 時間 t における角速度 $\omega(t)$ を計測できる角速度センサがある．このセンサの角度を $\theta(t)$ とするとき，入力が $\omega(t)$，出力が $\theta(t)$ の伝達関数を求めよ．$\theta(0) = \omega(0) = 0$ とする．

ブロック線図

第5章

STORY

少しずつ博士は分かってきた．システムを制御するための数学道具が．ラプラス変換はホイールダック１号の一部分を伝達関数に変えてくれる．それだけではない．何よりも博士を驚かせたのは，台車の並進運動とか，モータの回転といった違いを超えて，電気回路の制御から風呂の湯沸かしまで，そのすべてが同じ数学になっていくのだ．これはスゴイことじゃないか！？

しかし各部品の伝達関数を得ることができたら，僕らはシステム全体を制御することができるのだろうか？　ホイールダック１号のような機械システムにはさまざまな要素がある．それらを合体させた後のシステムはどうなるのか．博士は紙の上に１つ１つの伝達関数をブロックとして描く．そしてそれを線でつないでいく．それが「ブロック線図」と呼ばれるものだということを，博士はまだ知らない．

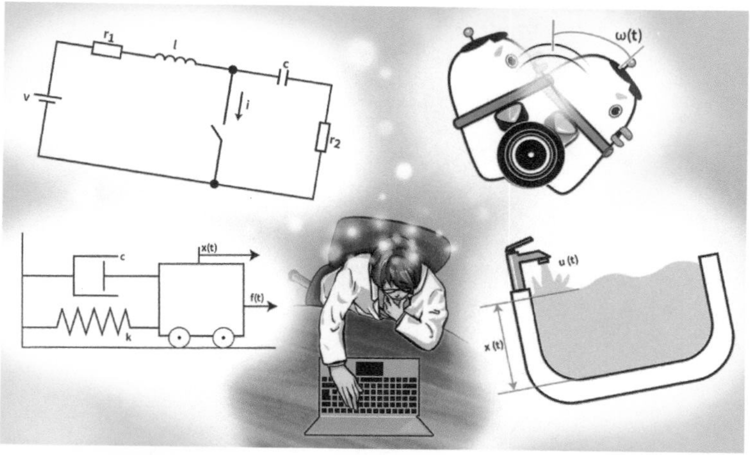

図 5.1　さまざまなシステムの伝達関数をブロックとして描き出す博士

5.1 ブロック線図の定義と使い方

5.1.1 ブロック線図とは

前章では，基本要素の伝達関数を求めた．しかし，実際のシステムでは，単に基本要素のみで構成させることは少なく，複数の要素の組み合わせで構成させる．複雑なシステムの伝達関数を求めたい場合には，全体の入出力を数式のみで考えると少し複雑な場合がある．

そこで，システム内部の信号の流れを矢印など，図形を用いて可視化（視覚化）すれば，システムの構造が理解しやすくなる．このように，対象システムの入出力信号の流れを図にしたものが**ブロック線図**である．

ブロック線図を用いた数式の可視化について，図 4.3(a) のダンパの例を用いて具体的に解説しよう．入力を $x(t)$，出力を $y(t)$ としたときのダンパの運動方程式は t 領域では式 (4.6) で，s 領域では式 (4.7) で表現される．そのとき，この入力と出力を関係づけるブロック線図は，図 5.2(a)〜(c) のように 3 種類の方法で表記可能である．ただし，それぞれに以下の特徴がある．

図 5.2 (a)： 入出力の関係を言葉で表現したもの．イメージがつきやすいが，詳細の数式が不明である．

図 5.2 (b)： 入出力の関係を t 領域で表現したもの．微分方程式の表記が記載されている．しかし，入力 $x(t)$ に値が入力されたときの出力 $y(t)$ の値を知るには，微分方程式を解く必要がある．

図 5.2 (c)： 入出力の関係を s 領域で表現したもの．この表現では式 (4.7) のように，出力 $Y(s)$ を知るには入力 $X(s)$ に伝達関数 $G(s) = \mu s$ をかけるだけでよく，単純な計算で出力を求めることができる．

これらのように，ブロック線図を用いて入出力の関係を表すと，可視化され，全体のシステムが理解しやすい．図 5.2(a)〜(c) の 3 つの表記のうち，図 5.2(c) の s 領域での表記では，入出力は単純なかけ算で表されるので，ブロック線図に変換するのも，その逆にブロック線図から s 領域の式に戻すのも容易である（図 5.3 を参照）．さらに，この特性を用いて後述する等価変換を行

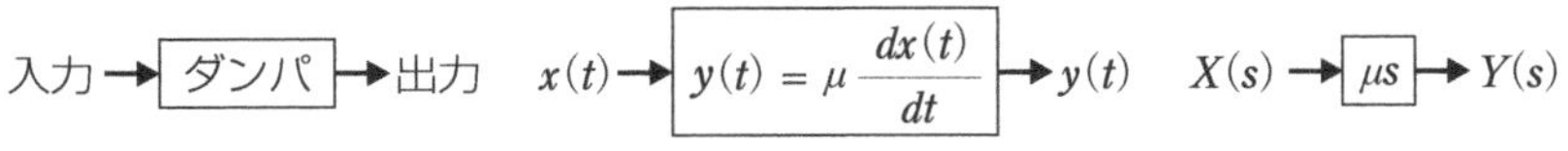

(a) 言葉　　(b) t 領域　　(c) s 領域

図 5.2　3 つの方法で表現されたブロック線図

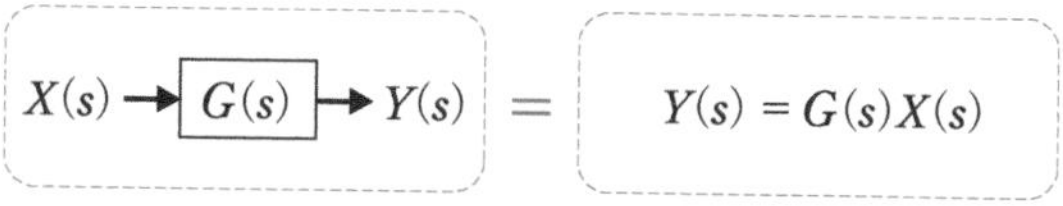

図 5.3　s 領域でのブロック線図と数式の関係

うと，複雑なシステムの伝達関数を求めることが容易となる．したがって，一般にブロック線図といえば，図 5.2(c) の s 領域の表現を用いることが多い．

5.1.2 ブロック線図の基本

s 領域のブロック線図の表記方法について詳しく説明していこう．ブロック線図の基本成分は図 5.4 に示すように，(a) 要素，(b) 信号，(c) 引き出し点，(d) 加え合わせ点より構成される．

要素と信号は最も基本的な成分であり，図 5.3 のように伝達関数 $G(s)$ が要素となり，入力 $X(s)$ と出力 $Y(s)$ を信号（矢印）で連結させ，$Y(s) = G(s)X(s)$ を表現する．

引き出し点は，図 5.4(c) のように黒い小さい●（黒丸）で示される．引き出し点は 1 つの信号をコピーして，複数の信号に分岐させるものである．分岐後はすべての信号が同じ値を持つ．ただし，あくまでもコピーであって分割ではない．例えば 2 つに分岐する場合には，それぞれの信号が 1/2 に分割されるわけではない．また，1 つの引き出し点から 3 つ以上の信号に分岐する場合もある．

加え合わせ点は，図 5.4(d) のように引き出し点より大きな○（白丸）で表現される．これは複数の信号を足し合わせる記号である．さらに○に向かう矢印の先端付近にはプラス・マイナスの記号が存在する．この符号は入力される値の正負を記している．プラスの場合は値をそのままに，マイナスの場合には正負を逆転して入力する．図 5.4(d) の例では $C = A - B$ を意味する．また，3 つ以上の矢印により信号が加え合わさる場合もある．

最後に図 5.5(a) のように，要素（伝達関数）は同じで入力と出力が入れ替わった場合について補足しておく．図 5.3 と比較し，信号の矢印が逆向きになっている．このとき，信号の関係は次式となる．

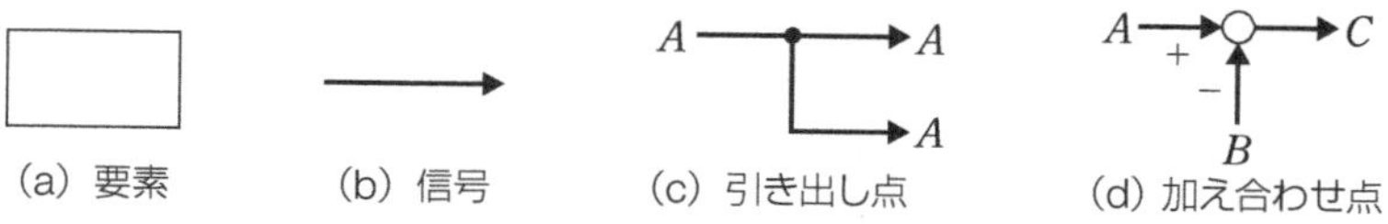

図 5.4　ブロック線図を構成するもの

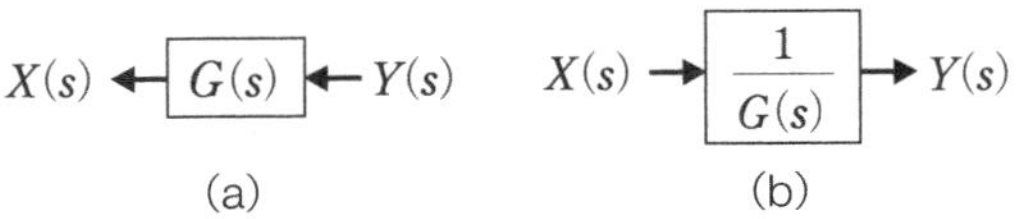

図 5.5　ブロック線図において入出力が逆になる場合

$$X(s) = G(s)Y(s)$$

上式を変形すると

$$Y(s) = \frac{1}{G(s)}X(s)$$

となり，入力を $X(s)$，出力を $Y(s)$ とみなせば，伝達関数は $\frac{1}{G(s)}$ となる．したがって，図 5.5(a) のブロック線図は図 5.5(b) と同じ意味を持つ．このように信号（矢印）の向きが逆になると，伝達関数が逆数となる．

5.2 ブロック線図の等価変換

次は**等価変換**について説明する．等価変換とは「等しい価値に変換する」ことであり，ブロック線図の場合には，同じ意味を持つ他のブロック線図に変換することをいう．

等価変換の例として，図 5.6 の (a) と (b) を見てほしい．この 2 つは一見するとまったく異なるが，実は 2 つとも同じ意味を持つ（詳しくは 5.2.1 節以降で説明する）．図 5.6(a) から (b) に変換したり，もしくはその逆に (b) から (a) に変換を行うことがブロック線図の等価変換である．

ただし，一般に等価変換といえば，図 5.6(a) から (b) のように複雑なブロック線図を簡単なものに変換し，その全体の伝達関数を求めるときに用いることが多い．本書でも特にことわりがない限り，簡単なものに変換することを意味する．以下では s 領域の入力を $X(s)$，出力を $Y(s)$ として，基本的

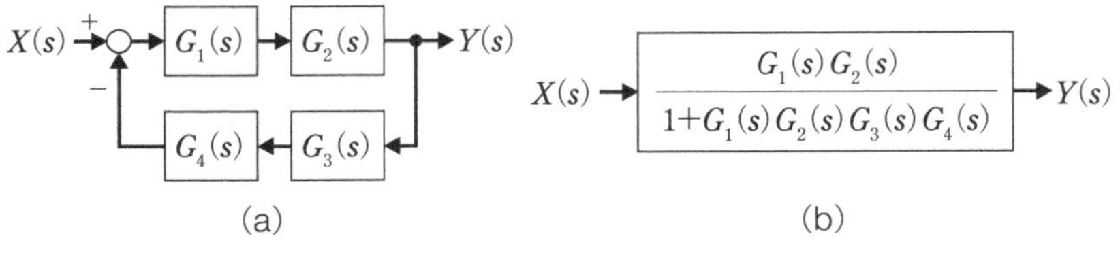

図 5.6　ブロック線図の等価変換の例

な等価変換を紹介する.

5.2.1 直列結合

はじめに, 図 5.7(a) を考えよう. この図では 2 つの伝達関数 $G_1(s)$ と $G_2(s)$ が直列に結合している. これを**直列結合**という. この直列結合の等価変換を考える.

ここで, 図 5.7(a) において $G_1(s)$ と $G_2(s)$ の間の信号の値を $Z(s)$ とおけば, このシステムは図 5.7(b) のように 2 つのブロック線図に分けて考えることができ, この 2 つは以下の式を意味する.

$$Z(s) = G_1(s)X(s) \tag{5.1}$$

$$Y(s) = G_2(s)Z(s) \tag{5.2}$$

式 (5.1) を式 (5.2) に代入すると

$$Y(s) = G_1(s)G_2(s)X(s)$$

を得る. したがって, 全体の伝達関数を $G(s)$ とすれば

$$G(s) = G_1(s)G_2(s)$$

となり, 図 5.7(c) のように等価変換できる.

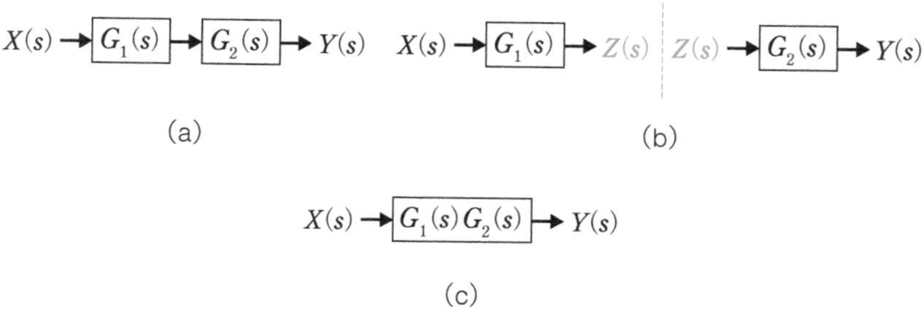

図 5.7 直列結合の等価変換

5.2.2 並列結合

次に, 図 5.8(a) のブロック線図を等価変換しよう. これは 2 つの伝達関数 $G_1(s)$ と $G_2(s)$ が並列に結合しており, **並列結合**という. 今回の例では加え合わせ点でそれぞれの信号に + (プラス) と − (マイナス) がついている.

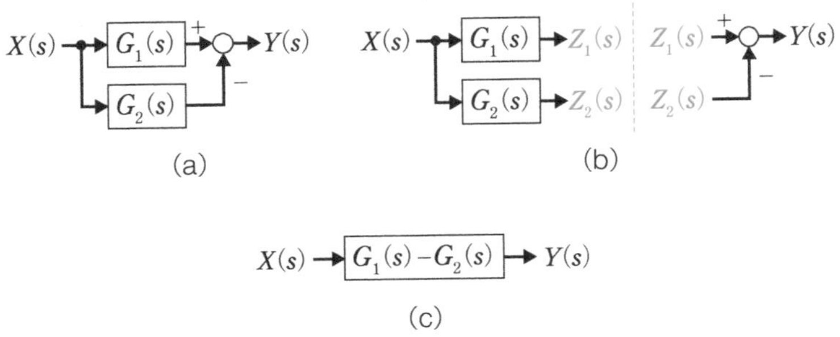

図 5.8　並列結合の等価変換

ここで，$G_1(s)$ と $G_2(s)$ の直後の出力を $Z_1(s)$ と $Z_2(s)$ とおけば，このシステムは図 5.8(b) のように，$G_1(s)$ と $G_2(s)$ に同じ $X(s)$ が入力され，その結果として出力された $Z_1(s)$ と $Z_2(s)$ は，加え合わせ点で加算されて出力 $Y(s)$ となる．したがって，

$$Z_1(s) = G_1(s)X(s), \quad Z_2(s) = G_2(s)X(s), \quad Y(s) = Z_1(s) - Z_2(s)$$

となり，これらをまとめると次式となる．

$$Y(s) = \bigl(G_1(s) - G_2(s)\bigr)X(s)$$

したがって，全体の伝達関数を $G(s)$ とすれば

$$G(s) = G_1(s) - G_2(s)$$

となり，図 5.8(c) のように等価変換できる．

5.2.3 フィードバック結合

次に，図 5.9(a) の等価変換について解説しよう．このブロック線図の特徴は，伝達関数 $G_1(s)$ を介して出力された $Y(s)$ がさらに $G_2(s)$ を介して左に戻り，正負を逆転させたうえで，加え合わせ点で入力に加えられることである．

制御分野では，この信号構成を制御手法として用いることが多い．具体的には $X(s)$ を目標値，$Y(s)$ を制御対象の物理量としてセンサによって計測し，それを目標値と比較して（$X(s) - G_2(s)Y(s)$ に相当），それを反映させることで出力 $Y(s)$ を目標値 $X(s)$ に近づける．このような制御法を**フィードバック制御**と呼ぶ．P 制御や PD 制御もフィードバック制御の一種である．

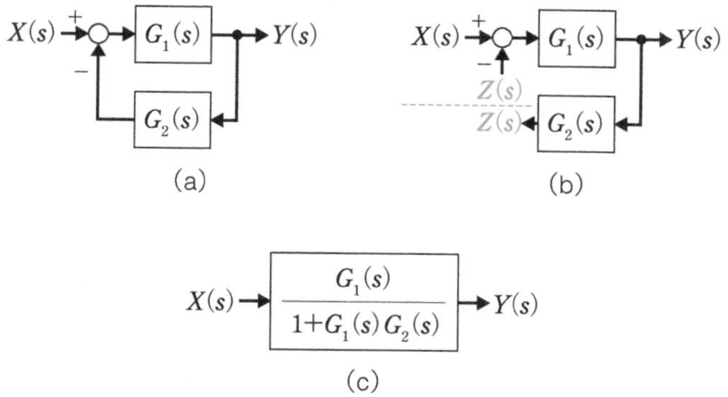

図 5.9　フィードバック結合の等価変換

図 5.9(a) のようなブロック線図を**フィードバック結合**と呼び，$G_1(s)$ を前向き要素，$G_2(s)$ をフィードバック要素という．

図 5.9(a) のフィードバック結合を等価変換し，簡単な伝達関数にまとめてみよう．まずは図 5.9(b) のように加え合わせ点で信号を分割して考えてみよう．加え合わせ点における $G_2(s)$ からの信号を $Z(s)$ とおくと，以下の 2 つの式が成立する．

$$Z(s) = G_2(s)Y(s), \quad Y(s) = G_1(s)(X(s) - Z(s))$$

上の 2 つの式をまとめれば

$$\begin{aligned} Y(s) &= G_1(s)\Big(X(s) - G_2(s)Y(s)\Big) \\ Y(s) &= \frac{G_1(s)}{1 + G_1(s)G_2(s)} X(s) \end{aligned}$$

となる．したがって，全体の伝達関数を $G(s)$ とすれば

$$G(s) = \frac{G_1(s)}{1 + G_1(s)G_2(s)} \tag{5.3}$$

となり，図 5.9(c) のように等価変換できる．

5.2.4 ブロック線図の等価変換の例題

ブロック線図の等価変換の基礎が分かったところで，以下の例題にチャレンジしてみよう．なお，以下の解説では，スペースと見やすさを考慮し $G_*(s)$ や $Z_*(s)$ を省略して，単に G_*，Z_* と記す．

【例題 1】　図 5.10(a) において，入力を $X(s)$，出力を $Y(s)$ とする．要素が 1 つのブロック線図に等価変換し，伝達関数 $G(s) = \frac{Y(s)}{X(s)}$ を求めよ．

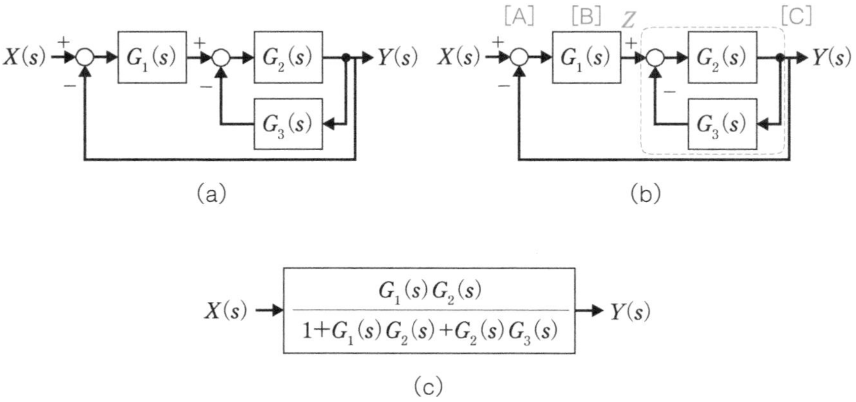

図 5.10　ブロック線図の等価変換（例題 1）

いきなり全体を等価変換するのは難しいので，部分的に考えていこう．図 5.10(b) の [A]〜[C] と Z は解説の補助として用意した記号である．

まず，[A] の部分の加え合わせ点に注目しよう．ここでは入力 $X(s)$ と出力 $Y(s)$ との差 $X(s) - Y(s)$ が [B] の要素 G_1 に入力される．今，[B] における要素 G_1 の出力を Z とおくと，

$$Z = G_1\bigl(X(s) - Y(s)\bigr)$$

となる．次に，[C] の部分に注目すると，これはフィードバック結合であるから，式 (5.3) の上式を参考に以下を得る．

$$Y(s) = \frac{G_2}{1 + G_2 G_3} Z$$

したがって，上の 2 つの式をまとめて整理すると，次式となる．

$$Y(s) = \frac{G_1 G_2}{1 + G_1 G_2 + G_2 G_3} X(s)$$

以上より，図 5.10(c) のように等価変換でき，伝達関数 $G(s)$ は次式となる．

$$G(s) = \frac{G_1G_2}{1 + G_1G_2 + G_2G_3}$$

【例題 2】 図 5.11(a) を等価変換せよ．ただし，問題設定は上記の例題 1 と同じとする．

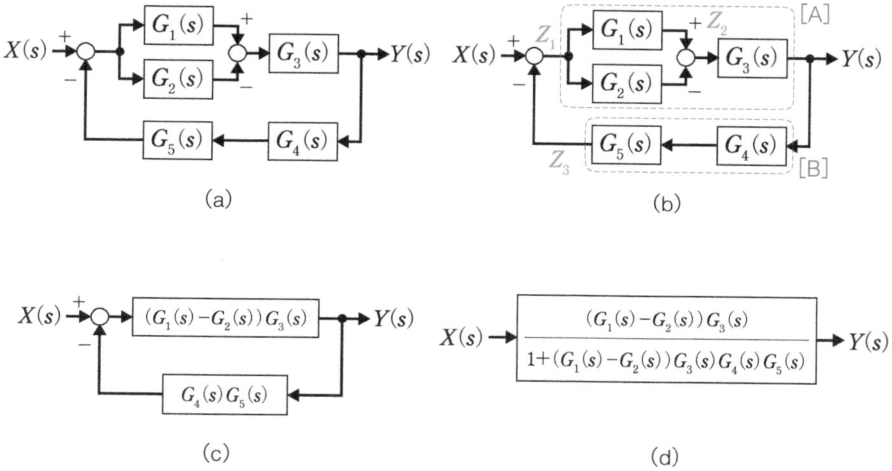

図 5.11　ブロック線図の等価変換（例題 2）

図 5.11(b) の [A] と [B]，Z_1〜Z_3 は解説の補助として用意した．まず [A] の部分では並列結合（G_1 と G_2）への入力を Z_1 とし，G_3 の入力を Z_2 とおくと

$$Z_2 = (G_1 - G_2)Z_1$$

となる．Z_2 は要素 G_3 を介して出力 $Y(s)$ となるから $Y(s) = G_3Z_2$ となる．したがって，次式を得る．

$$Y(s) = (G_1 - G_2)G_3Z_1$$

次に，[B] の部分を考えよう．要素 G_5 からの出力を Z_3 とおくと，G_4 と G_5 は直列結合となるので

$$Z_3 = G_4G_5Y(s)$$

を得る．以上の関係を踏まえて，ブロック線図を書き直したものが図 5.11(c) である．これはフィードバック結合であるから，前向き要素を $(G_1 - G_2)G_3$ としてフィードバック要素を G_4G_5 とすれば，式 (5.3) より以下を得る．

$$Y(s) = \frac{(G_1 - G_2)G_3}{1 + (G_1 - G_2)G_3G_4G_5}X(s)$$

したがって，最終的には図 5.11(d) のように等価変換でき，伝達関数 $G(s)$ は次式となる．

$$G(s) = \frac{(G_1 - G_2)G_3}{1 + (G_1 - G_2)G_3G_4G_5}$$

5.3 等価変換の応用問題

次に，実際の制御を想定したシステムの例に対し，これまでにやってきた以下の手順で，応用問題にチャレンジしよう．

(1) t 領域でのモデル化
(2) s 領域へのラプラス変換
(3) ブロック線図の表記
(4) 等価変換による伝達関数の導出

ただし，今回は (1)〜(3) を行うときには，対象システムを個別の要素に分割して考え，各要素についてブロック線図を考える．その後，(4) で各要素のブロック線図を結合させ，等価変換によって全体の伝達関数を求める．以下の応用問題では，s 領域でのシステムへの入力を $X(s)$，出力を $Y(s)$，全体の伝達関数を $G(s) = \frac{Y(s)}{X(s)}$ とする．ただし，入力と出力の物理量は各問題で異なることに注意してほしい．

5.3.1 応用問題 1（並進システムの PD 制御）

【応用問題 1】 図 5.12 の台車システムを考える．モータはボールねじに接続されている．ボールねじとは，ねじの回転運動を並進運動に変換する機構である．モータを回転させることで台車はボールねじの回転を受け，位置を左右に変化させる．台車の質量を m [kg] とし，位置を $l(t)$ [m] とする．位置 $l(t)$ と速度 $\frac{dl(t)}{dt}$ はセンサからリアルタイムに計測できる．また，モータを回転させることで，台車には任意の力 $f(t)$ [N] を発生できる．

ここで，台車の位置 $l(t)$ を目標位置 $l_d(t)$ に位置制御したい．そこで力 $f(t)$ にPD制御を用いて位置制御を行う．入力を目標位置 $l_d(t)$，出力を台車の運動 $l(t)$ としたときの最も単純なブロック線図と伝達関数を求めよ（目標位置 $l_d(t)$ は時間 t で変化する）．ただし簡単のため，モータやボールねじの質量，慣性モーメント，摩擦の影響は無視する．

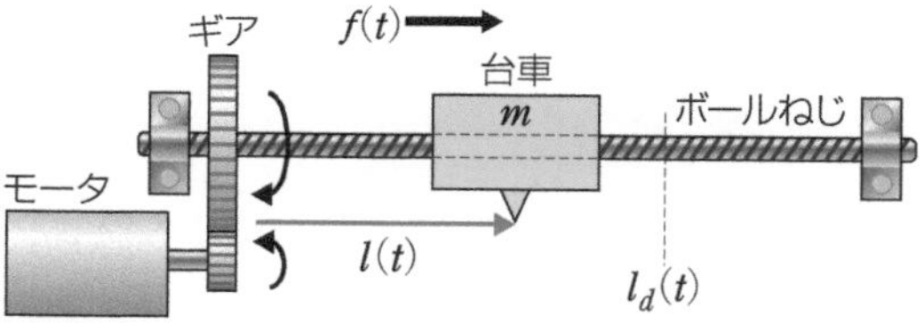

図 5.12　並進運動する機械システムにおける位置制御

この応用問題は本質的には，2.1.2 節の PD 制御や 4.3.2 節で紹介したマス・バネ・ダンパシステムと同じである [1]．

先述したように，対象システムをいくつかの要素に分解して (1)〜(4) の手順で全体のブロック線図と伝達関数を求めていこう．ここではシステムを (i) 台車の運動，(ii) PD 制御の仮想バネの発生力，(iii) PD 制御の仮想ダンパの発生力，(iv) PD 制御の全体の発生力，の 4 つに分割して考える．以下は (i)〜(iv) の t 領域の式とそれらを s 領域にラプラス変換したものである．

$$\text{(i)}\quad f(t) = m\frac{d^2l(t)}{dt^2} \quad\rightarrow\quad F(s) = ms^2L(s)$$

$$\text{(ii)}\quad f_p(t) = K_p\bigl(l_d(t) - l(t)\bigr) \quad\rightarrow\quad F_p(s) = K_p\bigl(L_d(s) - L(s)\bigr)$$

$$\text{(iii)}\quad f_v(t) = K_v\frac{dl(t)}{dt} \quad\rightarrow\quad F_v(s) = K_vsL(s)$$

$$\text{(iv)}\quad f(t) = f_p(t) - f_v(t) \quad\rightarrow\quad F(s) = F_p(s) - F_v(s)$$

上式において $f_p(t)$，$f_v(t)$ は PD 制御の仮想バネと仮想ダンパの発生力で，

[1] 目標位置 $l_d(t)$ が時間 t で変化する場合には，目標速度に対する速度フィードバック項 $K_v(\frac{dl_d(t)}{dt} - \frac{dl(t)}{dt})$ を考慮した PD 制御のほうが望ましいが，ここでは 2.1.2.2 節の PD 制御をそのまま利用する．

K_p と K_v はそれらのゲインである．また，t 領域の変数を s 領域にした場合は大文字で示している（添え字はそのまま小文字）．

さらに，ブロック線図の結合を考慮して，(i) の s 領域の式は，要素への入出力を逆転させて

$$\text{(i)}\quad L(s) = \frac{1}{ms^2}F(s)$$

と考える．上記の (i)～(iv) の s 領域の入出力の関係をブロック線図にまとめたものを図 5.13 に示す．

今回は入力を目標位置 $l_d(t)$，出力を台車の運動 $l(t)$ とすることを考慮し，図 5.13 の各ブロック線図を組み合わせたものが図 5.14(a) である．ただし，[A] は解説の補助として追加した．

次に，図 5.14(a) を簡単なブロック線図に等価変換していこう．まず，[A] の

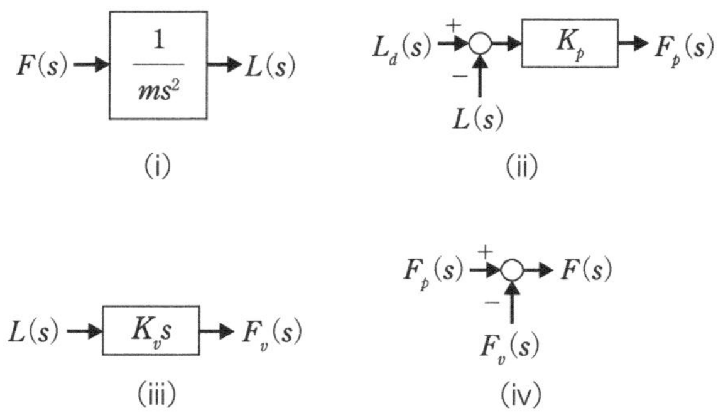

図 5.13　並進システムの PD 制御の各要素をブロック線図にしたもの

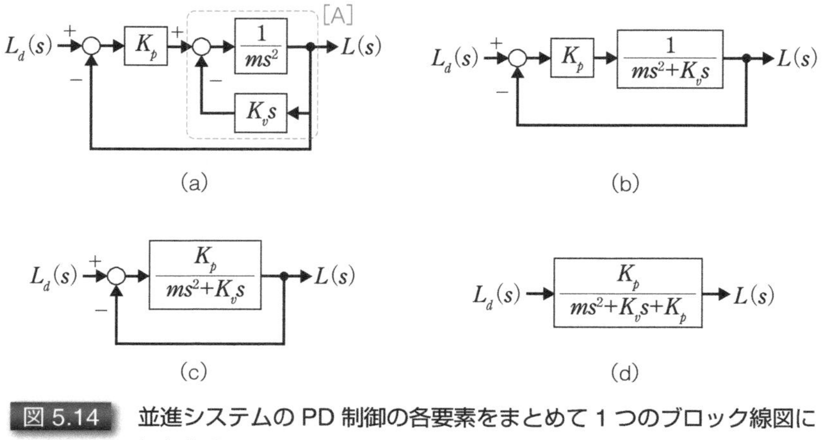

図 5.14　並進システムの PD 制御の各要素をまとめて 1 つのブロック線図にしたもの

部分に注目する．この部分はフィードバック結合であり，前向き要素が $\frac{1}{ms^2}$，フィードバック要素が $K_v s$ となる．したがって，以下のように等価変換される．

$$\frac{\frac{1}{ms^2}}{1+K_v s\frac{1}{ms^2}} = \frac{1}{ms^2+K_v s}$$

よって，図 5.14(a) は図 5.14(b) のようになる．さらに図 5.14(b) において 2 つの要素は直列結合しており，図 5.14(c) のように等価変換される．

図 5.14(c) は前向き要素が $\frac{K_p}{ms^2+K_v s}$，フィードバック要素が 1 のフィードバック結合であるから，最終的には図 5.14(d) のように等価変換される．以上より，入力 $X(s)$ と出力 $Y(s)$ の関係は

$$Y(s) = \frac{K_p}{ms^2+K_v s+K_p}X(s)$$

となる．伝達関数 $G(s)$ は

$$G(s) = \frac{Y(s)}{X(s)} = \frac{K_p}{ms^2+K_v s+K_p}$$

で表され，式 (4.25) で示される 2 次遅れシステムの伝達関数と同じになることが分かる．

5.3.2 応用問題 2（直流モータ）

【応用問題 2】 図 5.15 の小型直流モータを考える．モータに与える電圧を $v(t)$ [V]，コイルに流れる電流を $i(t)$ [A]，モータの回転軸の角速度を $\omega(t)$ [rad/s] とする．

入力を電圧 $v(t)$，出力を角速度 $\omega(t)$ としたときの最も簡単なブロック線図を導出し，伝達関数を求めよ．ただし，モータの回転部の慣性モーメントを J [kgm^2]，モータ回路の電気抵抗を R [Ω] とし，摩擦の影響は無視する．

一般に小型直流モータ（以下，単に直流モータと呼ぶ）では，ブラシを介して電源に接続されている内部コイルの左右を永久磁石で挟み，磁界中のコイルに電流を流すことで軸の回転を得る．その仕組みを簡単に解説しながら関係式を求めていこう．しばらくは高校物理での電磁気学の知識が多いので，

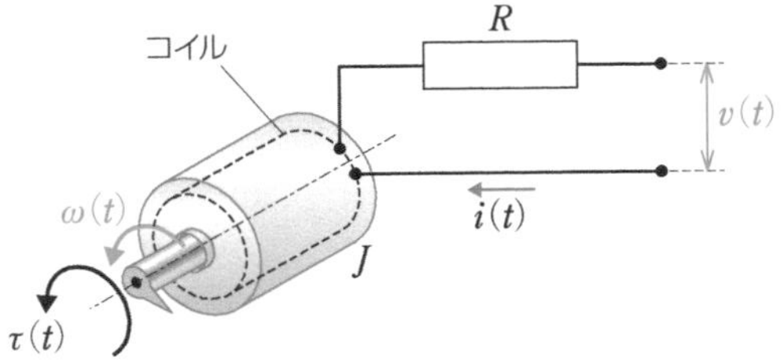

図 5.15 直流モータの概要

復習もかねて読み進めてほしい．

まずは簡単のため，図 5.16(a) のようなコイルが 1 巻の場合を考える．磁界の中の導線に電流を流すとフレミングの左手の法則に従って**ローレンツ力**が発生する．一般に，磁界中の導線に電流 i [A] を流すと導線に加わるローレンツ力 F [N] は $F = iBl$ で表される．ここで B [Wb/m^2] は磁束密度，l [m] は有効長である．直流モータでは図 5.16(a) のようにコイルの左右にローレンツ力が発生し，コイルにトルクを与えることでモータ軸を回転させる．したがって，B と l が一定ならばコイルに発生するローレンツ力は電流 i に比例する．

ただし，図 5.16(a) の例ではコイルは 1 巻であり，軸の回転角によってコイル面に対するローレンツ力の方向が変わり，トルクが変化してしまう．そこで，実際の直流モータではコイルを複数回巻き，巻く方向を複数に分散させている．これにより，コイルに作用するトルクの軸角度の影響をなくしている．したがって，モータ軸に発生するトルク $\tau(t)$ [Nm] はコイルに流れる電流 $i(t)$ に比例し，次式で与えられる．

$$\tau(t) = k_m i(t) \qquad (5.4)$$

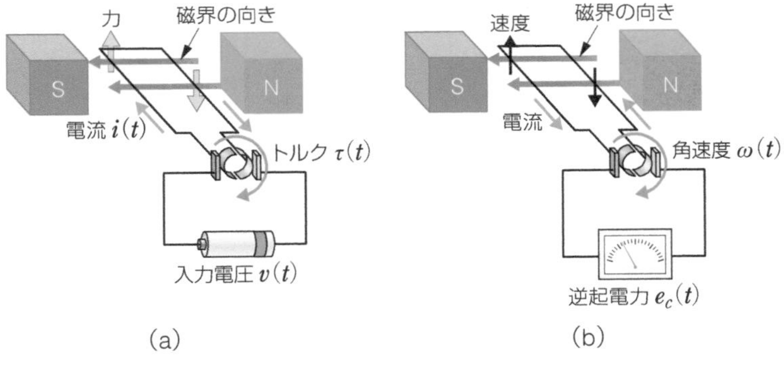

図 5.16 直流モータの仕組み

ここで，k_m は比例定数であり，モータの**トルク定数**と呼ばれる．

モータ軸に発生するトルク $\tau(t)$ は，慣性モーメント J の回転部を角加速度 $\frac{d\omega(t)}{dt}$ で回転加速させるため，次式が成立する．

$$\tau(t) = J\frac{d\omega(t)}{dt} \tag{5.5}$$

次に**逆起電力**について解説する．一般に，磁界中の導線を外部から磁界の向きに直交する方向に運動させると，導線に電圧が発生する．これを誘導起電力といい，発生する電圧 E [V] は $E = Blv_l$ で与えられる．ここで B は磁束密度，l は導線の有効長，v_l [m/s] は導線の速度である．このとき電圧の向きはフレミングの右手の法則によって表現される．これは発電機の仕組みと同じである．実際，図 5.16(b) のように直流モータの軸を外部から強制的に回転させると，内部の導線（コイル）が磁界中を運動することでコイルに電圧が発生する．先述したようにコイルを複数巻き，軸角度の依存性をなくすことで，コイルに生じる電圧 $e_c(t)$ [V] とモータ軸の角速度 $\omega(t)$ の関係は比例定数 k_ω を用いて次式で与えられる．

$$e_c(t) = k_\omega \omega(t) \tag{5.6}$$

先ほど「直流モータの軸を外部から強制的に回転させると……」といったが，実はこの発電は，直流モータが電流を与えられて自分自身で軸を回転させている場合にも起こっている．この場合では「磁界中でコイルに電流を与えて回転トルクが発生する」ことと，その結果として「磁界中をコイルが運動して，誘導起電力による発電が生じる」ことが同時に起こる．

ただし，後者の電圧はフレミングの右手の法則によりモータに加えた電圧と逆向きに発電が起こる．これが逆起電力と呼ばれるものである．直流モータに一定の電流を加えたとき，式 (5.4) と式 (5.5) の関係だけでは，軸の角速度の大きさは無限に増加し続けてしまう．しかし，実際には，モータ軸はある一定の回転速度で飽和してしまう．これは発生トルクにより軸の角速度が増加していくと，どこかの段階で逆起電力とモータへの入力電圧がつり合ってしまうからである．したがって，モータに入力される電圧 $v(t)$ とコイルに発生する逆起電力の電圧 $e_c(t)$ の関係は次式で表現される．

$$v(t) - e_c(t) = Ri(t) \tag{5.7}$$

以上の式 (5.4)〜(5.7) が直流モータの要素を 4 つに分割したときの t 領域の式となる．これらをラプラス変換することで，以下の (i)〜(iv) の s 領域の式を得る．

$$
\begin{aligned}
&\text{(i)} & \tau(t) = k_m i(t) & \quad\rightarrow\quad & T(s) = k_m I(s) \\
&\text{(ii)} & \tau(t) = J\frac{d\omega(t)}{dt} & \quad\rightarrow\quad & \Omega(s) = \frac{1}{Js}T(s) \\
&\text{(iii)} & e_c(t) = k_\omega \omega(t) & \quad\rightarrow\quad & E_c(s) = k_\omega \Omega(s) \\
&\text{(iv)} & v(t) - e_c(t) = Ri(t) & \quad\rightarrow\quad & I(s) = \frac{1}{R}\big(V(s) - E_c(s)\big)
\end{aligned}
$$

ここで，$T(s)$，$I(s)$，$\Omega(s)$，$E_c(s)$，$V(s)$ はそれぞれ $\tau(t)$，$i(t)$，$\omega(t)$，$e_c(t)$，$v(t)$ をラプラス変換したものである．また，(ii) と (iv) の変換では，後に各ブロック線図をまとめやすいように式変形している．これらの 4 つの要素の入出力関係をブロック線図にしたものを図 5.17 に示す．

これらの 4 つの要素について入力 $X(s)$ を電圧 $V(s)$，出力 $Y(s)$ を軸の角速度 $\Omega(s)$ であることを考慮してまとめたものが，図 5.18(a) である．ここで，図 5.18(a) の中央上の連なる 3 つの要素に注目すると，これは直列結合であるから，等価変換すると図 5.18(b) のようになる．さらに図 5.18(b) の構造を見ると，これはフィードバック結合である．式 (5.3) を参考に等価変換すると，最終的に図 5.18(c) を得る．したがって，入出力の関係は

$$
Y(s) = \frac{k_m}{JRs + k_m k_\omega}X(s)
$$

を得ることができ，伝達関数は

$$
G(s) = \frac{k_m}{JRs + k_m k_\omega}
$$

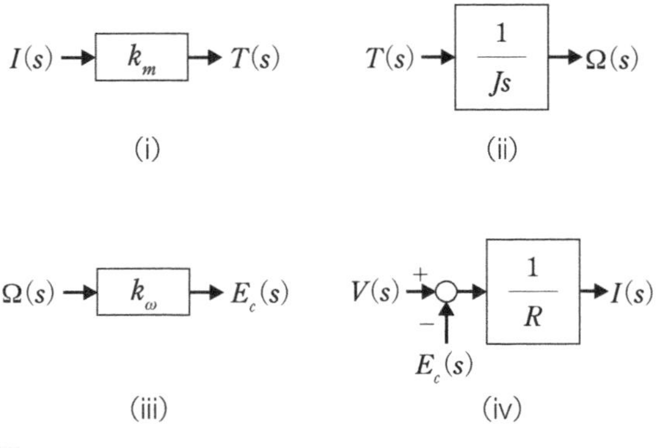

図 5.17　直流モータの要素を 4 つに分割しブロック線図にしたもの

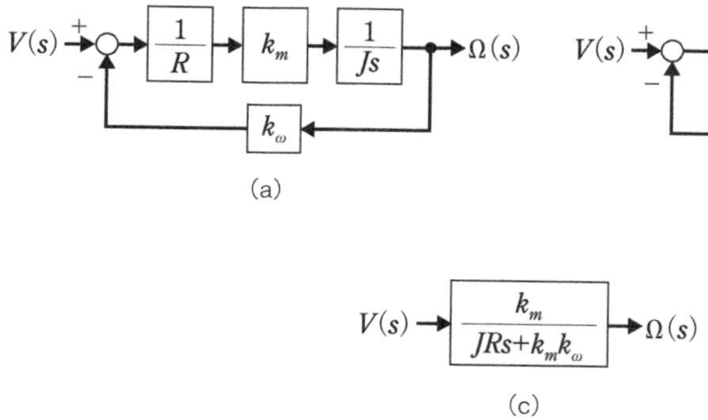

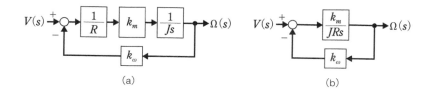

図 5.18　入力を電圧 $V(s)$，出力を軸の角速度 $\Omega(s)$ としたときの直流モータのブロック線図

となる．$K = \frac{1}{k_\omega}$，$T = \frac{JR}{k_m k_\omega}$ とおけば，上式は

$$G(s) = \frac{K}{Ts+1}$$

となり，直流モータにおいて「入力を電圧，出力を軸の角速度とした場合」は，1 次遅れシステムとなる．したがって，バネ・ダンパシステムと今回の小型直流モータの挙動は，同様の性質を持つことが分かる．

ホイールダック 1 号開発の進捗

ブロック線図を用いることで，s 領域での信号の流れを可視化できた．さらに等価変換によって複数のブロック線図を 1 つにまとめ，伝達関数を知ることができるようになった．博士はこのテクニックを使用することで，複雑なシステムの解析を容易にし，ホイールダック 1 号の開発についてさらなる効率化を図ることができた．

まとめ

- ブロック線図は要素，信号，引き出し点，加え合わせ点から構成され，入出力の関係を可視化できる．
- s 領域のブロック線図では，数式からブロック線図への変換や逆変換が容易にできる．
- ブロック線図の等価変換とは，同じ意味の別のブロック線図に変換することであり，それを用いてシステム全体の伝達関数を求めることができる．

章末問題

❶ 一般的なブロック線図と s 領域でのブロック線図について，100 字程度で簡潔に説明せよ．

❷ ブロック線図の等価変換とそれを用いた伝達関数の導出について，100 字程度で簡潔に説明せよ．

❸ 図 5.6(a) のブロック線図を等価変換し，図 5.6(b) となることを確認せよ．

❹ 図 5.19(a) と (b) を等価変換し，それぞれのシステムに対する全体の伝達関数を求めよ．

❺ 図 5.19(c) を等価変換し，すべての要素をバラバラに表記した最も複雑なブロック線図に等価変換せよ．

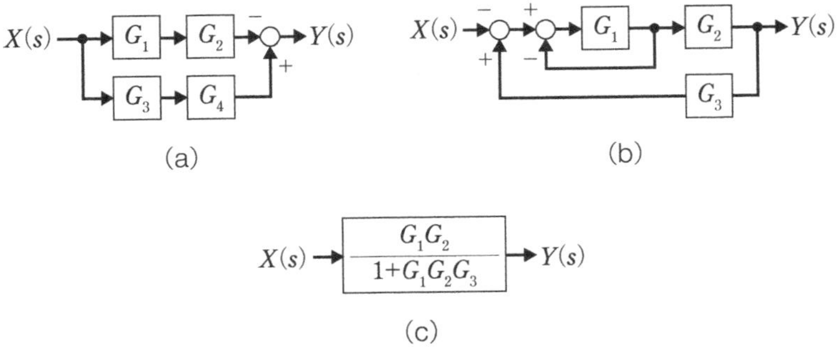

図 5.19 章末問題のブロック線図

第6章

応答の基礎とステップ応答

STORY

博士はついにホイールダック１号の制作を再開する．博士は簡単なフィードバック制御のパラメータをその優れた洞察（※ただの思いつき）によって作成して，ホイールダック１号を立たせる実験を開始した．

「スイッチオン！　立ち上がれ，ホイールダック１号」

１回目．ホイールダック１号は起き上がった．ただしめっちゃゆっくり．「あれ？　おかしいな，もうちょっと，こういうパラメータにしたほうがいいのかな？」

２回目．ホイールダック１号は起き上がった．ただしめっちゃ振動しながら．博士は思う．「もうっちょっといい感じに，立ち上がってくれよぉぉ～！」

博士が望んだもの．それは，美しい「過渡応答」だった．

図 6.1　めちゃ振動しながら起き上がるホイールダック１号

6.1 応答とは

6.1.1 応答のイメージ

制御の解析を行う場合には，特定の入力 $x(t)$ に対し，システムがどのような出力 $y(t)$ を持つのかを知ることが重要となる．例えば特定の入力に対し，「目標値に早く収束する」や「振動的になり，誤差が大きい」などの出力の特性を知ることができれば，システムの設計や実際の使用に役立てることができる．このような特定の入力に対するシステムの挙動（出力）を**応答**という．

この応答のイメージを理解するために，自動車の例を用いて説明しよう．図 6.2 では，2 種類の自動車AとBがあるとする．この 2 つの自動車の性能（特性）として加速性と操作性の 2 つを評価・比較したい．

まずは加速性を調べよう．ここでは，加速性を調べるために自動車のアクセルを徐々に踏み込み，一定で増加する速度を目標速度として与え，これを入力としよう．このとき，結果として生じる自動車の速度 v を出力とすれば，この出力は，増加する目標速度（入力）にすみやかに追従することが望ましい（ここでは，これを「加速性が良い」と呼ぶ）．

この目標速度への追従性について，自動車AとBの出力の時間変化を示したものが図 6.2(a) である．自動車Aは出力である速度が目標速度に良好に追従しており，加速性が良い．一方で自動車Bでは，速度の立ち上がりが悪く，

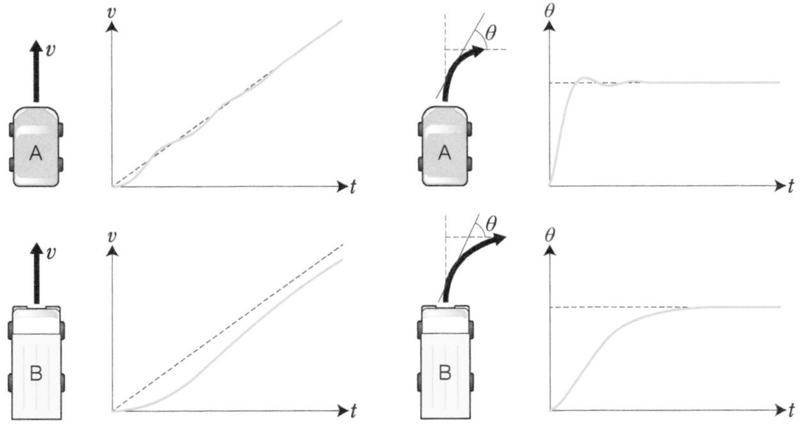

(a) 目標速度への追従性の比較　(b) 目標角への操作性の比較

図 6.2 応答特性のイメージ

目標速度への追従が悪い．つまり，加速性が悪いことが分かる．

次に操作性を調べよう．そのために図 6.2(b) のように自動車AとBが同じ速度で直線走行していたとき，「急ハンドルを切り，進行方向を 90 [deg] に変更したい」とする．この目標角 90 [deg] を入力とし，実際の進行角度 θ を出力とする．出力 θ は，すみやかに目標角に収束することが望ましい（ここでは，これを「操作性が良い」と呼ぶ）．図 6.2(b) はそれぞれの自動車の進行角度 θ の時間変化を表したものである．自動車Aは角度が少しフラつくが，Bに比べすみやかに進行方向が目標値になっている．一方，自動車Bではフラつきはないが角度がゆっくり変化し，進行方向が目標値になるのに時間がかかる．したがって，自動車 A は操作性が良く，自動車 B は操作性が悪い．例えば，運転中に急に人などが飛び出してきた場合には，Aのほうがハンドル操作による緊急回避がしやすそうである．

以上のように，一見すると同じようなシステムでも，応答が異なる場合がある．制御を行ううえで，対象システムがどのような応答性を有しているかを知ることは重要となる．

6.1.2 応答の種類

システムの応答と一言にいっても，「目標値への追従性・精度」，「立ち上がりのよさ」，「振動の大小」などさまざまな評価ポイントがある．また，複数のシステムで応答性を評価・比較する場合には，それらの応答を定量的に統一的なルールを用いて評価する必要がある [1]．

制御工学では，さまざまなポイントからシステムを評価するために，基本的な応答が統一的なルールとして存在する．その代表的なものとして，(a) ランプ応答，(b) ステップ応答（単位ステップ応答），(c) インパルス応答，(d) 周波数応答がある．図 6.3(a)～(d) は，これらの応答における入力の時間変化を示したものである．

ランプ応答とは，図 6.3(a) のように入力 $x(t)$ が時間 t に比例している場合（ランプ入力）の出力を評価する．先述した自動車の加速性の評価（図 6.2(a)）では，速度を基準に考えれば，徐々にアクセルを踏み，入力の目標速度を時間比例として与えており，ランプ応答の例といえる．

ステップ応答は，図 6.3(b) のように階段状の入力（ステップ入力）を与えた場合の出力を評価する．先述した自動車の操作性の評価（図 6.2(b)）では入力として，瞬間的に目標の方向へハンドルを切るのでステップ応答のイ

[1] 定量的な評価とは，速い，遅いなどの大雑把な性質を評価するのではなく，例えば 2 [m/s] や 5 [m/s] などの数値として評価すること．

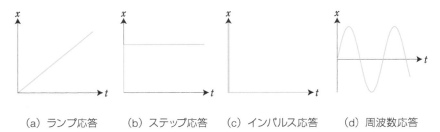

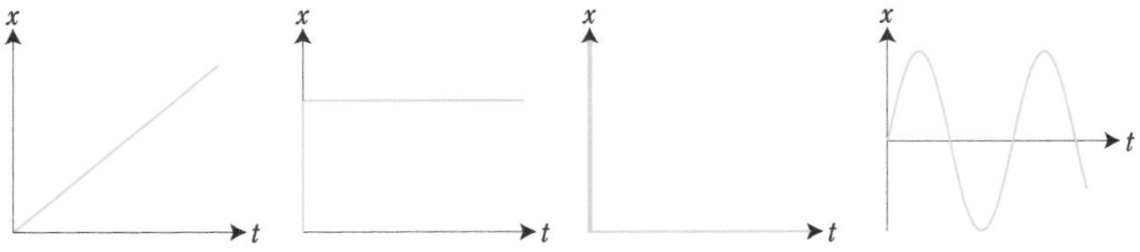

（a）ランプ応答　（b）ステップ応答　（c）インパルス応答　（d）周波数応答

図 6.3　代表的な 4 つの応答の入力

メージに近い．他にも，直流モータに一定の電圧をつなげ（最初はスイッチを OFF），瞬時にスイッチを ON にしたときの入力を電圧とすれば，電圧が 0 [V] から階段状に変化するので，ステップ応答となる．なお，特に入力を 1 としたステップ入力を**単位ステップ入力**といい，その応答のことを**単位ステップ応答**（**インディシャル応答**）という．

インパルス応答は，図 6.3(c) のように瞬間的に大きなパルス状の入力（インパルス入力）[2] を与えた場合の出力を評価する．簡単な例でいえば「鐘（かね）を外部から瞬間的に思い切り叩いたときの音色を出力として評価する」をイメージしてもらえればよいだろう．鐘の例では，鐘の種類によって高音が出るもの，低音が出るものなどがあり，鐘の音色の特性を調べることができる．

周波数応答は，図 6.3(d) のように入力を正弦波（以後 sin 波）を用いて周期的に変化させた場合の出力を評価する．例えば，ロボットアームで周期的な繰り返し動作をしたい場合，目標の周期運動に対する実際の運動を出力と考えて，その追従性を評価する．

対象システムを与えられたときに，これらの応答を求める方法の代表的なアプローチとして以下がある．

応答を求める方法

(1) モデル化した数式を用いた解析的手法
(2) コンピュータなどによる数値的手法
(3) 実際のシステムに入力を行い，出力を計測する実験的手法

(1) では，本書で対象とする線形システムではラプラス変換などを用いて，解析的な解を求めることが可能であり，システムの応答を計算可能である．(2)

[2] 正確には，$x(0) = \infty$，$x(t) = 0$（$t \neq 0$），$\int_{-\infty}^{\infty} x(t)dt = 1$ の入力のこと．

では，対象システムが非線形システムの場合に用いることが多い．モデル化から得られた数式をコンピュータ上でプログラムによって数値的に解くことで（数値シミュレーション），応答を知ることができる．最後の (3) の方法は，数式によるモデル化が困難な場合や，実験による応答性の計測が可能な場合などに用いられる．

先述した基本的な応答 (a)〜(d) の中でも，ステップ応答と周波数応答は特に重要であることから，本書では上記 (1) の解析的方法を用いて，本章でステップ応答を解説し，次の第 7 章では周波数応答について解説していく．

6.2 ステップ応答

6.2.1 ステップ応答で何が分かるのか

ステップ応答を調べると，対象システムのどんな特性が分かるのかを解説しよう．まずは，5.3.1 節の台車の PD 制御の例を通じて説明する．図 5.12 の台車の PD 制御では目標位置 $l_d(t)$ を入力 $x(t)$ として与え，結果として生じる台車の変位 $l(t)$ を出力 $y(t)$ としている．ステップ応答では入力を階段状に与えるが，この例では，時間 $t > 0$ において目標位置を定数で与えることを意味する [3]．例えば，$x = 1$ [m] などとイメージしてもらえればよいだろう．目標値が定数であるので，図 6.3(b) のように入力は階段（ステップ）状となる．

対象の台車システムには，図 6.4(a)(b) のように，台車の質量が大きい場合と小さい場合の 2 つの種類があったとする（分かりやすいように，図を簡略化して表記している）．そのときに，同じステップ入力を与えたときの出力を右図に示している．図 6.4(a) では台車の質量が大きいため立ち上がりが遅く，慣性の影響を強く受けて大きく振動しながら目標位置に収束する．一方，図 6.4(b) では台車の質量が小さいため立ち上がりが早く，振動も少ないため，結果的に (a) よりも目標位置に早く収束している．ただし，双方ともに十分時間が経てば，目標値に収束している．

次に，5.3.2 節の直流モータ（図 5.15）のステップ応答の例を見てみよう．この例では入力 $x(t)$ をモータに与える電圧，出力 $y(t)$ を結果的に発生する軸の角速度とする．今，図 6.5(左) のモータに対し，(a) と (b) の 2 種類があったとする．(a) は内部の抵抗値 R が大きいモータであり，(b) は R が小

[3] $t \leq 0$ において $x = 0$ とする．他の例でも同様とする．

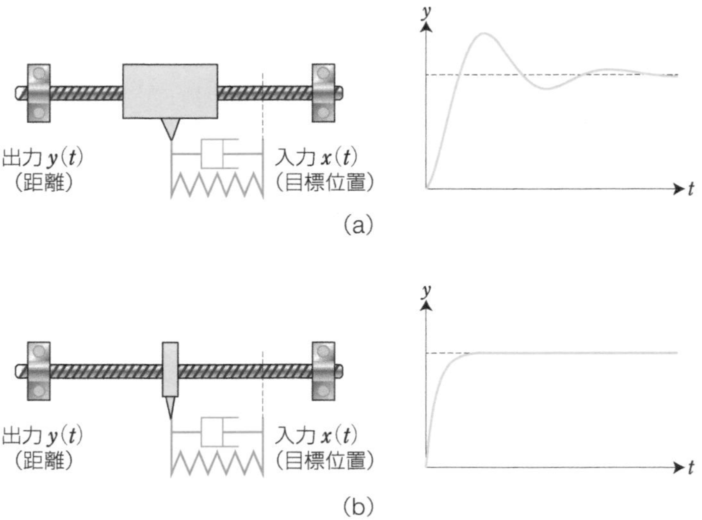

図 6.4　PD 制御のステップ応答（図 5.12 を簡略化したもの，(a) は質量が大きい場合，(b) は質量が小さい場合）

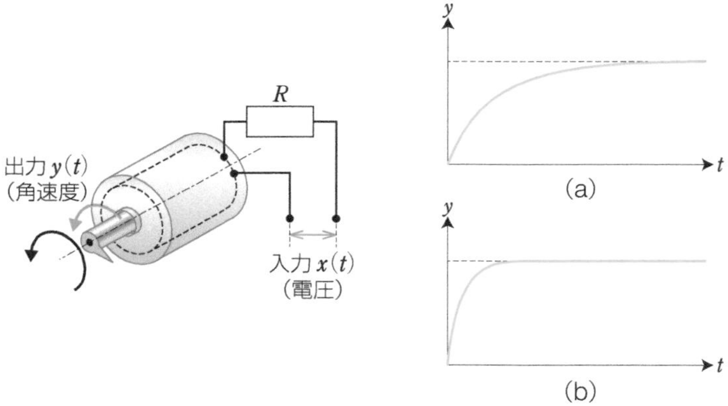

図 6.5　直流モータのステップ応答（(a) は抵抗値が大きい場合，(b) 抵抗値が小さい場合）

さいモータとする．各モータに入力として，時間 $t > 0$ において瞬間的に一定電圧 $x = 1$ [V] をステップ入力しよう．

図 6.5（右）は，それぞれの出力を示したものである．モータ (a) では抵抗値が大きいため，コイルに流れる電流が小さく，結果として発生するトルクが小さい．したがって，回転速度の立ち上がりが遅くなる．一方，モータ

(b) では抵抗値が小さく電流が大きいためトルクが大きく，回転速度の立ち上がりが速くなる．ただし，十分に時間が経てば双方ともに同じ出力（角速度）となっている．

これらの例のように，ステップ応答では，一定の入力に対する立ち上がりや収束性などを知ることができる．

6.2.2 ステップ応答のホイールダックによるイメージ

ホイールダックに登場してもらい，ステップ応答のイメージを，イラストを通じて再確認しよう．唐突だが，図 6.6(a) のように，ホイールダック 1 号は真横から敵に弓矢で狙われている．ただし，このホイールダックには図 6.7(a)(b) のように胴体の前後に補助輪が 1 つずつとりつけられており，胴体が転倒しない特別バージョンとする．今回は胴体の転倒を考慮せず，ホイール（車輪）の回転のみで，前後に移動できる．ちなみに，この場合の台車型倒立振子でのイメージは図 6.7(c) のようになる．

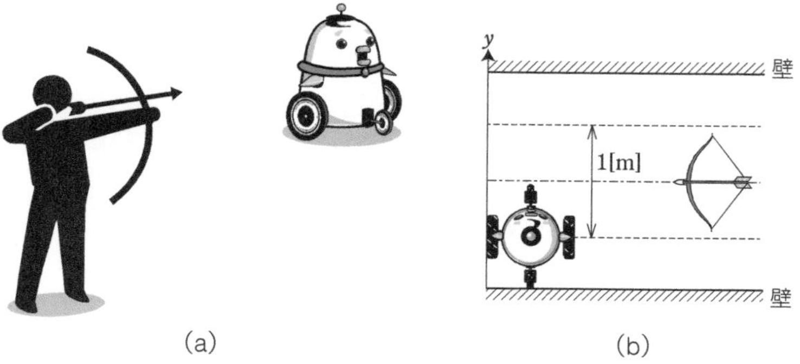

図 6.6　弓矢で狙われるホイールダック 1 号（補助輪つき）．矢が射られるのと同時にホイールダックに 1 [m] の目標位置がステップ入力される

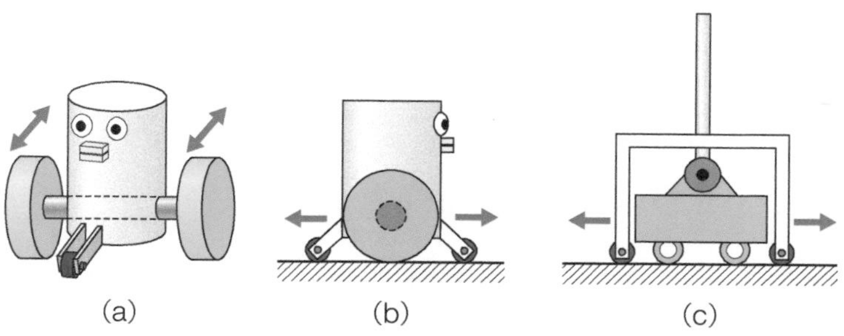

図 6.7　ホイールダック 1 号（補助輪つき）のイメージ

図 6.6(a) を上から見たのが，図 6.6(b) である．ホイールダックは壁に囲まれた通路上に存在しており，通路を横断する方向（図では上下方向）に動くことができる．通路の左側にホイールダックが存在し，通路の右側の敵に狙われている．最初，ホイールダックは（下部の）壁のギリギリのところに存在する．ホイールダックが壁からもう一方の壁まで移動すると，移動距離はちょうど 1 [m] になる．

ホイールダックは内蔵されたセンサとプログラムにより，敵から矢が射られたことを感知できる．発射を感知すると，即座にもう一方の壁に本体を移動するように，1 [m] の目標位置がステップ入力され，発射された矢の回避行動を試みる．この位置制御を 5.3.1 節の PD 制御によって行うと考えよう．ただし，床やホイールダックの機械部品には，適度な静止摩擦・動摩擦が存在し，本体の移動にはこれら摩擦の影響を受けるものとする．

ホイールダックの開発を行っていた博士は，最初にホイールダック 1 号機のバージョン A（Ver A）を試作した．Ver A では回避行動を試みるも，PD 制御の比例ゲインが非常に小さくて発生力（移動力）が小さかった．その結果，図 6.8(左上) のように移動の途中で発生力が摩擦とつり合って，移動の

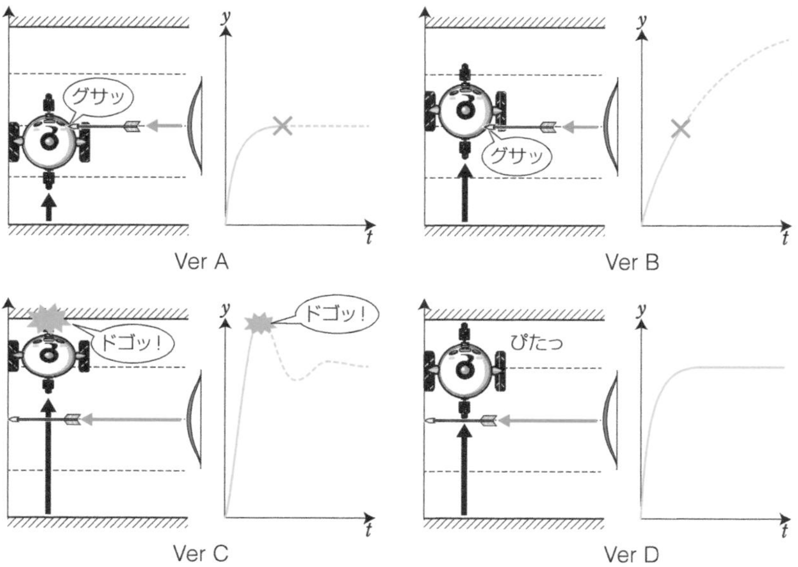

図 6.8　ホイールダック 1 号（補助輪つき）によるステップ応答のイメージ

開始直後に立ち往生してしまい，矢が命中してしまった[4]．

次に，比例ゲインを少し大きくした Ver B を投入した．Ver B では摩擦にある程度打ち勝ち，回避行動の距離は十分にとることができるようになった．しかし，まだまだゲインが十分に大きくなかったため，図 6.8(右上) のように運動が遅くて矢が命中した．

博士は次の Ver C では比例ゲインをかなり大きくしてすばやく動けるようにした．今回は無事に矢を回避することには成功した．しかし，図 6.8(左下) のように，ホイールダックは勢いあまって反対側の壁に激突して大破してしまった．

これらを踏まえ Ver D では，PD 制御の比例・速度ゲインを再調整することで，図 6.8(右下) のように壁に激突することもなく 1 [m] をすばやく移動し，めでたく敵の射出した矢を回避できるようになった．

以上が，ホイールダックによる狙撃回避によるステップ応答のイメージである．

6.3 過渡応答と定常応答

実際のシステムにおけるステップ応答では，出力について，一般に以下のような点が評価できるようになる．

- 立ち上がりの良し悪し（立ち上がり時間）
- オーバーシュート（行き過ぎ量）の大小
- 一定値に収束するまでの時間（整定時間）
- 精度（定常偏差）[5] の良し悪し

これらを評価するうえで，ステップ応答の特性は時間経過の観点から，さらに 2 つに細分して考えることができる．それが**過渡応答**と**定常応答**である．以下では，過渡応答と定常応答の解説を交えながら，上述したステップ応答の評価点を解説していく．

[4] これまでの PD 制御（P 制御）の説明では，静止摩擦・動摩擦についてあまり触れてこなかったが，駆動部分などにこれらの摩擦が存在する場合，PD 制御などで制御量が目標値に近づくと，発生する力やトルクが小さくなり，運動の途中で摩擦とつり合ってしまい，目標値に完全に収束しない．このような場合には比例ゲインを大きくするか，PID 制御を用いることで精度が向上する場合がある．PID 制御については巻末ブックガイド [2, 4] などを参照．
[5] 入力を目標値，出力を制御量とした場合．

6.3.1 過渡応答

図 6.9 は 2 次遅れシステム（4.3.2 節）のステップ応答の例であり，縦軸は出力 y を，横軸は時間 t を示している．この図を用いて過渡応答について説明しよう．過渡とは「状態が変化していくその途中」のことを示し，このようなシステムの過渡的な状態のことを**過渡状態**という．したがって，過渡応答とは「システムに入力を与えたとき，出力が変化していく，その途中の応答」のことをいう．今回の例ではステップ入力したときに，出力が一定値に落ち着くまでの過渡状態における応答のことである．

図 6.9 では過渡状態において，出力は時間の経過とともに目標値に向かって出力値が立ち上がっている．この立ち上がりにかかる時間を**立ち上がり時間**という．また，オーバーシュートの後に大きく振動しながら減衰し，収束している．この振動がある程度収まる時間を**整定時間**という[6]．多くの場合，制御では，できるだけ整定時間を短くしたい．例えば，ロボットアームの関節を目標角度に制御する場合では，すばやく目標角度に到達してほしい．また，エアコンなどで目標温度を設定した場合，短時間で目標温度に達してくれたほうがいいだろう．

この整定時間には立ち上がり時間，オーバーシュート，さらに減衰性などが関与している．整定時間を短くしたい場合には，立ち上がり時間を短く，

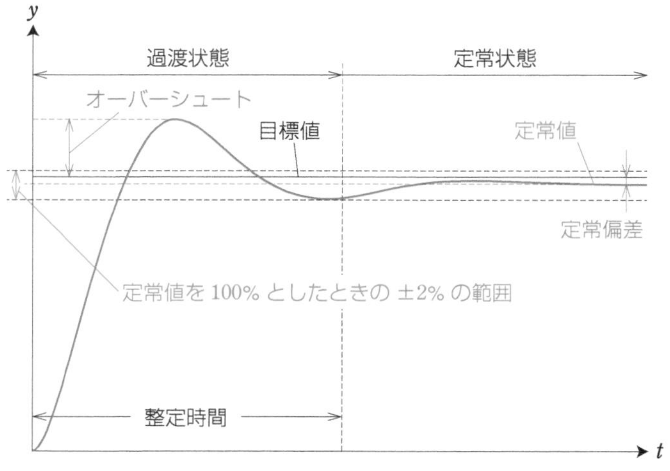

図 6.9　一般的なステップ応答における過渡状態と定常状態

[6] 厳密な定義では，ステップ応答における出力の最終的な値（定常値）を 100%としたとき，応答の出力が 10%から 90%に達する時間を立ち上がり時間，出力が定常値の ±2% の範囲に収まるまでの時間を整定時間という．巻末ブックガイド [9, 10] などを参照．

オーバーシュートを小さく，さらにすばやく減衰させる必要がある．過渡応答ではこのような特性を知ることができる．

6.3.2 定常応答

次に，定常応答について説明しよう．**定常状態**とは状態が一定に落ち着いていることをいい，ステップ応答では過渡応答を経て十分に時間が経過し，出力が一定となった状態をいう．したがって，定常応答とは図 6.9 のように過渡応答を経て，定常状態になったときの応答のことをいい，定常状態での出力値を**定常値**という．

図 6.9 の例では，定常値（出力）が目標値（入力）と完全には一致しておらず，誤差が生じている．このような入力（今回の場合は目標値）と定常値との差を**定常偏差**という．

実際のシステムにおいてステップ入力を与える場合には，摩擦や重力の影響などから，多かれ少なかれ定常偏差が生じてしまう．この定常偏差が小さいほうが高精度に制御できていることになる．6.2.2 節のホイールダックのステップ応答の例において，入力が目標値（目標位置），出力が実際に移動距離と考えた場合の定常偏差は，位置制御における精度と考えることができる．

以上のように，ステップ応答では，過渡応答・定常応答を知ることで，整定時間やオーバーシュート，定常偏差（精度）などの特性を定量的に知ることができる．なお，過渡応答・定常応答という概念は，単に過渡状態・定常状態での応答を意味しているため，必ずしもステップ応答のみに存在するものではなく，他のランプ応答，インパルス応答，周波数応答などにも存在することを付け加えておく．

6.3.3 ステップ応答と単位ステップ応答の関係

特に理論的な解析をする場合などでは，ステップ入力の値を分かりやすい「1」として，単位ステップ応答を用いる場合が多い．しかし，読者は以下のような疑問を持つかもしれない．

単位ステップ応答に関する疑問

入力が「1」の単位ステップ応答は解析できたとする．しかし，入力が 1 でないとき，例えば入力が「5」のステップ応答の場合は，どうなるのか？

例えば 6.2.1 節で紹介した直流モータのステップ応答では，単位ステップ応答として入力電圧を 1 [V] で与えた．この単位ステップ応答によりモータの特性を調べたとしても，それはあくまでも入力電圧が 1 [V] のときの応答である．同じモータでも入力電圧が 5 [V] のときとは応答が異なるかもしれない．

しかし，ここで重要な点は，本書で対象としているのは「線形システム」という点である．線形システムでは「入力が n 倍されれば，単純に出力も n 倍される」という特性を持つ．これを**重ね合わせの原理**という．直流モータの場合では入力が 5 [V] のときの出力は，単位ステップ応答を単純に 5 倍して考えればよい．したがって，上記の疑問に対しては，n の入力値を持つステップ応答では，単位ステップ応答の出力を n 倍すればよい．

これは，s 領域で考えると簡単に理解できる．s 領域での入力 $X(s)$ と出力 $Y(s)$ の関係は，式 (4.4) より $Y(s) = G(s)X(s)$ で表される．この式から入力 $X(s)$ を n 倍すれば，出力 $Y(s)$ も単純に n 倍されることが分かる．ただし，重ね合わせの原理は，非線形システムには適用できないので注意が必要である．例えば，一般に静止摩擦や動摩擦は非線形なので，これらの存在を無視できない場合には，重ね合わせの原理が成立しない．

以下では，これを考慮して，1 次遅れシステムと 2 次遅れシステムの単位ステップ応答について解説していく．

6.4 1次遅れシステムの単位ステップ応答

6.4.1 一般的な単位ステップ応答

まず，一般的な単位ステップ応答における出力 $y(t)$ を求めてみよう．t 領域での単位ステップ入力を $u(t)$ としたとき，$u(t)$ は以下で与えられる．

$$u(t) = \begin{cases} 0 & (t \leq 0) \\ 1 & (t > 0) \end{cases}$$

これをラプラス変換すると s 領域の入力 $U(s)$ として，以下を得る（249 ページの表 A.1 の No.1 を参照）．

$$U(s) = \frac{1}{s}$$

したがって，s 領域での一般的な入出力の関係式 (4.4) に，入力 $X(s) = U(s) = \frac{1}{s}$ を代入することで，単位ステップ応答の s 領域の出力 $Y(s)$ は，以下となる．

$$Y(s) = \frac{G(s)}{s}.$$

さらに，第3章で解説したように，上式を逆ラプラス変換することで，以下の出力 $y(t)$ を求めることができる．

$$y(t) = \mathcal{L}^{-1}\left[\frac{G(s)}{s}\right]$$

上式は一般的なシステムのステップ応答の出力であるが，伝達関数 $G(s)$ の中身によって，出力 $y(t)$ は変化する．

6.4.2 1次遅れシステムの過渡応答

1次遅れシステムの伝達関数は式 (4.18) より，$G(s) = \frac{K}{Ts+1}$ で示されるから，単位ステップ入力したときの s 領域での出力 $Y(s)$ は以下となる．

$$Y(s) = \frac{K}{(Ts+1)s}$$

上式を逆ラプラス変換して t 領域での出力 $y(t)$ を求めると，以下となる．

$$y(t) = \mathcal{L}^{-1}[Y(s)] = \mathcal{L}^{-1}\left[K\frac{1}{(Ts+1)s}\right] \tag{6.1}$$

ここで，3.3.3 節で紹介した部分分数分解を用いると[7]，

$$\frac{1}{(Ts+1)s} = \frac{1}{s} - \frac{T}{(Ts+1)}$$

を得る．上式を式 (6.1) に代入すると

$$\begin{aligned} y(t) &= K\mathcal{L}^{-1}\left[\frac{1}{s} - \frac{T}{(Ts+1)}\right] \\ &= K\left(\mathcal{L}^{-1}\left[\frac{1}{s}\right] - \mathcal{L}^{-1}\left[\frac{1}{s+\frac{1}{T}}\right]\right) \end{aligned}$$

となる．右辺について，ラプラス変換表（249 ページの表 A.1）を調べると No.1 と No.2 より，$\mathcal{L}^{-1}\left[\frac{1}{s}\right] = 1$，$\mathcal{L}^{-1}\left[\frac{1}{s+a}\right] = e^{-at}$ であり，それぞれ代入して整理すると次式を得る．

[7] $\frac{1}{(Ts+1)s} = \frac{A}{s} + \frac{B}{(Ts+1)}$ などとおいて計算する．

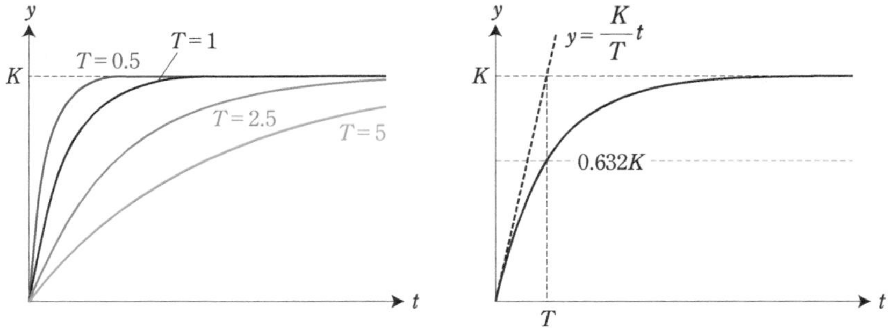

(a) 時定数 T による応答の変化　　(b) K と時定数 T の関係

図 6.10　1 次遅れシステムのステップ応答

$$y(t) = K(1 - e^{-\frac{1}{T}t}) \tag{6.2}$$

以下では，4.3.1 節のバネ・ダンパシステムや RC 回路を想定して，$T > 0$ の場合について考えよう．式 (6.2) の $e^{-\frac{1}{T}t}$ に注目すると，$t = 0$ のとき $e^0 = 1$ であり，$t \to \infty$ で $e^{-\frac{1}{T}t} \to 0$ となる．したがって，$y(t)$ は $t = 0$ で $y(0) = 0$，$t \to \infty$ で $y(t) \to K$ となることが分かる．式 (6.2) の出力 $y(t)$ を示したのが図 6.10 である．ただし，図 6.10(a) では T の値を変化させた複数の場合について示している．図 6.10(a) より，出力の立ち上がりや収束の速さは T の値に依存することが分かる．この T のことを**時定数**と呼ぶ[8]．これを踏まえ，1 次遅れシステムの単位ステップ応答には，以下のような特徴がある．

- 出力 $y(t)$ は時間経過とともに傾きが徐々に減少しながら $y(t) \to K$ に収束していき，$y = K$ をオーバーしない．
- 時定数 T が小さいと立ち上がりが急になり，収束が早い．一方，時定数 T が大きくなると，立ち上がりがゆるくなり，収束に時間がかかる．
- 式 (6.2) より，時間 $t = T$ のとき $y(T) = K(1 - e^{-1}) \fallingdotseq 0.632K$ である．したがって，図 6.10(b) のように時間 $t = T$ は出力が収束値 $(y = K)$ の約 63.2%に達する時間である．
- 式 (6.2) を時間 t で微分すると，$\frac{dy(t)}{dt} = \frac{K}{T}e^{-\frac{t}{T}}$ となる．したがって，図 6.10(b) のように $t = 0$ のときの $y(t)$ の接線は $y = \frac{K}{T}t$ で表され，接線は $t = T$ のとき $y = K$ と交差する．

これまで解説したように，1 次遅れシステムの代表例はバネ・ダンパシス

[8] 本書では時定数と周期は，同じ T を用いるので注意すること．文脈から判断してほしい．

テムや RC 回路，直流モータである．例えば，図 4.5(a) のバネ・ダンパシステムに入力である，点 A の変位にステップ入力を与えたときに，バネは一気に伸びるが，ダンパに接続された点 B の変位（出力）は，ダンパの影響を受けて「ねちょ〜」とゆっくり目標値に収束していく．また，直流モータの場合には図 6.5 のように，電圧をステップ入力すると軸の角速度が徐々に立ち上がり，ある特定の回転数（目標値）に収束していく．これらをイメージすることで，図 6.10 の時間に対する出力の変化が理解できるだろう．

6.5 2次遅れシステムの単位ステップ応答

6.5.1 固有角振動数と減衰係数

次に，2 次遅れシステムの単位ステップ応答について説明していくが，その前に予備的な知識として，固有角振動数と減衰係数について解説する．これらの用語は機械力学や振動工学などと極めて深い関わりがある．詳細については他の良書にゆずり，ここでは要点を絞り簡単に説明する [9]．

まず，図 6.11(a) 上部に示すバネ定数 k のバネと質量 m の物体を組み合わせたマス・バネシステムを考えよう．ただし，重力の影響は考慮しない．これは 2 次遅れシステムのダンパがない場合である．バネが自然長のときの物

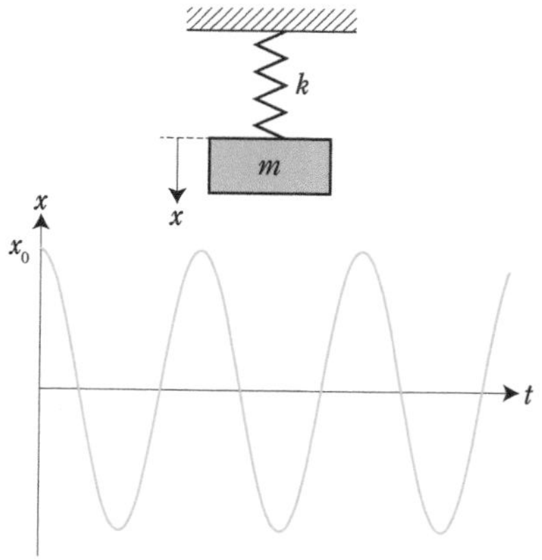

(a) マス・バネ（不減衰振動）

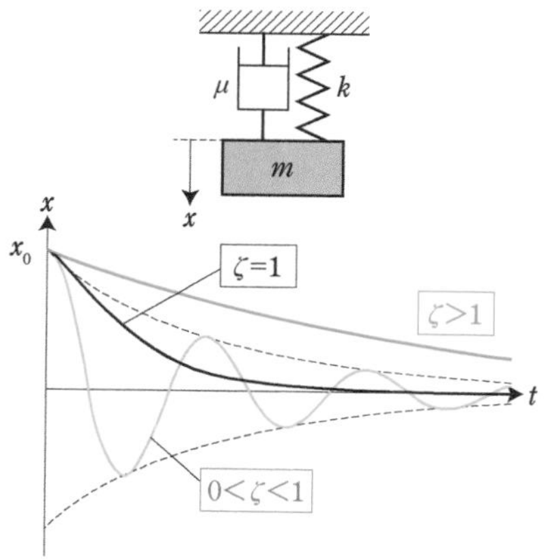

(b) マス・バネ・ダンパ（減衰振動）

図 6.11 自由振動における固有角振動数と減衰係数

[9] 巻末ブックガイド [12, 13] などを参照．

体の位置を $x=0$ としたとき，システムの運動方程式は式 (2.7) を参照して以下となる（$K_v=0$ とする）．

$$m\frac{d^2x(t)}{dt^2}+kx(t)=0 \tag{6.3}$$

今，$t=0$ のとき $x(0)=x_0$ の静止状態（$x_0\neq0$）から自由振動させたとする[10]．この運動は単振動となり，図 6.11(a) 下部のように

$$x(t)=x_0\cos\omega_0 t \tag{6.4}$$

で表される．この振動は減衰しないので**不減衰振動**という．ここで，ω_0 の単位は [rad/s] で角速度に相当する．このとき振動の周期は $T=\frac{2\pi}{\omega_0}$ [s]，周波数は $f=\frac{\omega_0}{2\pi}$ [Hz] となる．ここで ω_0 は

$$\omega_0=\sqrt{\frac{k}{m}} \tag{6.5}$$

で与えられることが知られている．なお，この導出は章末問題とした．この ω_0 [rad/s] のことを不減衰固有角振動数，あるいは単に**固有角振動数**や固有振動数という．この単振動の周期や周波数は質量 m とバネ定数 k の比によって決まり，初期値 $x(0)$ に依存しない．したがって，固有角振動数 ω_0 は 2 次遅れシステムにおいてその特性を表す基本的なパラメータの 1 つとなる．

次に図 6.11(b) 上部のように，粘性抵抗係数 μ（$\mu>0$）のダンパを追加したマス・バネ・ダンパシステムを考える．このシステムの運動方程式は

$$m\frac{d^2x(t)}{dt^2}+\mu\frac{dx(t)}{dt}+kx(t)=0$$

で示され，2 次遅れシステムと同様の式となる．先ほどと同じ自由振動を行うと，その運動は図 6.11(b) 下部のようにダンパの影響を受けて減衰し，$t\to\infty$ で $x(t)\to0$ に収束する．このとき，m や k に比べて μ が小さければ，減衰が小さくて振動的になり，μ が大きければ減衰が大きくて振動が抑制される．この振動抑制の大小を示すパラメータが，以下で定義される**減衰係数** ζ である．なお，ζ はゼータと読み，定義より $\zeta>0$ である[11]．

$$\zeta=\frac{\mu}{2\sqrt{mk}} \tag{6.6}$$

[10] 自由振動とは，運動中に初期条件以外の外力が作用せず，システム内の復元力によって生じる振動のこと．

[11] 振動工学などでは，μ のことを減衰係数，ζ を減衰比と呼ぶこともあるので注意が必要である．

この自由振動では図 6.11(b) 下部のように，$\zeta = 1$ を境目に，それよりも ζ が小さければ（$0 < \zeta < 1$），$x(t)$ は振動的になり，それよりも ζ が大きければ（$\zeta > 1$），$x(t)$ はまったく振動せずに収束する．この境目となる $\zeta = 1$ の状態を**臨界減衰**という．また，$\zeta < 1$ では減衰が不足して振動するために**不足減衰**，$\zeta > 1$ は減衰が十分でまったく振動しないために**過減衰**という．したがって，マス・バネ・ダンパシステムが振動するかしないかは ζ の値を見れば判別できる．

以上より，固有角振動数 ω_0 と減衰係数 ζ は 2 次遅れシステムにおいて，非常に重要な意味を持つ．今回はマス・バネ・ダンパシステムで説明したが，微分方程式が等価な他のシステムでも同様に，固有振動数や減衰係数を用いることがある．

6.5.2 2 次遅れシステムの過渡応答

準備が整ったところで，2 次遅れシステムの単位ステップ応答について解説していこう．一般的な 2 次遅れシステムの伝達関数は式 (4.23) で示され，さらに先述した固有角振動数 ω_0 と減衰係数 ζ を用いて，式 (4.24) で示される．したがって，単位ステップ入力の s 領域での値 $X(s) = \frac{1}{s}$ を与えると出力 $Y(s)$ は

$$Y(s) = \frac{K\omega_0^2}{(s^2 + 2\zeta\omega_0 s + \omega_0^2)s}$$

で表される．このとき t 領域における出力 $y(t)$ は次式となる．

$$y(t) = K\mathcal{L}^{-1}\left[\frac{\omega_0^2}{(s^2 + 2\zeta\omega_0 s + \omega_0^2)s}\right] \tag{6.7}$$

次に上式を部分分数分解して逆ラプラス変換していく．分母に注目すると，分母は $s(s-\alpha)(s-\beta)$ の形式に因数分解できそうである．ここで α と β は $s^2 + 2\zeta\omega_0 s + \omega_0^2 = 0$ の解である．この解（$s = \alpha,\ \beta$）は以下の 2 つのケースが存在する．

$$\text{(i)}: \ \alpha = \beta = -\omega_0 \qquad (\zeta = 1 \text{ の場合(重解)})$$
$$\text{(ii)}: \alpha, \beta = -\omega_0(\zeta \pm \sqrt{\zeta^2 - 1}) \qquad (\zeta \neq 1 \text{ の場合})$$

ここで (i) の解は (ii) の式に $\zeta = 1$ を代入した重解であり，数学的には (ii) の記述のみで事足りるが，部分分数分解をする場合には 2 つを分けて考える必要がある．以下ではそれぞれの場合に分けて解説していこう．ただし，定

義より $\zeta > 0$ に限定して解説する [12].

(i) $\zeta = 1$ の場合

これは臨界減衰の場合となる．重解であることを考慮して，式 (6.7) の角括弧内を部分分数分解すると，A〜C を用いて次式となる．

$$\frac{\omega_0^2}{(s^2 + 2\zeta\omega_0 s + \omega_0^2)s} = \frac{\omega_0^2}{s(s+\omega_0)^2} = \frac{A}{s} + \frac{Bs + C}{(s+\omega_0)^2} \tag{6.8}$$

ここで A〜C を求めると $A = 1$, $B = -1$, $C = -2\omega_0$ となり，式 (6.7) は次式に書き直せる [13].

$$y(t) = K\mathcal{L}^{-1}\left[\frac{1}{s} - \frac{s + 2\omega_0}{(s+\omega_0)^2}\right] = K\mathcal{L}^{-1}\left[\frac{1}{s} - \frac{1}{s+\omega_0} - \frac{\omega_0}{(s+\omega_0)^2}\right] \tag{6.9}$$

式 (6.9) に 249 ページの表 A.1 の No.1 と No.2 と No.8 を用いると，結果として次式を得る．

$$y(t) = K(1 - e^{-\omega_0 t} - \omega_0 t e^{-\omega_0 t}) = K\bigl(1 - (1 + \omega_0 t)e^{-\omega_0 t}\bigr)$$

この出力 $y(t)$ の時間変化のグラフを図 6.12 に示す（$\zeta = 1$ の曲線）．この場合は臨界減衰であるので，出力は振動するかしないかのギリギリの挙動を示す．

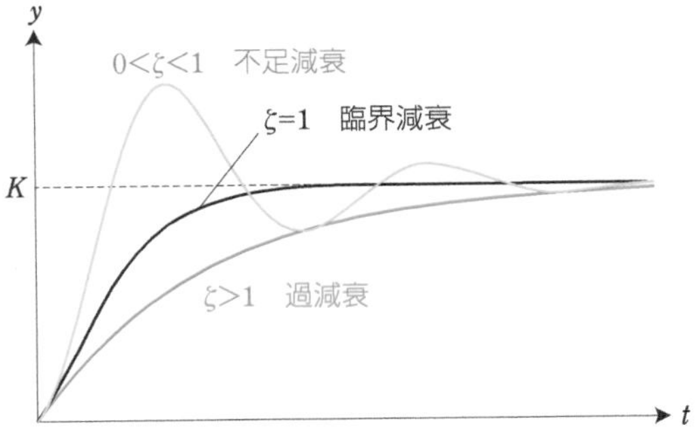

図 6.12　2 次遅れシステムのステップ応答

[12] 実際のマス・バネ・ダンパやゲインを正とした PD 制御の場合には $\zeta > 0$ となる．ただし，理論的には $\zeta < 0$ の場合も存在する．例えば，PD 制御のゲインを負とした場合がそれにあたる．その場合には出力 $y(t)$ は発散する．

[13] 計算途中で，$\frac{s+2\omega_0}{(s+\omega_0)^2} = \frac{(s+\omega_0)+\omega_0}{(s+\omega_0)^2} = \frac{1}{s+\omega_0} + \frac{\omega_0}{(s+\omega_0)^2}$ を利用している．

(ii)　$\zeta \neq 1$ の場合

これは過減衰（$\zeta > 1$）もしくは不足減衰（$0 < \zeta < 1$）の場合となる．まずは式 (6.7) の角括弧内を部分分数分解すると，A〜C を用いて

$$\frac{\omega_0^2}{(s^2+2\zeta\omega_0 s+\omega_0^2)s} = \frac{\omega_0^2}{s(s-\alpha)(s-\beta)} = \frac{A}{s} + \frac{B}{s-\alpha} + \frac{C}{s-\beta}$$

で表される．ここで $s^2+2\zeta\omega_0 s+\omega_0^2 = 0$ の解 α, β は，以下とする．

$$\alpha = -\zeta\omega_0 + \omega_0\sqrt{\zeta^2-1}, \quad \beta = -\zeta\omega_0 - \omega_0\sqrt{\zeta^2-1} \tag{6.10}$$

A〜C の値を求めると以下となる．

$$A = 1, \quad B = -\frac{\zeta+\sqrt{\zeta^2-1}}{2\sqrt{\zeta^2-1}}, \quad C = \frac{\zeta-\sqrt{\zeta^2-1}}{2\sqrt{\zeta^2-1}} \tag{6.11}$$

したがって，式 (6.7) は 249 ページの表 A.1 の No.1 と No.2 より次式となる．

$$y(t) = \mathcal{L}^{-1}\left[K\left(\frac{1}{s} + \frac{B}{s-\alpha} + \frac{C}{s-\beta}\right)\right] = K(1 + Be^{\alpha t} + Ce^{\beta t}) \tag{6.12}$$

以下では，2 次遅れシステムのステップ応答の挙動を理解しやすくするために過減衰（$\zeta > 1$）と不足減衰（$0 < \zeta < 1$）の場合に分けて計算を続ける．

$\zeta > 1$ の場合（過減衰）

この場合では式 (6.10) と式 (6.11) のルート内は正となり，α，β，B，C の値はすべて実数となる．式 (6.11) を式 (6.12) に代入すると以下を得る．

$$y(t) = K\left(1 - \frac{\zeta+\sqrt{\zeta^2-1}}{2\sqrt{\zeta^2-1}}e^{\left(-\zeta\omega_0+\sqrt{\zeta^2-1}\omega_0\right)t} + \frac{\zeta-\sqrt{\zeta^2-1}}{2\sqrt{\zeta^2-1}}e^{\left(-\zeta\omega_0-\sqrt{\zeta^2-1}\omega_0\right)t}\right)$$

出力 $y(t)$ は図 6.12（$\zeta > 1$ の曲線）に示すように，過減衰であり振動せず収束する．

$0 < \zeta < 1$ の場合（不足減衰）

この場合では式 (6.10) と式 (6.11) のルート内は負となる．よって，α，β を虚数単位 j を用いて書き直すと $\alpha, \beta = -\zeta\omega_0 \pm j\sqrt{1-\zeta^2}\omega_0$ であり，B と C は

$$B = -\frac{\zeta + j\sqrt{1-\zeta^2}}{2j\sqrt{1-\zeta^2}}, \quad C = \frac{\zeta - j\sqrt{1-\zeta^2}}{2j\sqrt{1-\zeta^2}}$$

となる．このとき，式 (6.12) の $Be^{\alpha t} + Ce^{\beta t}$ は

$$\begin{aligned} Be^{\alpha t} + Ce^{\beta t} =& - e^{-\zeta\omega_0 t}\left(\frac{\zeta}{2j\sqrt{1-\zeta^2}}\left(e^{j\sqrt{1-\zeta^2}\omega_0 t} - e^{-j\sqrt{1-\zeta^2}\omega_0 t}\right)\right. \\ &\left. + \frac{1}{2}\left(e^{j\sqrt{1-\zeta^2}\omega_0 t} + e^{-j\sqrt{1-\zeta^2}\omega_0 t}\right)\right) \\ =& -\frac{1}{\sqrt{1-\zeta^2}}e^{-\zeta\omega_0 t}\left(\zeta\sin\left(\sqrt{1-\zeta^2}\omega_0 t\right)\right. \\ &\left. + \sqrt{1-\zeta^2}\cos\left(\sqrt{1-\zeta^2}\omega_0 t\right)\right) \end{aligned}$$

となる．なお，上の 1 段から 2 段目の変形には $e^{\pm j\sqrt{1-\zeta^2}\omega_0 t}$ に対し**オイラーの公式** $e^{j\theta} = \cos\theta + j\sin\theta$ を用いた [14]．

ここで新たに，$\phi = \tan^{-1}\frac{\sqrt{1-\zeta^2}}{\zeta}$ を満足する角度 ϕ を考えると，次式が成り立つ [15]．

$$\begin{aligned} &\sin\left(\sqrt{1-\zeta^2}\omega_0 t + \phi\right) \\ &\quad = \zeta\sin\left(\sqrt{1-\zeta^2}\omega_0 t\right) + \sqrt{1-\zeta^2}\cos\left(\sqrt{1-\zeta^2}\omega_0 t\right) \end{aligned} \tag{6.13}$$

以上より，式 (6.12) の出力 $y(t)$ は次式で表現される．

$$\begin{aligned} y(t) =& K(1 + Be^{\alpha t} + Ce^{\beta t}) \\ =& K\left\{1 - \frac{1}{\sqrt{1-\zeta^2}}e^{-\zeta\omega_0 t}\sin\left(\sqrt{1-\zeta^2}\omega_0 t + \phi\right)\right\} \end{aligned}$$

この場合は不足減衰であり，図 6.12 のように振動しながら収束する ($0 < \zeta < 1$

[14] 詳しくは 7.3.1 節の式 (7.7) を参照．

[15] xy 平面上の原点を中心とした半径 1 の円周上に存在する点 (a, b) を考える．原点と点 (a, b) の線分を考え，x 軸とのなす角を ϕ と定義すれば，$\cos\phi = a$，$\sin\phi = b$ となり，$a^2 + b^2 = 1$ を満たす．このとき，任意の θ に対して加法定理より以下が成立する．

$$\sin(\theta + \phi) = \sin\theta\cos\phi + \cos\theta\sin\phi = a\sin\theta + b\cos\theta$$

以上より，$\phi = \tan^{-1}\frac{b}{a}$ であり，$a^2 + b^2 = 1$ となる実数 a, b と任意の θ に対し，

$$a\sin\theta + b\cos\theta = \sin(\theta + \phi)$$

が成立する．今回は $a = \zeta$，$b = \sqrt{1-\zeta^2}$ とおき，$\theta = \sqrt{1-\zeta^2}\omega_0 t$ とすると，式 (6.13) が得られる．

の曲線）．大まかにいえば，2 次遅れシステムのステップ応答では減衰比 ζ を大きくすると振動が抑えられ，固有角振動数 ω_0 を大きくすると振動の周期が小さくなり，また，立ち上がりがよくなる．

以上より，2 次遅れシステムのステップ応答の挙動は，図 6.11 に示したマス・バネ・ダンパシステムの自由振動と極めて類似する．また，先述したように，本章の 1 次遅れ・2 次遅れシステムの解析では，$m > 0$，$\mu > 0$（$K_v > 0$），k（$K_p > 0$）を持つ機械システムを想定してきた．しかし，これらの条件を満たさない場合には，ステップ応答の出力は，今回紹介したものとは挙動が異なり，発散する場合もあるため注意が必要である．

ホイールダック 1 号開発の進捗

博士は応答の基礎について学び，ステップ応答について理解した．ホイールダック 1 号は美しく理想的な「過渡応答」で立ち上がることができた．

まとめ

- 特定の入力に対してのシステムの出力（挙動）を応答という．
- 代表的な応答にランプ応答，ステップ応答，インパルス応答，周波数応答がある．
- 1 次遅れシステムのステップ応答は時定数 T で変化する．
- 2 次遅れシステムのステップ応答は固有角振動数 ω_0 と減衰係数 ζ で変化する．

章末問題

1. 制御工学における応答について，その意味や有用性を 50 字程度で簡潔に説明せよ．
2. ランプ応答とインパルス応答とはどのようなものか，2 つ合わせて 50 字程度で簡潔に説明せよ．
3. ステップ応答および単位ステップ応答について 100 字程度で簡潔に説明し，1 次遅れシステムと 2 次遅れシステムの一般的な単位ステップ応答を s 領域の式で示せ．

④ 過渡応答と定常応答の違いについて 100 字程度で簡潔に説明せよ．

⑤ 本章で解説した固有角振動数 ω_0 と減衰係数 ζ を用いることで，2 次遅れシステムの伝達関数が式 (4.24) で示されることを確かめよ．

⑥ 式 (6.3) の微分方程式の解が式 (6.4) となり，$\omega_0 = \sqrt{k/m}$ となることを示せ．

周波数応答

第7章

STORY

ついに博士はホイールダック１号を起き上がらせることに成功した．それは垂直に凛々しく立った．さらに前後に補助輪をつければ，起き上がりの代わりに前後への移動も制御することもできるようになった．

「そうだ！　ホイールダック１号がいい感じに動いているところを動画に撮って，あいつに見せてやるか」

博士はアメリカに留学中の幼馴染みで年下の彼女のことを思い出した．そこで博士は補助輪をつけたホイールダック１号を小気味よく前後に動かそうとした．しかし，動き出したホイールダック１号は狙ったような決まったリズムでは動かず，うにょうにょと前後に動いた．どこか中途半端に……．ロボットがどのくらい狙った動きに追従できるか？　制御器とロボットが持つそんな性質を表すもの．それが周波数応答だった！

図 7.1　前後に往復運動するホイールダック１号（補助輪つき）

7.1 周波数応答のイメージ

7.1.1 周波数応答を反復横跳びで考える

いよいよ，本章で古典制御編が最終章となる．本章では，周波数応答について解説していく．周波数応答とは，文字通り周期的な入力をシステムに与えたときの応答のことである．しかし，「制御工学において周波数応答は本質的に何を意味するのか？」という問いは，初学者には難解である．そこで，まず厳密性は多少無視して，イラストや例え話を用いて，周波数応答のイメージを固めていこう．

周波数応答は，小学校などで経験する「反復横跳び」に似ている．反復横跳びでは，図 7.2(a) のように床に 1 メートル間隔で 3 本の線（右・中央・左）が引いてある．運動者は床の中央線の上に立ち，開始の合図後に右→中央→左→中央→右……と順番に線をまたぎ，20 秒間でまたいだ線の数でその運動者の敏捷性（びんしょうせい）を評価する．

周波数応答でも，反復横跳びのようにシステムの敏捷性のようなものを評価できる．そこで，まず反復横跳びを用いて周波数応答のイメージを説明していくが，説明しやすいように，以下のように反復横跳びのルールを少し改変

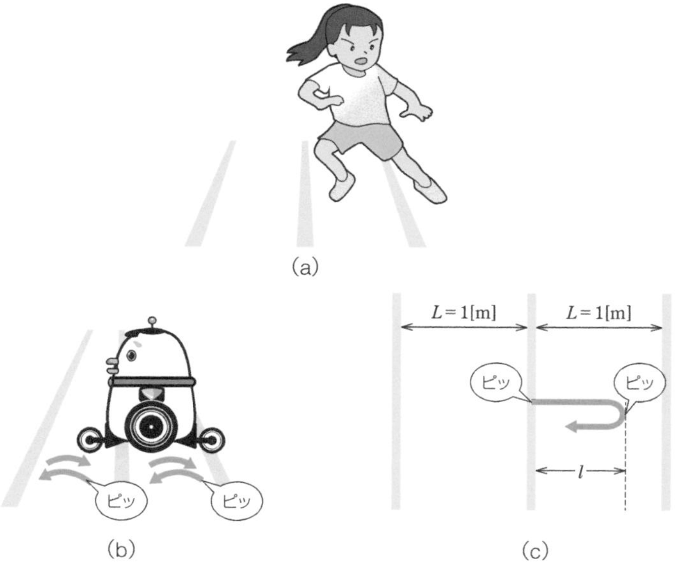

図 7.2 ホイールダック 1 号（補助輪つき）による反復横跳び・改

して用いる．これを本書では**反復横跳び・改**と名づける．以下の説明では応答性を評価する対象システムとして，図 6.7 の補助輪つきホイールダック 1 号に再登場してもらおう．前章でも登場したこのホイールダックは補助輪のおかげで胴体が転倒することなく，ホイールを動かすことで前後に移動できる．

周波数応答を理解するための「反復横跳び・改」

1. 図 7.2(b) のように，通常の反復横跳びと同様に 3 本の線（右・中央・左）が引いてあり，線と線の間隔 L は $L = 1$ [m] とする．最初にホイールダックは中央線の上に位置する．ホイールダックはホイールを動かすことで，本体を前後に移動させるが，そのときに 3 本の線をまたぐことになる．ホイールダックの動きは厳密には前後運動であるが，反復横跳びを考慮して，以下では便宜上，左右運動と表現する．
2. 開始の合図後に，外部より一定間隔で「ピッピッピ……」と連続音を鳴らす．ホイールダックは図 7.2(b) のように，「ピッ」の音が 1 回鳴るたびに，本体を移動させ，中央→右→中央→左→中央→右……と線を順番にまたぎ，それを繰り返す（音のテンポが速くて，動作が間に合わない場合については後述する）．
3. 開始から「ピッ」の音が 4 回鳴るごとにホイールダックは中央の線に戻る．これは周期的な運動であり，中央の線から再び中央の線に戻るまでを 1 サイクルとし，その時間を周期 T [s] とする．ここでは複数の周期を用意し，$T = T_1, \ldots, T_n$ とする．T が小さいほど連続音の間隔が短く，速い運動を要求される．ただし，運動中に T は変化しない（T を変更する場合は運動をリセットし，再度，初期状態から開始する）．
4. ホイールダックの移動途中で「ピッ」の音が鳴った場合，次の線をまたいでいなくても，（意識としては）次の動作に移行する．例えば，図 7.2(c) のように中央から右線に移動している途中で音が鳴ったら，右線をまたぎきれていなくとも次の「右→中央」の反転動作に移行する（ただし，慣性の影響ですぐに反転動作に移動できない場合もある）．このとき，左右の線近くで U ターンする瞬間のホイールダックと中央線の距離を l [m] とする．
5. 周期 T が小さい場合では合図のテンポが速すぎて，ホイールダックが実際に中央線をまたぐタイミングが本来の要求されたタイミ

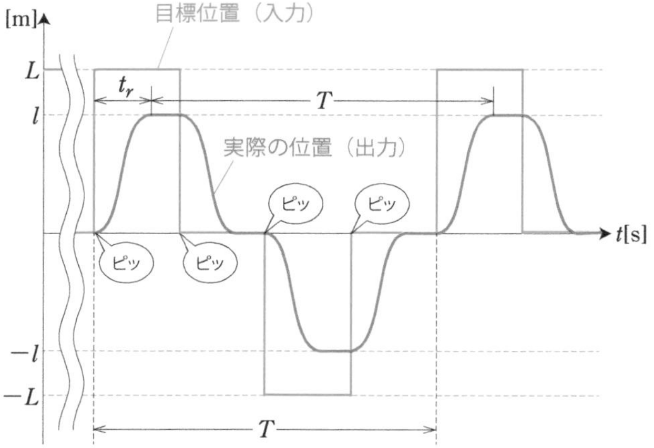

図 7.3　反復横跳び・改の定常状態における目標位置（入力）と実際の位置（出力）の関係

ングよりずれる場合がある．この時間差を t_r [s] とする．ただし，タイミングが遅れている場合は $t_r < 0$ とする（逆に $t_r > 0$ の場合は進んでいることを意味する）．図 7.3 は，横軸に時間を，縦軸にホイールダックの移動距離をとったものである．この図は目標位置を入力とみなし，実際の移動距離を出力と考えたときの，入出力の関係をイメージで示したものである．目標位置は合図のタイミングで瞬時に変化するので，入力は階段状になる．

6. ある特定の周期 $T = T_i$ $(i = 1, \ldots, n)$ において，開始から十分な時間が経過し，定常状態になるまでこの運動を続ける．このときの左右の移動距離 l と運動の時間差 t_r を計測する．l が L $(= 1)$ に近いほど，t_r が 0 に近いほど，本来の動作に追従していることを意味する．$l > 1$ ならば左右の線を追い越しており，$l < 1$ ならば左右の線までたどり着いていない．また，t_r の正負により運動が遅れているか，進んでいるかが分かる．

7. 特定の周期 $T = T_i$ に対する距離 l と時間差 t_r を計測したあとに，周期 T_i を変化させて，l と t_r を計測していき，上記 6 を繰り返していき，周期 T の変化に対する目標位置への追従性を評価する．ただし，時間差 t_r は周期 T の大きさにより意味合いが異なる．例えば，$t_r = -1$ [s] だとしても，周期が $T = 1$ と $T = 10$ の場合では，前者は 1 周期分遅れているのに対し，後者は $\frac{1}{10}$ 周期分しか遅れていない．そこで，時間差に関しては $\frac{t_T}{T}$ を計算し，「何周期分遅れたか（もしくは進んだか）」で評価する．

7.1.2 「反復横跳び・改」の思考実験

7.1.2.1 思考実験の設定と結果

上記の「反復横跳び・改」を具体的な例を通じて説明しよう．今，図 7.4 のように A タイプと B タイプの 2 種類のホイールダックを考える．A タイプは通常のホイールダックにウエイトベスト（オモリ）をとりつけたもの，B タイプは通常のものである．A タイプを重量型，B タイプを軽量型と考える．ここでは，この 2 つのタイプに対し，反復横跳び・改の実験を行ったとし，この思考実験の結果に対し，それぞれの敏捷性を評価しよう [1]．思考実験では周期 T を $T = 8,\ 4,\ 2$ [s] と 3 種類に変化させ，実験結果として図 7.5(a)〜(c) を得たとする．以下の (a)〜(c) では，それぞれの T の値の場合に分けて解説していく．読者も反復横跳び・改をイメージしながら，読み進めてほしい．

(a) 周期 $T = 8$ [s] の場合

この場合では，「ピッ」の音は 2 秒間隔となる．3 つの周期の中では，最も遅い動きを要求される．反復横跳び・改の実験結果として，定常状態（$4 \leq t \leq 8$ [s]）での 2 つのタイプの移動距離 – 時間グラフを図 7.5(a) に示す．移動距離

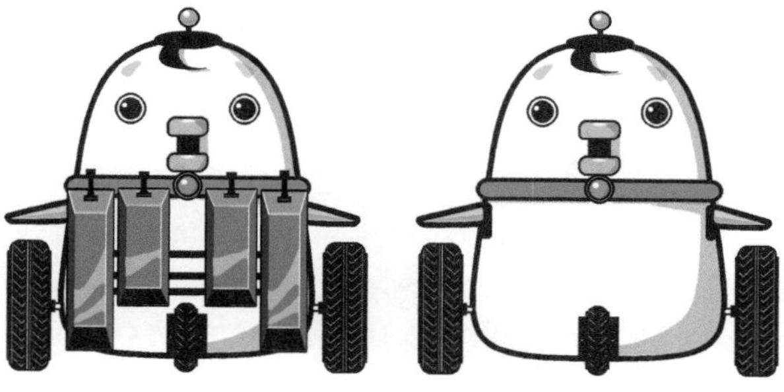

(a) A タイプ　　(b) B タイプ

図 7.4 反復横跳び・改を行う 2 種類のホイールダック 1 号（補助輪つき）：A タイプは重量型，B タイプは軽量型

[1] 思考実験とは，頭の中で行う想像上の実験のこと．

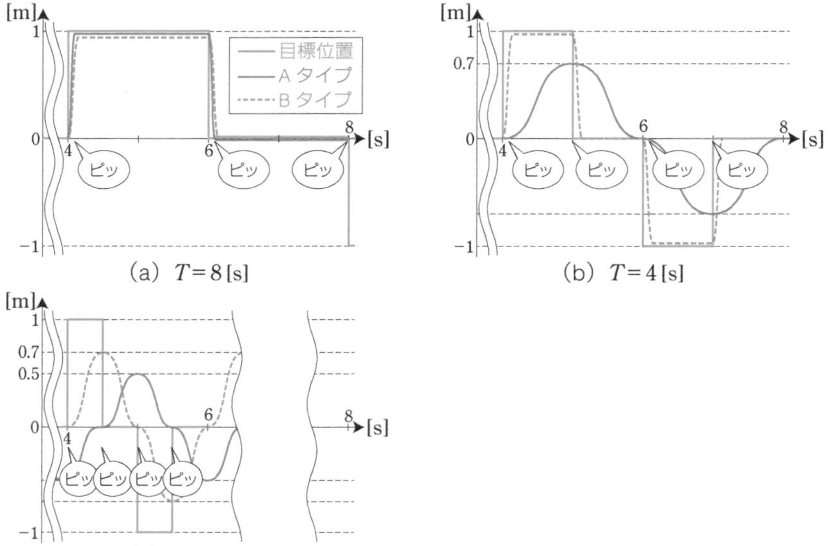

(a) $T = 8$ [s]　(b) $T = 4$ [s]　(c) $T = 2$ [s]

図 7.5　反復横跳び・改の思考実験の結果（周期 T の変化に対する A タイプと B タイプの比較）

における山（もしくは谷）の部分の高さが距離 l である．

まずは距離 l に注目しよう．今回の場合には，両タイプともに，ほぼキッチリと左右の線をまたいでおり，両タイプとも $l = 1$ とみなす．次に $\frac{t_r}{T}$ に注目する．図より，両タイプとも音の合図に合わせて，ほぼタイムラグなしで各線を通過しており，$\frac{t_r}{T} = 0$ とみなそう．これらの値から，周期 $T = 8$ では両タイプともに，音に合わせて目標の周期運動を実現できているとみなせる．

(b) 周期 $T = 4$ [s] の場合

この場合では，音は 1 秒間隔となり，3 つの周期の中では真ん中の速さを要求される．実験結果として，両タイプの運動の時間変化を図 7.5(b) に示す．

実験結果の図から距離 l を評価しよう．A タイプのほうは $l = 0.7$ [m] となっている．A タイプにとって音のテンポが少し速く，左右の線に到着する前に移動指令の音「ピッ」が鳴ってしまい，次の動作に移行している．また，音のテンポに動作が対応できず，時間差（遅れ）が生じている．このケースでは $t_r = -1$ [s] であり，$\frac{t_r}{T} = -0.25$ となっており，$\frac{1}{4}$ 周期分遅れている．

一方，B タイプのほうは目標の反復運動をほぼ実現できており，$l = 1$ と $\frac{t_r}{T} = 0$ とみなす．

(c) 周期 $T = 2$ [s] の場合

この場合には，音は 0.5 秒間隔となり，3 つのうち最も速い．このときの実験結果を図 7.5(c) に示す．A タイプは $l = 0.5$ [m] となり，50%しか移動が到達できていない．時間差 $t_r = -1$ [s] であり，$\frac{t_r}{T} = -0.5$ となるから $\frac{1}{2}$ 周期分遅れている．

一方，B タイプは $l = 0.7$ となり到達距離 70%である．時間差 $t_r = -0.5$ [s] であり，$\frac{t_r}{T} = -0.25$ より $\frac{1}{4}$ 周期分遅れている．両タイプともにテンポについてこられていないが，A タイプよりは B タイプのほうが目標の反復運動の追従性が良く，敏捷性が高いことが分かる．

7.1.2.2 思考実験の結果のまとめ

これらの思考実験の結果を分かりやすくまとめてみよう．まず，周期は値が大きくなると動作が遅くなり，値が小さくなると動作が速くなるので，直感的に少し複雑である．そこで，周期 T の代わりに，周波数 $f = \frac{1}{T}$ [Hz] を用いよう．周波数を用いると，値が大きくなると速い動きになり，小さいと遅い動きとなる．

次に，到達距離の評価として，目標移動距離 L と実際の移動距離 l の比である $\frac{l}{L}$ を考える．今回の場合には $L = 1$ であるので，$\frac{l}{L} = l$ となるが，距離の比なので単位は無次元量となる．

以上を踏まえて，実験結果をまとめたものを表 7.1 に示す．この表の情報をグラフにまとめたものが図 7.6 である．図 7.6(a) は横軸に周波数 f を，縦軸に到達距離の比 $\frac{l}{L}$ をとったものであり，図 7.6(b) は横軸に周波数 f を，縦軸に時間差と周期の比 $\frac{t_r}{T}$ をとったものである．

このように結果をグラフ化することで，対象システムの敏捷性が可視化され，周波数変化に対する反復運動の追従性が「到達距離」と「時間差」という数値として一目瞭然で分かる．例えば，これらのグラフから，タイプ A はお

表 7.1　周波数の変化に対する到達距離の比 $\frac{l}{L}$ と時間差と周期の比 $\frac{t_r}{T}$

周波数 f [Hz]		0.125	0.25	0.5
周期 T [s]		8	4	2
到達距離の比 $\frac{l}{L}$	A タイプ	1	0.7	0.5
	B タイプ	1	1	0.7
時間差と周期の比 $\frac{t_r}{T}$	A タイプ	0	-0.25	-0.5
	B タイプ	0	0	-0.25

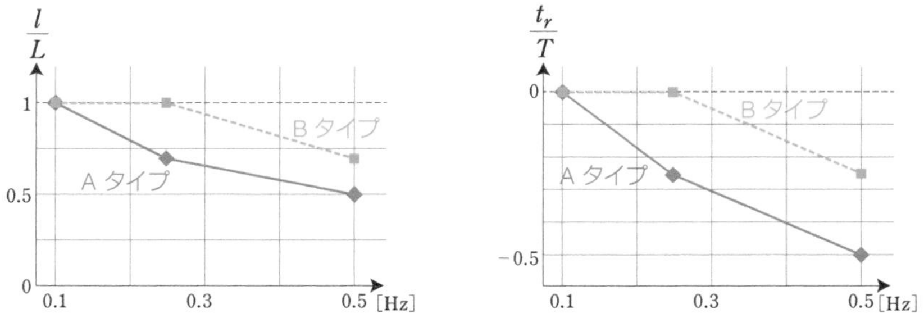

(a) 到達距離の比 $\frac{l}{L}$　　(b) 時間差の比 $\frac{t_r}{T}$

図 7.6　反復横跳び・改の思考実験の結果をグラフにしたもの（周波数に対する $\frac{l}{L}$ と $\frac{t_r}{T}$ の変化）

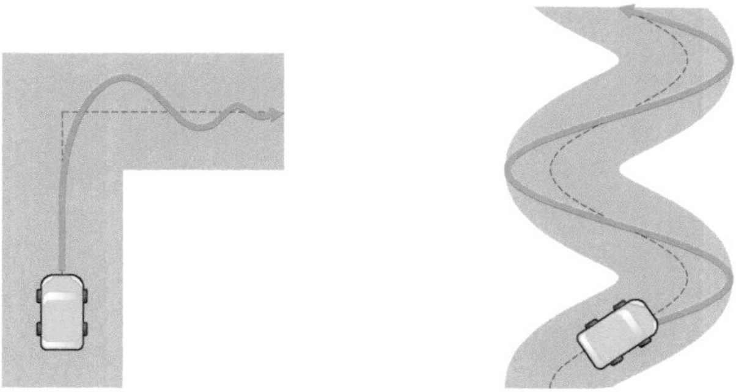

(a) ステップ応答　　(b) 周波数応答

図 7.7　ステップ応答と周波数応答の違いのイメージ

おむね周波数が 0.1 [Hz] を過ぎたくらいまでは，目標の反復運動を達成できている．一方，B タイプは 0.3 [Hz] までは達成できている．それより高い周波数では両タイプともに反復運動の追従が悪くなっているのが見てとれる．

以上が，周波数応答のイメージを，反復横跳びを用いて解説したものである．制御工学における厳密な意味での周波数応答とは異なるが，まずはイメージできただろう．自動車の性能評価で例えるなら，ステップ応答は図 7.7(a) のように，試行中に急にハンドルを切った場合の自動車が 90 度曲がるときの特性に似ている．一方，周波数応答は，ジグザク走行を行ったときの運転性能評価に似ている．

7.2 周波数応答の基本事項

7.2.1 問題設定

7.2.1.1 周波数応答の入力

大まかなイメージがついたところで，実際の周波数応答について解説しよう．周波数応答は，対象システムに周期的な入力を与え，その出力を計測することで，周期的な入力に対する出力の追従性を評価する．

先ほどの反復横跳び・改では「ピッピッピ……」という音の合図によって，行うべき動作として図 7.8(上) のように階段状の入力を与えていた．しかし，このままでは数式的に取り扱いが難しいので，実際の周波数応答では，対象システムへの入力 $x(t)$ として，以下の sin 波を与える．

$$x(t) = A\sin\theta(t) = A\sin\omega t \tag{7.1}$$

ここで，A は入力波形の振幅である．$\theta(t)$ [rad] は sin 関数に入力される角度であり，一定の角速度 ω [rad/s] を用いて $\theta(t) = \omega t$ で与える．

上式の入力 $x(t)$ は，図 7.8(下) のように，平面内で原点を中心に半径 A で

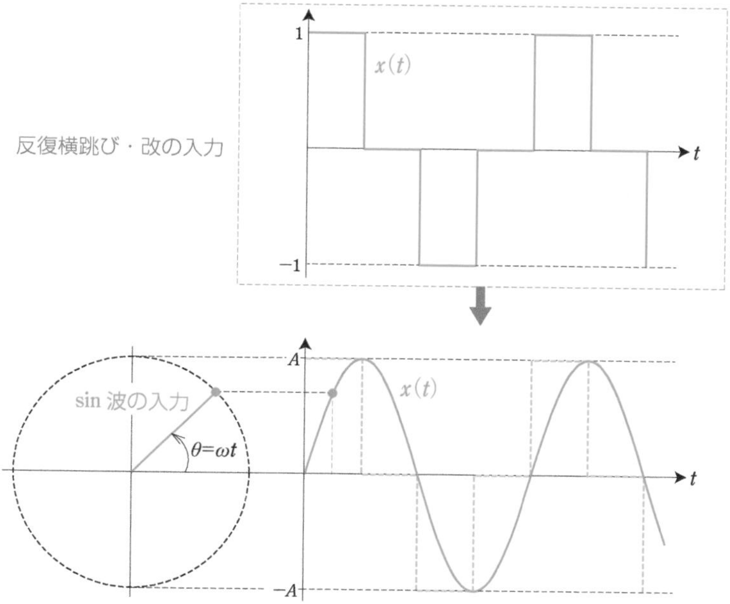

図 7.8 階段状の入力から周波数応答の sin 波入力へ

等角速度 ω の円運動をさせたときに，縦方向の値を投影させたものと考えることができる．図 7.8(下) の右図は縦軸を入力 $x(t)$ に，横軸を時間 t としたものである．この等速円運動と投影された sin 波の関係は，本章では重要な概念となる．

図 7.6 では，周期運動の速さを示すのに周波数 f [Hz] を用いた．式 (7.1) の角速度 ω と周波数 f には $\omega = 2\pi f$ の関係があり，両者とも値が大きくなると 1 秒間あたりの sin 波の変化が大きくなる．そのため，式 (7.1) で表記される周期運動の「速さ」を周波数 f の代わりに角速度 ω を用いて表現することも多く，この ω のことを**角周波数**や**角振動数**とも呼ぶ．

7.2.1.2　位相差と振幅比

次に位相について説明する．位相とは英語で phase（フェーズ）という．カタカナ語のフェーズという言葉は「局面」や「段階」などの意味で用いられることが多い．式 (7.1) の周期入力を考えたとき，「入力（または出力）が今，周期中のどの段階にあるか？」を表現できると便利である．例えば，今の状態が 1 周期における「真ん中」や「終わり頃」などである．そこで「周期中のどの段階か」を示す指標として式 (7.1) の sin 波の角度，つまり $\theta(t)$ に注目する．sin 関数は 2π [rad] で 1 周期であるから，$\theta(t)$ の値を見ることで $x(t)$ が周期中のどの段階かを知ることができる．

例えば，ある時刻において $\theta = \pi$ であるなら，1 周期の $\frac{1}{2}$ の状態であり，$\theta(t) = \frac{3}{2}\pi$ ならば，1 周期の $\frac{3}{4}$ の状態である．このように sin 波の状態（段階）を示す指標の角度 $\theta(t)$ のことを，**位相角**あるいは単に**位相**と呼ぶ．また，時間 $t = 0$ のときの位相を**初期位相**という．式 (7.1) の場合の初期位相は $\theta(0) = 0$ である．

次に，式 (7.1) の $x(t)$ と同じ角速度 ω を持つ，別の sin 波の $y(t)$ を以下で考えよう．

$$y(t) = B\sin\theta'(t) = B\sin(\omega t + \psi) \tag{7.2}$$

ここで，B が振幅，位相が $\theta'(t) = \omega t + \psi$ とし，ψ は $y(t)$ の初期位相とする．$x(t)$ と $y(t)$ の 2 つの周期運動を比較したものが図 7.9 である．2 つの運動は角速度は同じであるが，ずれが生じている．このずれを位相（角度）で表現することができ，ずれは $t = 0$ のときのそれぞれの初期位相の差 $\theta'(t) - \theta(t) = \psi$ となる．これを，**位相差**あるいは**位相のずれ**と呼ぶ．$\psi = 0$ ならば $x(t)$ と $y(t)$ のタイミングは一致するが，$\psi > 0$ ならば $x(t)$ に対して $y(t)$ は進んでおり，$\psi < 0$ ならば $y(t)$ は遅れている．

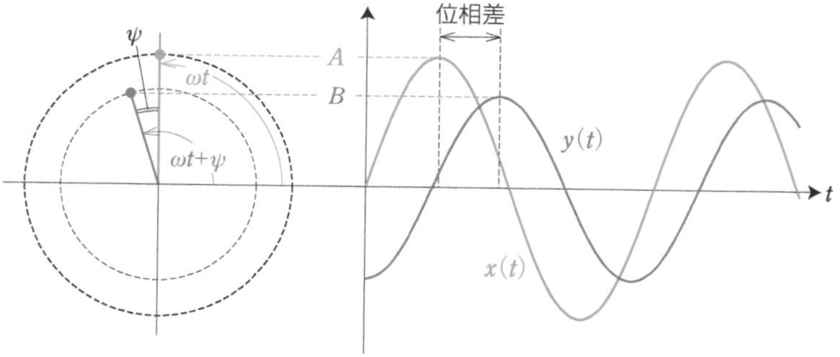

図 7.9　2 つの sin 波（$x(t)$ と $y(t)$）の位相のずれ

さらに式 (7.1) と式 (7.2) を比べると，2 つの sin 波は位相だけでなく，振幅も異なる．そこで，2 つの sin 波の違いを表現するもう 1 つのパラメータとして**振幅比** $\frac{B}{A}$ を考えることができる．この振幅比を考えることで波の大きさを比較できる．

以上より，同じ角速度（角周波数）ω を持つ 2 つの sin 波を比較する場合には，位相差と振幅比でその違いを数値的に表現できることが分かる．

7.2.1.3　周波数応答の出力と評価法

これまでの解説を踏まえ，周波数応答として対象システムに式 (7.1) の入力 $x(t)$ を与えたときの出力について考えよう．一般に線形システムに角周波数 ω の sin 波入力を与えた場合，十分に時間が経ち定常状態となった出力 $y(t)$ は，図 7.10 のように同じ角周波数 ω を持つ sin 関数となる．ただし，2 つの sin 関数の位相と振幅は異なる．この出力 $y(t)$ を先述の式 (7.2) で表記する．

周波数応答ではシステムに入力した式 (7.1) の sin 波に対し，出力される式 (7.2) の sin 波を比較し，入力に対する出力の位相差と振幅比を調べる．そのとき，入力 $x(t)$ の角周波数 ω を変化させることで，ω の変化に対する位相差と振幅比を求め，入力に対する出力の追従性の変化を評価する．

このとき，7.1.2 節で解説した反復横跳び・改のように出力 $y(t)$ は角周波数 ω によって位相差と振幅が変化する．そこで，入出力の振幅比と位相差を

図 7.10　線形システムに sin 波の入力を与えた場合の定常状態での出力

それぞれ ω の関数として $g(\omega)$ と $\Delta\theta(\omega)$ とすると，一般に以下のように表せる（入力 $x(t)$ の振幅 A は変化しないことに注意してほしい）．振幅比をゲインとも呼ぶ．

$$
\begin{aligned}
\text{振幅比：}\quad g(\omega) &= \frac{B(\omega)}{A} \\
\text{位相差：}\ \Delta\theta(\omega) &= \psi(\omega)
\end{aligned}
\tag{7.3}
$$

なお，定義より $g(\omega) \geq 0$ である．

7.2.2 ボード線図（ゲイン曲線と位相曲線）

周波数応答では角周波数 ω を変化させたときの，入出力の sin 波の振幅比と位相差の変化を調べる．この ω に対する周波数特性を図にまとめたものが**ボード線図**である [2]．ボード線図は，**ゲイン曲線**と**位相曲線**という 2 つのグラフから構成される．ゲイン曲線は先述の反復横跳び・改で紹介した図 7.6(a) に，位相曲線は図 7.6(b) に対応する（ただし，詳細の定義は異なる）．

7.2.2.1 デシベル値

まずはゲイン曲線で用いるデシベル値（dB）について説明しよう．ゲイン曲線は，振幅比の変化をグラフにしたものであるが，式 (7.3) の振幅比 $g(\omega)$ をそのまま用いるわけではなく，次式のように $g(\omega)$ の常用対数（$\log_{10}$）をとり，20 を乗じた $g_{\mathrm{dB}}(\omega)$ [dB] を振幅比の評価として用いる．

$$
g_{\mathrm{dB}}(\omega) = 20 \log_{10} g(\omega) \ [\mathrm{dB}] \tag{7.4}
$$

この単位を**デシベル** [dB] といい，振幅比をデシベル量で表した $g_{\mathrm{dB}}(\omega)$ を**デシベルゲイン**という．デシベルは本来は [Bell]（ベル）という単位であり，デシとは $\frac{1}{10}$ を意味する [3]．つまり，デシベルとはベルの $\frac{1}{10}$ の単位のことである．元の単位であるベルは振幅比 $g(\omega)$ に対し，次式で与えられる [4]．

$$
\text{振幅比のベル表記：} \log_{10}\bigl(g(\omega)^2\bigr) = 2 \log_{10} g(\omega) \quad [\mathrm{Bell}]
$$

ただし，[Bell] の単位では，実際の運用上，値が小さく表現されて少し使い

[2] その他にナイキスト線図（ベクトル軌跡）と呼ばれる方法などもあるが，本書では省略する．興味のある読者は巻末ブックガイド [7–11] などを参照．

[3] 小学校などで習ったデシリットル [dL] の「デシ（deci-）」と同じであり，デシリットルとは $\frac{1}{10}$ リットルのことである．

[4] ベルの単位は，電話の発明者ベルに由来する．受話器からの音のエネルギは電流の 2 乗に比例しており，それを log 10 でとったためである．巻末ブックガイド [9, 10] を参照．

づらいので，その $\frac{1}{10}$ を単位としたデシベル（deci-Bell）[dB] を用いる[5]．

デシベルゲインの表記は慣れていないと少し難しいので，以下の (1)〜(3) に値の例を挙げておく．

【デシベルゲインの計算例】

(1) 出力振幅 B が入力振幅 A より小さい場合（$0 \leq g(\omega) < 1$）

例えば，出力振幅が入力振幅の半分で $g(\omega) = \frac{B}{A} = 0.5$ の場合を考えてみよう．式 (7.4) より

$$g_{\mathrm{dB}} = 20\log_{10} g(\omega) = 20\log_{10} 0.5 \fallingdotseq 20\times(-0.301) = -6.02\ [\mathrm{dB}]$$

となり，振幅比 $g(\omega)$ が 1 より小さければ，$g_{\mathrm{dB}} < 0$ となる．

(2) 出力振幅 B が入力振幅 A と同じ場合（$g(\omega) = 1$）

入力と出力の振幅が同じ場合であり，少なくとも振幅比の視点からは出力の追従性が最もよい場合である．

$$g_{\mathrm{dB}} = 20\log_{10} g(\omega) = 20\log_{10} 1 = 20 \times 0 = 0\ [\mathrm{dB}]$$

となり，$g_{\mathrm{dB}} = 0$ となる．

(3) 出力振幅 B が入力振幅 A より大きい場合（$g(\omega) > 1$）

例えば，出力振幅が入力振幅の 2 倍で $g(\omega) = \frac{B}{A} = 2$ の場合を考えてみよう．

$$g_{\mathrm{dB}} = 20\log_{10} g(\omega) = 20\log_{10} 2 \fallingdotseq 20 \times 0.301 = 6.02\ [\mathrm{dB}]$$

となり，振幅比 $g(\omega)$ が 1 より大きくなれば，$g_{\mathrm{dB}} > 0$ となる．

以上より，デシベルゲイン g_{dB} の値が負の場合には出力振幅が入力振幅より小さく，値がゼロの場合には出力は入力と同じ振幅であり，値が正の場合には入力振幅より大きな出力振幅が生じていることが分かる．

7.2.2.2 ゲイン曲線

デシベルゲインが理解できたところで，それを用いたゲイン曲線について説明しよう．ゲイン曲線は，入力の角周波数 ω の変化に対する振幅比の変化

[5] 単位が $\frac{1}{10}$ になれば，値は 10 倍になる．0.5[cm] を 5[mm] と表記するのと同じである．

を図としてまとめたものである．先述したデシベルゲイン g_{dB} を縦軸に，角周波数 ω を横軸にとる（振動数 [Hz] でとる場合もある）．ただし，一般に横軸は対数目盛とする．

ゲイン曲線の一例を図 7.11(a) に示す．この場合には，角周波数 $\omega = 0$〜0.3 [rad/s] くらいまでデシベルゲイン $g_{\mathrm{dB}} \fallingdotseq 0$ となっており，入力と出力の振幅がほぼ同じであることが分かる．角周波数を大きくしていくと $\omega = 0.6$ の近辺（点 A）では $g_{\mathrm{dB}} \fallingdotseq 6$ [dB] であり，入力に対し出力の振幅が約 2 倍であることが分かる．さらに ω を大きくしていくと，g_{dB} は減少していき，出力の振幅が減少していく．例えば，$\omega = 1.5$ の近辺（点 B）では $g_{\mathrm{dB}} \fallingdotseq -6$ [dB] となっており，出力の振幅は入力の約 $\frac{1}{2}$ であることが分かる．

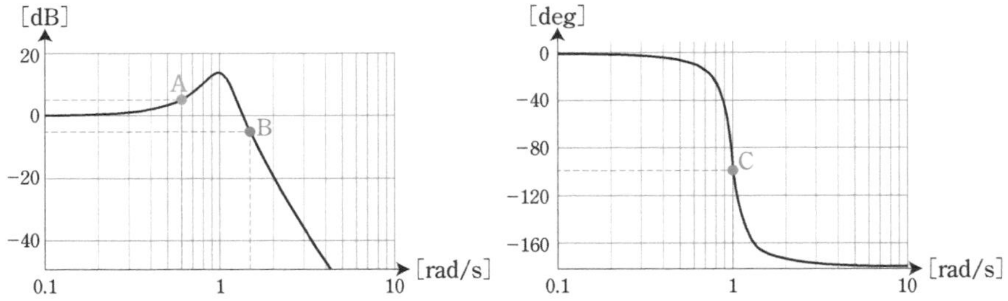

(a)　ゲイン曲線　　　(b)　位相曲線

図 7.11　ボード線図（ゲイン曲線と位相曲線）の例

7.2.2.3　位相曲線

次に，位相曲線について説明しよう．位相曲線は図 7.11(b) のように縦軸に位相差 $\Delta\theta(\omega)$ をとり，横軸に角周波数 ω をとったものである（振動数 [Hz] でとる場合もある）．ゲイン曲線と同様に，横軸は一般に対数目盛であることが多い．位相曲線では ω の変化に対し，入力に対する出力の遅れや進みを知ることができる．

一般に位相曲線において位相差の単位は，弧度法（ラジアン [rad]）ではなく，度数法（度 [deg]）で表現する．位相角が $\Delta\theta = 0$ [deg] に近ければ近いほど，運動が遅れずに（もしくは進まずに）追従しており，位相差 $\Delta\theta > 0$ ならば出力は進んでおり，位相差 $\Delta\theta < 0$ ならば出力は遅れている．

図 7.11(b) の場合では，角周波数 $\omega = 1$ の近辺（点 C）で $\Delta\theta = -90$ [deg] となっており，出力が $\frac{1}{4}$ 周期遅れている．角周波数 ω が増加するとともに $\Delta\theta$ は減少していき，$\Delta\theta = -180$ [deg] に収束していく．これは $\frac{1}{2}$ 周期分の

遅れに収束していくことを意味する．

ボード線図では，ゲイン曲線と位相曲線の2つを用いて，入力の角周波数の変化に対するシステムの出力特性，つまり，周波数応答を評価する．なお，図7.11では，横軸に入出力の角周波数ωを対数でとったが，2次遅れシステムなどが対象の場合には後述するように固有角振動数ω_0を基準とする角周波数の比（$\frac{\omega}{\omega_0}$）を対数目盛で横軸にとることもある．

7.3 周波数応答の求め方

周波数応答がどのようなものか理解できたところで，具体的に周波数応答を求める方法を説明しよう．一般的に応答を求める方法には86ページに紹介したように，(1) 解析的手法，(2) 数値的手法，(3) 実験的手法が存在する．そのうち(2)と(3)は実際にシミュレーションや実験を行い，入力と出力のsin波を計測し，計測結果をボード線図などを作成することで求めることができる．

以下では，(1)の解析的手法について解説する．対象システムの伝達関数$G(s)$が分かっている場合，その伝達関数を少し変形した周波数伝達関数を求めることで，周波数応答を解析的に求めることが可能となる．本節では，この手法について説明していこう．

7.3.1 複素平面による周期運動の表現

周波数伝達関数を理解するうえで，重要なのが複素平面の概念である．複素平面について簡単に解説しておく．複素数zが実数a, bと虚数単位jを用いて

$$z = a + bj$$

で与えられたとき，**複素平面**は図7.12(a)のように縦軸を虚数，横軸を実数にとり，平面上で複素数zを点$\mathrm{P}(a, b)$に対応させる．この縦軸を虚軸，横軸を実軸といい，複素数zのaのことを**実部**，bのことを**虚部**という．次式のように$\mathrm{Re}[z]$と$\mathrm{Im}[z]$という記号を用いて，複素数zの実部と虚部の成分を表記する[6]．

$$\mathrm{Re}[z] = a, \qquad \mathrm{Im}[z] = b$$

[6] 実数のことを英語でreal number，虚数のことをimaginary numberといい，ReとImはそれらに由来する．

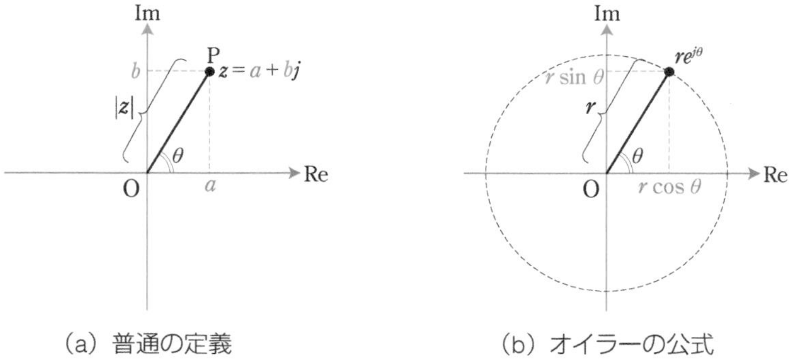

図 7.12 複素平面上の複素数

このとき絶対値 $|z|$ は原点 O と点 P の距離 $|z| = \sqrt{a^2 + b^2}$ で定義される．また，線分 OP と実軸との角度 $\theta = \tan^{-1}\frac{b}{a}$ を**偏角**という．複素数 z に対する偏角 θ を，以下のように表現する．

$$\theta = \arg z$$

複素平面上では，図 7.12(b) のように偏角 θ に対し，複素数 z は以下で与えられる．

$$z = r(\cos\theta + j\sin\theta) \tag{7.5}$$

ここで

$$r = |z| = \sqrt{a^2 + b^2} \tag{7.6}$$

である．さらに偏角 θ に対し，以下のオイラーの公式が成立する [7]．

$$e^{j\theta} = \cos\theta + j\sin\theta \tag{7.7}$$

したがって，式 (7.5) はオイラーの公式を用いて

$$z = re^{j\theta}$$

と書き直せる．さらに偏角 θ が時間 t で一定に変化する $\theta = \omega t$ の場合は

$$z = re^{j\omega t} = r(\cos\omega t + j\sin\omega t) \tag{7.8}$$

となり，複素平面上で，半径 r で角速度 ω を持つ等角速度円運動を表現できる．

[7] この公式は sin，cos と e に対し，後述の式 (9.26)〜(9.28) のテイラー展開（マクローリン展開）することで証明可能である．巻末ブックガイド [14] などを参照．

工学分野では回転や振動現象において，この複素平面とオイラーの公式を利用して解析することが多い．これは2次元平面内の回転運動を考えたときに，2次元ベクトルを用いることなく，（疑似的に）スカラ値を用いて計算が容易に行えるためである．

7.3.2 周波数伝達関数

次に，周波数伝達関数の求め方を説明していこう．周波数応答では，式 (7.1) で示される入力 $x(t)$ を対象システムに与えたときに，定常状態での出力 $y(t)$ が式 (7.2) で与えられる．

そのときの入出力の sin 波は，図 7.9 のように等角速度 ω の円運動の縦軸の値を投影させたものと解釈できる．そこで，先述した複素平面上の等角速度円運動の式 (7.8) を参考に，式 (7.1) と式 (7.2) の代わりに，入力 $x(t)$ と $y(t)$ を複素平面上の次式に置き換えて考えてみよう．

$$\begin{cases} \boxed{\text{入力}}\ x(t) = A(\cos\omega t + j\sin\omega t) = Ae^{j\omega t} \\ \boxed{\text{出力}}\ y(t) = B\big(\cos(\omega t + \psi) + j\sin(\omega t + \psi)\big) = Be^{j(\omega t+\psi)} \end{cases} \tag{7.9}$$

ここで「入出力の sin 関数を複素平面での円を示す関数 $e^{j\theta}$ に置き換える」ことについて補足しておく．そもそも，式 (7.9) の表記は，虚部の sin 成分以外にも実部の cos 成分を持つ．また，式 (7.1) と式 (7.2) の sin 成分は実数なのに対し，式 (7.9) の sin 成分は虚数となる．したがって $\sin\omega t \neq e^{j\omega t}$ である．

では，なぜ入出力を式 (7.9) のように置き換えて考えるのかというと，このように考えると，図 7.13(a) のように複素平面上で同じ角速度 ωt で回転する入力 $x(t)$ と出力 $y(t)$ に対し，2つの偏角の差と出力 $y(t)$ の半径の大きさ（つまり $|y(t)|$）を求めることで，容易に周波数応答の振幅比 $g(\omega) = \frac{B}{A}$ と位相差 $\Delta\theta = \psi$ を求めることができるからである．したがって，入出力を式 (7.9) と考えるのは，後述する周波数伝達関数の式 (7.18)～(7.20) を計算するための工夫だと思ってもらえればよい．詳細については読み進めると理解できると思うので，まずは先に進もう．

入出力を式 (7.9) で与えた場合について，式 (4.17) の1次遅れシステムを例に周波数伝達関数について解説していこう．式 (7.9) を運動方程式 (4.17) に代入すると，$\frac{dy(t)}{dt} = Bj\omega e^{j(\omega t+\psi)}$ より，以下の式を得る．

$$TBj\omega e^{j(\omega t+\psi)} + Be^{j(\omega t+\psi)} = KAe^{j\omega t}$$

$e^{j\omega t} \neq 0$ なので，上式の両辺を $e^{j\omega t}$ で割ると

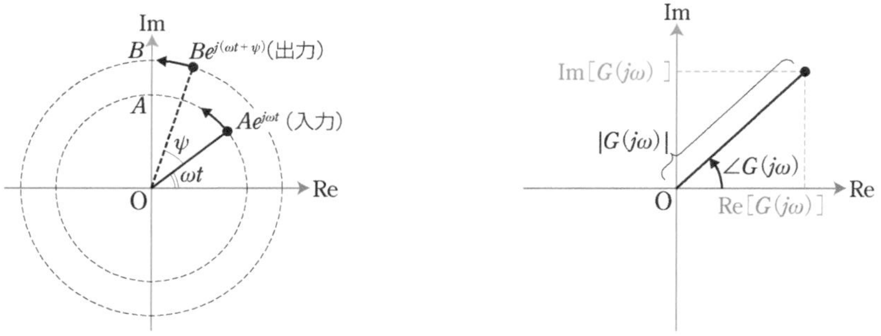

(a) 入出力の振幅比・偏角　　(b) 周波数伝達関数の絶対値・偏角

図 7.13　複素平面上の入出力の振幅比・偏角，および周波数伝達関数の絶対値・偏角

$$B(j\omega T+1)e^{j\psi}=KA$$

を得る．さらに両辺を $A(j\omega T+1)$ で割ると

$$\frac{B}{A}e^{j\psi}=\frac{K}{1+j\omega T} \tag{7.10}$$

を得る．ここで，上式は複素数であることが分かる．そこで複素数 z を用いて，式 (7.10) の右辺を $z=K\frac{1}{1+j\omega T}$ とおくと

$$z=K\frac{1-j\omega T}{1+(\omega T)^2}=K\frac{1}{\sqrt{1+(\omega T)^2}}\left[\frac{1}{\sqrt{1+(\omega T)^2}}-j\frac{\omega T}{\sqrt{1+(\omega T)^2}}\right] \tag{7.11}$$

より

$$|z|=\frac{K}{\sqrt{1+(\omega T)^2}}, \qquad \arg z=-\tan^{-1}(\omega T)$$

となる．式 (7.11) に式 (7.7) の関係を用いると，式 (7.10) は以下のように変形できる [8]．

$$\frac{B}{A}e^{j\psi}=\frac{K}{\sqrt{1+(\omega T)^2}}e^{j\psi} \tag{7.12}$$

[8] 式 (7.7) より $e^{j\psi}=\cos\psi+j\sin\psi$ が成立する．ここで $\left(\frac{1}{\sqrt{1+(\omega T)^2}}\right)^2+\left(-\frac{\omega T}{\sqrt{1+(\omega T)^2}}\right)^2=1$ に注目すれば，複素平面上で $\cos\psi=\frac{1}{\sqrt{1+(\omega T)^2}}$，$\sin\psi=-\frac{\omega T}{\sqrt{1+(\omega T)^2}}$ とおけ，ψ は偏角となる．$\tan\psi=\frac{\sin\psi}{\cos\psi}$ より，偏角 ψ は $\psi=-\tan^{-1}(\omega T)$ となる．

ここで，$\psi = \arg z = -\tan^{-1}(\omega T)$ であり，式 (7.11) の下の $|z|$ の定義より $\frac{B}{A} = |z| = \frac{K}{\sqrt{1+(\omega T)^2}}$ である．

以上より，1 次遅れシステムの周波数応答において，入出力を式 (7.9) と考えたとき，振幅比 $\frac{B}{A}$ と位相差 ψ は

$$\begin{cases} \frac{B}{A} = \frac{K}{\sqrt{1+(\omega T)^2}} \\ \psi = -\tan^{-1}(\omega T) \end{cases} \tag{7.13}$$

で表される．式 (7.13) は角周波数 ω を変数とする関数となっており，ω の値を入力することで，ω の変化に対する振幅比 $\frac{B}{A}$ と位相差 ψ が計算できる．

ここで，再度，式 (7.13) のもとになった式 (7.10) を眺めてみると，式 (7.10) の右辺は，式 (4.18) の 1 次遅れシステムの伝達関数 $G(s)$ に対し，以下のように $G(s)$ の s を $j\omega$ に置き換えたものであることが分かる．これを $G(j\omega)$ とすると

$$\boxed{\text{伝達関数：} G(s) = \frac{K}{Ts+1}} \quad \Rightarrow \quad \boxed{G(j\omega) = \frac{K}{T(j\omega)+1}} \tag{7.14}$$

となる．この $G(j\omega)$ は式 (7.12) を導出する計算より，以下の複素数となる．

$$G(j\omega) = K\left(\frac{1}{1+(\omega T)^2} - j\frac{\omega T}{1+(\omega T)^2}\right) \tag{7.15}$$

そこで，$G(j\omega)$ に対し，絶対値 $|G(j\omega)|$ を計算すると，式 (7.6) と式 (7.13) より

$$\begin{aligned} |G(j\omega)| &= K\sqrt{\left(\frac{1}{1+(\omega T)^2}\right)^2 + \left(\frac{\omega T}{1+(\omega T)^2}\right)^2} \\ &= \frac{K}{\sqrt{1+(\omega T)^2}} = \frac{B}{A} \end{aligned} \tag{7.16}$$

のように計算され，$|G(j\omega)|$ は周波数応答の振幅比 $\frac{B}{A}$ と等しいことが分かる．

また，$G(j\omega)$ の複素平面上の偏角を $\angle G(j\omega)$ とすると，この偏角はその定義と式 (7.15) より

$$\angle G(j\omega) = -\tan^{-1}(\omega T) \tag{7.17}$$

となる．式 (7.13) より $\angle G(j\omega) = \psi$ となり，式 (7.17) は入出力の位相差 ψ を示すことが分かる．

以上は1次遅れシステムを例とした周波数応答における振幅比と位相差を求める手順であったが，一般のシステムにも同様のことが成り立つ．一般論として，対象システムの伝達関数 $G(s)$ が与えられたとき，そのシステムの周波数応答を計算するために，伝達関数の s を $j\omega$ で置き換えた $G(j\omega)$ を考える．これを**周波数伝達関数**という．

このとき，周波数伝達関数は複素数で表され，その実部を $\mathrm{Re}[G(j\omega)]$，虚部を $\mathrm{Im}[G(j\omega)]$ としたとき，$G(j\omega)$ は次式で表現される（図7.13(b) を参照）.

$$G(j\omega) = \mathrm{Re}[G(j\omega)] + j\ \mathrm{Im}[G(j\omega)]$$

この周波数伝達関数 $G(j\omega)$ を用いて，振幅比（ゲイン）と位相差（位相角）は以下で表現される．

周波数伝達関数および振幅比と位相差の求め方

伝達関数 $G(s)$ ⇒ **周波数伝達関数** $G(j\omega)$ (7.18)

振幅比（ゲイン） $|G(j\omega)| = \sqrt{\mathrm{Re}[G(j\omega)]^2 + \mathrm{Im}[G(j\omega)]^2}$ (7.19)

位相差（位相角） $\angle G(j\omega) = \tan^{-1} \dfrac{\mathrm{Im}[G(j\omega)]}{\mathrm{Re}[G(j\omega)]}$ (7.20)

7.3.3 1次遅れシステムの周波数応答

以上の周波数伝達関数の概念を踏まえて，1次遅れシステムの周波数応答についてもう少し解説していこう．具体的なシステムとしては，5.3.2 節の直流モータやそれに等価なバネ・ダンパシステムを想定してもらえばよいだろう．

これまでに計算してきたように，1次遅れシステムの周波数伝達関数は式(7.14) となり，振幅比 $|G(j\omega)|$ は式 (7.16) で，位相差 $\angle G(j\omega)$ は式 (7.17) で表される．これを踏まえ，まずはデシベルゲインを求めよう．ただし，ここでは簡単のため $K = 1$ とする．

$$20\log_{10}|G(j\omega)| = 20\log_{10}\frac{1}{\sqrt{1+(\omega T)^2}} = -10\log_{10}\bigl(1+(\omega T)^2\bigr)$$

これをもとに，1次遅れシステムのボード線図を描いたのものが図 7.14 である．ただし，時定数 $T = 0.1$〜1 の4つのパターンを示している．ω が小さいとき（$\omega T \ll 1$）には，デシベルゲインが約 0 [dB] で位相角が約 0 [deg]

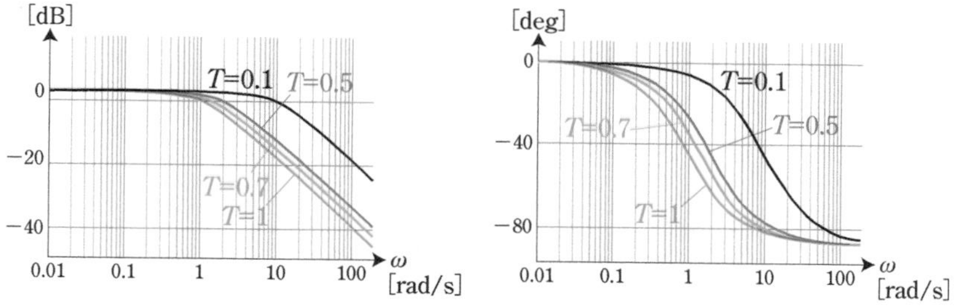

(a) ゲイン曲線　　(b) 位相曲線

図 7.14　1 次遅れシステムのボード線図

となる．また，$\omega = \frac{1}{T}$ のときには式 (7.15)〜(7.17) に代入しても分かるように，約 -3.0 [dB] で位相角は -45 [deg] となり，ω が大きくなるにつれてデシベルゲインは単純に小さくなっていき，位相角は -90 [deg] に収束していく．また，時定数 T が小さいほど，追従性が良いことが分かる．

大まかにいえば，1 次遅れシステムでは角周波数 ω が小さいときには追従性が良く，ω が大きくなるにつれて追従性が悪くなる．しかし，出力振幅が入力振幅以上に大きくなることはなく，位相角は最大でも 90 [deg] までしか遅れない．

7.3.4　2 次遅れシステムの周波数応答

次に，2 次遅れシステムの周波数応答について説明する．具体的な対象システムとしては 5.3.1 節のような PD 制御やそれに等価なマス・バネ・ダンパシステムなどを想定してほしい．この伝達関数は固有角振動数 ω_0 と減衰係数 ζ を用いて式 (4.24) で表される．したがって，伝達関数 $G(s)$ の s を $j\omega$ で置き換えた周波数伝達関数 $G(j\omega)$ は，次式となる．

$$
\begin{aligned}
G(j\omega) &= \frac{K\omega_0^2}{-\omega^2 + 2j\zeta\omega_0\omega + \omega_0^2} \\
&= \frac{K\omega_0^2\big((\omega_0^2 - \omega^2) - 2j\zeta\omega_0\omega\big)}{\big((\omega_0^2 - \omega^2) + 2j\zeta\omega_0\omega\big)\big((\omega_0^2 - \omega^2) - 2j\zeta\omega_0\omega\big)} \\
&= \frac{K\omega_0^2\big((\omega_0^2 - \omega^2) - 2j\zeta\omega_0\omega\big)}{(\omega_0^2 - \omega^2)^2 + (2\zeta\omega_0\omega)^2} \\
&= \frac{K\omega_0^2(\omega_0^2 - \omega^2)}{(\omega_0^2 - \omega^2)^2 + (2\zeta\omega_0\omega)^2} - j\frac{K\omega_0^2(2\zeta\omega_0\omega)}{(\omega_0^2 - \omega^2)^2 + (2\zeta\omega_0\omega)^2}
\end{aligned}
\tag{7.21}
$$

これを用いて，振幅比 $|G(j\omega)|$ は次式となる．

$$|G(j\omega)| = \sqrt{\left(\frac{K\omega_0^2(\omega_0^2-\omega^2)}{(\omega_0^2-\omega^2)^2+(2\zeta\omega_0\omega)^2}\right)^2 + \left(\frac{K\omega_0^2\bigl(2\zeta\omega_0\omega\bigr)}{(\omega_0^2-\omega^2)^2+(2\zeta\omega_0\omega)^2}\right)^2}$$
$$= K\omega_0^2\sqrt{\frac{(\omega_0^2-\omega^2)^2+(2\zeta\omega_0\omega)^2}{\bigl((\omega_0^2-\omega^2)^2+(2\zeta\omega_0\omega)^2\bigr)^2}}$$
$$= \frac{K\omega_0^2}{\sqrt{(\omega_0^2-\omega^2)^2+(2\zeta\omega_0\omega)^2}}$$

さらに，デシベルゲイン $20\log_{10}|G(j\omega)|$ を計算すると

$$20\log_{10}|G(j\omega)| = 20\log_{10}\frac{K\omega_0^2}{\sqrt{(\omega_0^2-\omega^2)^2+(2\zeta\omega_0\omega)^2}}$$
$$= 20\log_{10}K + 20\log_{10}\omega_0^2 - 10\log_{10}\bigl((\omega_0^2-\omega^2)^2+(2\zeta\omega_0\omega)^2\bigr) \tag{7.22}$$

となる．また，位相差 $\angle G(j\omega)$ は式 (7.21) より，次式となる．

$$\angle G(j\omega) = -\tan^{-1}\left(\frac{2\zeta\omega_0\omega}{\omega_0^2-\omega^2}\right) \tag{7.23}$$

これらを踏まえ，2 次遅れシステムのボード線図を描いたのものが図 7.15 である．ただし，簡単のため $K=1$ としている．また，2 次遅れシステムの周波数応答の特徴は，減衰係数 ζ の値によって変化するため，ζ の値を変化させた複数の応答を示している．

式 (7.22) と式 (7.23) を見ると，デシベルゲインと位相角は固有角振動数 ω_0 と周波数応答の角振動数 ω の比によって値が変化することが分かる．そ

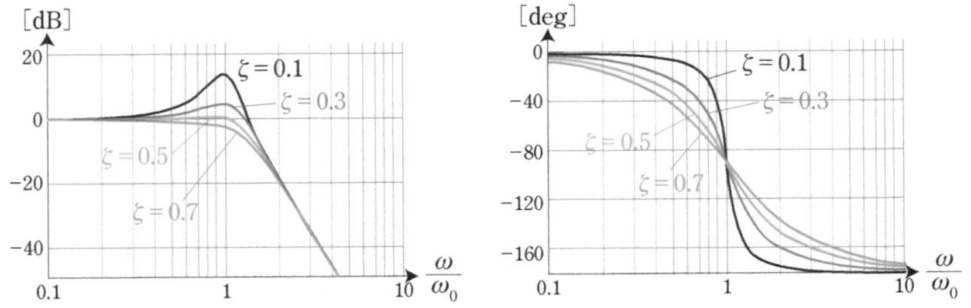

(a)　ゲイン曲線　　(b)　位相曲線

図 7.15　2 次遅れシステムのボード線図

こでボード線図の横軸を ω_0 と ω の比 $\frac{\omega}{\omega_0}$ でとると，これらの関係が整理しやすい．図 7.15 では横軸を $\frac{\omega}{\omega_0}$ の対数目盛としている（横軸を ω でとっても間違いではない）．式 (7.22) と式 (7.23)，および図 7.15 から読みとれる 2 次遅れシステムの周波数応答の特徴を大まかに説明しよう．

まずはゲイン曲線から見てみよう．ω が ω_0 に比べて十分に小さいとき（$\frac{\omega}{\omega_0} \ll 1$）にはデシベルゲインがゼロに近く，入力と出力の振幅がほぼ等しいことが分かる．さらに ω が ω_0 に比べて十分に大きくなっていくと（$\frac{\omega}{\omega_0} \gg 1$），$\omega$ の増加に伴いデシベルゲインがマイナス方向にどんどん小さくなり，振幅比が下がっていき，出力の追従性が悪くなる．

特徴的なのは，$\omega = \omega_0$ 付近（$\frac{\omega}{\omega_0} = 1$）において減衰係数 ζ の値が小さい場合，デシベルゲインの値が正方向に増え，$\omega = \omega_0$ でピークを持つことである．これは入力の振幅に比べて，出力の振幅が大きくなることを意味する．この現象は 2 次遅れシステムとして 4.3.2 節のマス・バネ・ダンパを思い浮かべると分かりやすい．

例えば，図 4.6(a) のシステムに周期的な入力を与えると，入力する角周波数 $\omega = \omega_0$ 付近では，質量がバネの伸びる方向に運動しているときに，さらにバネを伸ばす方向に入力が与えられる．また，逆に質量がバネの縮む方向に運動しているときに，さらにバネを縮ませる方向に入力が与えられてしまう．その結果，出力の振幅が増幅する．これを**共振**という．ただし，減衰係数 ζ が大きい場合にはこの現象を抑制できる．

実際の機械などの 2 次遅れシステムにおいて，$\omega = \omega_0$ で周期運動や制御を行う場合には，入力以上に出力の振動が大きくなり，機械が破壊される恐れがあるため注意が必要である．

次に，位相曲線を見てみよう．ω が ω_0 に比べて十分に小さいとき（$\frac{\omega}{\omega_0} \ll 1$）には，位相差はゼロに近く，あまり遅れが生じない．ただし，$\omega = \omega_0$ 付近で位相角がマイナス方向に小さくなり急激に遅れが増加し，$\omega = \omega_0$ で位相差は -90 [deg] となる．さらに ω が ω_0 に比べて十分に大きくなっていくと（$\frac{\omega}{\omega_0} \gg 1$），$\omega$ の増加につれ -180 [deg] に収束していく．

以上を簡単にまとめると，2 次遅れシステムでは，角周波数 ω が小さいときには追従性が良く，ω が大きくなるにつれて追従性が悪くなる．ただし，1 次遅れシステムと異なり，$\omega = \omega_0$ 付近では減衰係数 ζ の値が小さい場合に出力振幅は入力以上に大きくなる．位相差は最大で 180 [deg] まで遅れる．

なお，第 6 章のステップ応答の場合と同様に，本章で紹介した周波数応答においても，機械システムを想定して質量・バネ・ダンパに相当する定数において $m > 0$，$\mu > 0$（$K_v > 0$），$k > 0$（$K_p > 0$）を前提としている．これらの条件を満たさない場合には，出力の挙動が異なるため注意が必要である．

ホイールダック１号開発の進捗

博士は周波数応答を理解することで，モータやセンサ，他にもさまざまな可動部分について周期的な入出力に対する評価ができるようになり，より高性能なホイールダックの開発が可能となった．

まとめ

- 周波数応答とは入力に sin 波を与えたときの応答であり，線形システムでは出力も sin 波となる．
- 周波数応答では，入出力の振幅比と位相差によって評価する．
- ボード線図は，ゲイン曲線と位相曲線からなり，それぞれ周波数に対する振幅比と位相差の変化を表している．
- 伝達関数が得られる場合には，周波数伝達関数を用いることでゲイン曲線と位相曲線を得ることができる．

❶ 周波数応答について 100 字程度で簡潔に説明せよ．

❷ ボード線図におけるゲイン曲線と位相曲線について，合わせて 100 字程度で簡潔に説明せよ．

❸ ゲイン曲線で用いるデシベル値について，簡潔に説明せよ．そのとき，定義式も示せ．

❹ 周波数伝達関数の求め方と，それに伴う振幅比と位相角の求め方を簡潔に説明せよ．

❺ 1 次遅れシステムと 2 次遅れシステムの周波数伝達関数を求めよ．

❻ 1 次遅れシステムの周波数応答において，図 7.14 から読みとれることを 100 字程度で簡潔に説明せよ．

❼ 2 次遅れシステムの周波数応答において，図 7.15 から読みとれることを 100 字程度で簡潔に説明せよ．

第8章 状態空間表現

STORY

アメリカのとある大学．留学中の彼女は制御工学の授業に参加していた．彼女には 10 歳くらい年上の幼馴染みのお兄さんがいた．最近，彼は日本で会社を作って新しいロボットを作ろうとしているらしい．「昔から，こうと決めたら真っ直ぐな人なんだから～」そんな彼のことを微笑ましく思う．彼女は，年上の彼のことを「馬鹿だなぁ」と思いながら，その力になりたいと思ったりしていた．

だから彼女は「現代制御理論」の講義を履修しているのだ．講義室の座席で，彼女は顔をあげる．教授が現代制御の導入授業を行っている．その始まりは伝達関数ではない．古典制御理論とは違うスタート地点――「状態空間表現」から現代制御理論は始まる．

そのとき，スマートフォンに日本からメッセージが届いた．添付されていた動画を再生すると，前後に車輪をつけた白い変なロボットが往復運動をしていた．

――もう 1 つの物語がアメリカの地で始まる．

図 8.1　アメリカの大学で現代制御理論の講義を受ける彼女

8.1 状態方程式・出力方程式の基礎

8.1.1 古典制御から現代制御へ

これまでに第 2〜7 章では古典制御について解説してきた．本章（第 8 章）から第 14 章では**現代制御**について解説していく．同じ制御でも，古典制御と現代制御はアプローチが異なるので，頭を切り替えて読み進めてほしい．

改めて，古典制御と現代制御の違いについて説明しよう．これまでに学習してきた古典制御では，1 入力 1 出力を持つシステムに対し，ラプラス変換を用いて微分方程式で表される運動方程式を s 領域の式に変形し，入出力を関係づける伝達関数に基づき制御を解析した．

一方，現代制御では，対象システムの t 領域の運動方程式をもとにした入出力関係をベクトル・行列を用いて，以下の 2 つの式のセットで表現する．これを**状態空間表現**という．

状態空間表現

$$\begin{cases} \dot{\boldsymbol{x}}(t) = \boldsymbol{A}\boldsymbol{x}(t) + \boldsymbol{B}\boldsymbol{u}(t) & \textbf{（状態方程式）} \\ \boldsymbol{y}(t) = \boldsymbol{C}\boldsymbol{x}(t) & \textbf{（出力方程式）} \end{cases} \tag{8.1}$$

詳しくは後述するが，$\boldsymbol{u}(t)$ は入力ベクトル（$m \times 1$），$\boldsymbol{y}(t)$ は出力ベクトル（$l \times 1$），$\boldsymbol{x}(t)$ はシステム内部の状態を示す変数ベクトル（$n \times 1$）である．また，$\boldsymbol{A}$，$\boldsymbol{B}$，$\boldsymbol{C}$ はそれぞれ $n \times n$，$n \times m$，$l \times n$ の行列である [1]．

状態空間表現の 2 つの式のうち，上の式を**状態方程式**，下の式を**出力方程式**という．現代制御では，これら 2 つの方程式の持つ行列の成分を解析することで，制御の特性を知ることができる．入力と出力がベクトルで表記されているように，多入力多出力のシステムにも対応できる．本章では，現代制御の大きな特徴である状態空間表現について解説していく [2]．

なお，状態空間表現ではベクトル・行列を用いるが，本章では読者が多少のベクトル・行列の知識を持っているのを前提に解説を続ける．次の第 9 章でベクトル・行列の基礎知識を解説するが，この章を読み進めるうえで，こ

[1] 古典制御（第 2〜7 章）と現代制御（第 8〜14 章）では，各変数の意味が異なるので注意してほしい．

[2] 他書などでは，式 (8.1) の出力方程式を $\boldsymbol{y}(t) = \boldsymbol{C}\boldsymbol{x}(t) + \boldsymbol{D}\boldsymbol{u}(t)$ で表記しているものも多い．本書では簡単のため，$\boldsymbol{D} = \boldsymbol{0}$ の場合のみを取り扱う．

れらの数学知識が不足していると感じた読者は，次章の導入部を読んで理解したあとに，再度，本章に戻って読み直してほしい．

まず，現代制御で多用する時間微分におけるドット“・”を用いた省略について説明する．時間 t の従属変数 $p(t)$ に対し時間 t の 1 階導関数 $\frac{dp(t)}{dt}$ を

$$\dot{p}(t) = \frac{dp(t)}{dt}$$

のように，変数 $p(t)$ の上に点（ドット）を 1 つ加えて表記する．さらに，変数を時間 t で 2 階微分する場合には，ドットを 2 つ加えて以下で表記する．

$$\ddot{p}(t) = \frac{d^2p(t)}{dt^2}$$

注意点として，この表記は一般に時間 t で微分する場合に用いられる．高校数学では，関数 $y = f(x)$ の導関数（つまり微分）をダッシュを用いて y' と表記したが，これは一般に関数 y を変数 x で微分したものであり，次式で示される．

$$y' = \frac{dy}{dx}$$

したがって，$\dot{y}$ と y' の意味は異なる．例えば，時間 t で変化する $x(t)$ に対し，関数 $y = f\bigl(x(t)\bigr)$ が与えられていたとする．このとき，$\dot{y}(t)$ は合成関数の微分より

$$\dot{y}(t) = \frac{dy(t)}{dt} = \frac{dy}{dx}\frac{dx}{dt} = \frac{dy}{dx}\dot{x}(t) = y'\dot{x}$$

となる．一例として $y(t) = \sin x(t)$，$x(t) = \omega t$ の場合では，以下となる．

$$\dot{y}(t) = \frac{dy}{dx}\frac{dx}{dt} = \cos x(t) \cdot \omega = \omega \cos \omega t$$

8.1.2 状態空間表現の例（マス・バネ・ダンパシステム）

状態空間表現を理解するうえで，具体的な例があると分かりやすいので，まずは，図 8.2 のマス・バネ・ダンパシステムを状態空間表現にしてみよう．もちろん，同じ形式の運動方程式で表現されるものは，電気回路や PD 制御など，等価システムとして同様に考えることができる．このシステムの運動方程式は力のつり合いを考慮し，微分記号のドットを用いて，以下の微分方程式で表現できる．

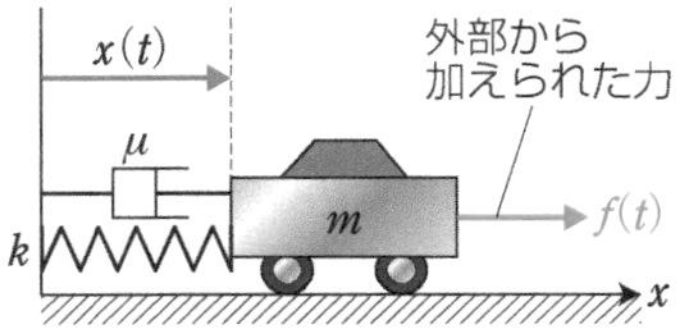

図 8.2　マス・バネ・ダンパシステム

$$m\ddot{x}(t) + \mu\dot{x}(t) + kx(t) = f(t) \tag{8.2}$$

ここで，$x(t)$ は距離，m，μ，k はそれぞれ質量，粘性抵抗係数，バネ定数を意味する．また，今回は図 8.2 のように，$f(t)$ は外部から質量に加わる力とする．

今回の例では，入力 $u(t)$ を力 $f(t)$ とし，出力 $y(t)$ を物体の移動距離 $x(t)$ に速度 $\dot{x}(t)$ を加えたものとし，以下で与えよう．

$$y(t) = x(t) + \dot{x}(t) \tag{8.3}$$

さて，式 (8.2) を $f(t) = u(t)$ としたうえで，加速度 $\ddot{x}(t)$ を求めると

$$\ddot{x}(t) = -\frac{\mu}{m}\dot{x}(t) - \frac{k}{m}x(t) + \frac{1}{m}u(t) \tag{8.4}$$

となる．さらに式 (8.4) はベクトル・行列を用いると，以下のように表記できる．

$$\ddot{x}(t) = \left(-\frac{k}{m},\ -\frac{\mu}{m}\right)\begin{bmatrix} x(t) \\ \dot{x}(t) \end{bmatrix} + \frac{1}{m}u(t) \tag{8.5}$$

上式において，右辺第 1 項の左側の $(-\frac{k}{m}, -\frac{\mu}{m})$ は 1×2 の行列（行ベクトル）[3]，その右側は $x(t)$ と $\dot{x}(t)$ を縦に並べた 2×1 の列ベクトルである．

さて，これらの式を状態変数表現にしていくのだが，ここで以下の式を考えよう．

$$\dot{x} = \dot{x}$$

これは「左辺の値＝右辺の値」という，一見すると意味のない式ではあるが，ベクトル（行列）を用いて，次式のように変形可能である．

$$\dot{x}(t) = (0,\ 1)\begin{bmatrix} x(t) \\ \dot{x}(t) \end{bmatrix} + 0 \times u(t) \tag{8.6}$$

[3] ベクトルは行列の一種（もしくは一部）とみなすことができる．

そこで，式 (8.5) と式 (8.6) を上下に並べて，1 つの式にまとめると，もともとの運動方程式である式 (8.4) は以下のように表現できる．

$$\begin{bmatrix} \dot{x}(t) \\ \ddot{x}(t) \end{bmatrix} = \begin{bmatrix} 0 & 1 \\ -\frac{k}{m} & -\frac{\mu}{m} \end{bmatrix} \begin{bmatrix} x(t) \\ \dot{x}(t) \end{bmatrix} + \begin{bmatrix} 0 \\ \frac{1}{m} \end{bmatrix} u(t) \tag{8.7}$$

式 (8.7) では，もともとの運動方程式を強引にベクトル・行列で表記するために上段に式 (8.6) の関係を用いていることがポイントとなる．このテクニックはよく用いられるので覚えておこう．

ここで，ベクトル $\boldsymbol{x}(t)$ と行列（列ベクトル）$\boldsymbol{A}$，$\boldsymbol{B}$ を以下のように定義する [4]．

$$\boldsymbol{x}(t) = \begin{bmatrix} x(t) \\ \dot{x}(t) \end{bmatrix}, \quad \boldsymbol{A} = \begin{bmatrix} 0 & 1 \\ -\frac{k}{m} & -\frac{\mu}{m} \end{bmatrix}, \quad \boldsymbol{B} = \begin{bmatrix} 0 \\ \frac{1}{m} \end{bmatrix} \tag{8.8}$$

式 (8.8) の表記を式 (8.7) に代入すれば，運動方程式は以下のように書き表すことができる．

$$\dot{\boldsymbol{x}}(t) = \boldsymbol{A}\boldsymbol{x}(t) + \boldsymbol{B}u(t) \tag{8.9}$$

なお，ベクトル $\boldsymbol{x}(t)$ に対し，その時間微分である $\dot{\boldsymbol{x}}(t)$ は

$$\dot{\boldsymbol{x}}(t) = \begin{bmatrix} \dot{x}(t) \\ \ddot{x}(t) \end{bmatrix}$$

である．したがって，ベクトル・行列で表記されている式 (8.9) の微分方程式を解くことで，解であるベクトル $\boldsymbol{x}(t)$ を得ることができる．

ただし，今回の例では出力 $y(t)$ は式 (8.3) で与えられる．式 (8.9) の解として得られたベクトル $\boldsymbol{x}(t)$ に，1×2 行列（行ベクトル）である「(1, 1)」を用いて，出力 $y(t)$ を次式のように得る．

$$y(t) = (1, \ 1) \begin{bmatrix} x(t) \\ \dot{x}(t) \end{bmatrix} \tag{8.10}$$

さらに，$\boldsymbol{C} = (1, \ 1)$ と定義すると，式 (8.10) は次式で表現される．

$$y(t) = \boldsymbol{C}\boldsymbol{x}(t) \tag{8.11}$$

[4] 後述するように，本書ではベクトル・行列を太字，スカラを細字で区別する．したがって，ベクトル $\boldsymbol{x}$ とスカラ x とは別物であり，注意が必要である．

よって，式 (8.9) と式 (8.11) より，マス・バネ・ダンパシステムの入力 $u(t)$ と出力 $y(t)$ の関係は，以下の状態空間表現で表される．

$$\dot{\boldsymbol{x}}(t) = \boldsymbol{A}\boldsymbol{x}(t) + \boldsymbol{B}u(t) \tag{8.12}$$

$$y(t) = \boldsymbol{C}\boldsymbol{x}(t) \tag{8.13}$$

ここで，状態方程式と呼ばれる式 (8.12) は，入力 $u(t)$ が与えられたときに，ベクトル $\boldsymbol{x}(t)$ によって表現されるシステムの内部状態を支配する微分方程式ととらえることができる．一方，出力方程式と呼ばれる式 (8.13) は，内部状態を示すベクトル $\boldsymbol{x}(t)$ から出力 $y(t)$ を計算する式と考えることができる．このシステムの内部状態を示すベクトル $\boldsymbol{x}(t)$ のことを**状態変数ベクトル**と呼ぶ．

システムに入力 $u(t)$ を加えたときの出力 $y(t)$ の挙動は，状態方程式と出力方程式の行列 $\boldsymbol{A}$，$\boldsymbol{B}$，$\boldsymbol{C}$ の値によって決定される．現代制御では，これらの行列を解析して，出力の挙動などを評価する．

8.1.3 一般的な状態空間表現

上記のマス・バネ・ダンパの例では 1 入力 1 出力であったが，現代制御では多入力多出力に対応できる．一般に式 (8.1) において，入力 $\boldsymbol{u}(t)$ は m 個の成分からなり，$m \times 1$ のベクトルとなる．一方，出力 $\boldsymbol{y}(t)$ は l 個の成分からなり，$l \times 1$ のベクトルとなる．これらを**入力変数ベクトル** $\boldsymbol{u}(t)$ と**出力変数ベクトル** $\boldsymbol{y}(t)$ と呼ぶ．また，状態変数ベクトル $\boldsymbol{x}(t)$ は n 個の成分からなり，これらは以下で定義される．

$$\boldsymbol{u}(t) = \begin{bmatrix} u_1(t) \\ \vdots \\ u_m(t) \end{bmatrix}, \quad \boldsymbol{y}(t) = \begin{bmatrix} y_1(t) \\ \vdots \\ y_l(t) \end{bmatrix}, \quad \boldsymbol{x}(t) = \begin{bmatrix} x_1(t) \\ \vdots \\ x_n(t) \end{bmatrix}$$

なお，これらは単に入力ベクトル，出力ベクトル，状態ベクトルと呼ぶこともある．これらの定義に伴い，各行列は $\boldsymbol{A}$ $(n \times n)$，$\boldsymbol{B}$ $(n \times m)$，$\boldsymbol{C}$ $(l \times n)$ となる．なお，本書では簡単のため，行列 $\boldsymbol{A}$，$\boldsymbol{B}$，$\boldsymbol{C}$ の値は時間によらず一定であるとする．このような行列が時間変化しない線形システムを**線形時不変システム**と呼ぶ．

初学者は現代制御において，運動方程式を式 (8.1) のように 2 つに分割することや，状態変数ベクトル $\boldsymbol{x}(t)$ の存在に戸惑うかもしれない．これらは本書を読み進めていけば，少しずつ理解が深まっていくと思うが，確かに慣れないと少し難しいのも事実である．

そこで，以下のコラムでは厳密性を無視して状態空間表現における状態方程式と出力方程式のイメージを伝えておこう．

コラム 状態空間表現のイメージ

ここでは，図 8.3 のように，缶ジュースの自動販売機をイメージしよう．このシステムではお金（コイン）を入れれば，缶ジュースが出てくる．つまり，入力がお金で，出力が缶ジュースとなる．

この自動販売機の内部には電気・電子回路が組み込まれており，この内部回路によって，入力と出力の関係を受け渡ししている．この回路は外部から見えないが，システムの内部で入力と出力を関連づけている．ここでは，単純化のために回路の状態は，回路にかかる電圧のみで表現できると考えよう．この内部状態を示す回路の電圧が状態変数ベクトルに相当する．「お金（入力）→電圧」の関係を示すものが状態方程式であり，「電圧→缶ジュース（出力）」の関係を示すのが出力方程式と考えることができるのである．

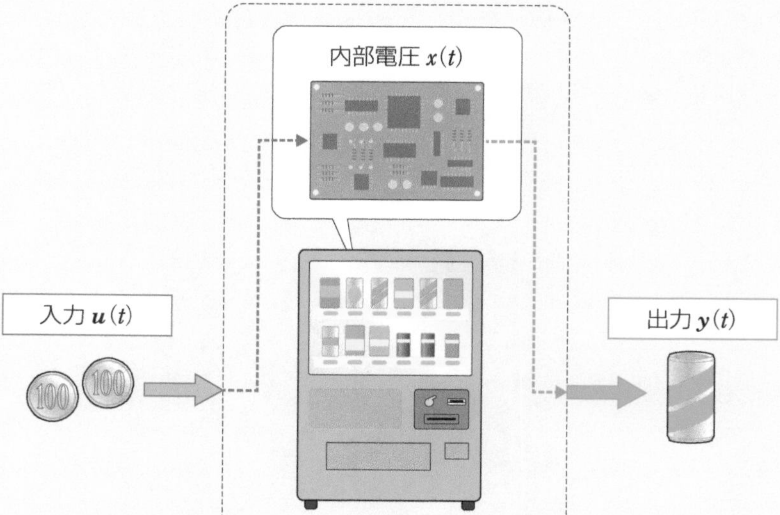

図 8.3 状態変数表現を少し強引に自動販売機でたとえた

8.1.4 状態空間表現の例題（直流モータ）

状態空間表現の理解を深めるために，以下の例題 1 にチャレンジしてみよう．

> **【例題 1】** 5.3.2 節で解説した直流モータに対し，運動方程式から状態方程式と出力方程式を導出せよ．ただし，本例題では入力 $u(t)$ を直流モータに与える電圧 $v(t)$，出力 $y(t)$ を回転軸の角度 $\theta(t)$ とする．

例題 1 と 5.3.2 節では，入出力が異なることに注意が必要である．図 5.15 を見ながら，設定を思い出そう．各物理量の記号は同じものを用いる．式 (5.4)〜(5.7) の 4 つの式をまとめると，直流モータに与える電圧 $v(t)$ と回転軸の角速度 $\omega(t)$ の関係は次式で与えられる．

$$v(t) = \frac{JR}{k_m}\frac{d\omega(t)}{dt} + k_\omega \omega(t)$$

ここで，入力が電圧 $v(t)$，出力は軸の角度 $\theta(t)$ であり，$\omega(t) = \dot{\theta}(t)$ であることを意識し，上式を書き直せば，以下のように変形できる．

$$\ddot{\theta}(t) = -\frac{k_m k_\omega}{JR}\dot{\theta}(t) + \frac{k_m}{JR}v(t) \tag{8.14}$$

ここで，状態変数ベクトル $\boldsymbol{x}(t)$ を

$$\boldsymbol{x}(t) = \begin{bmatrix} \theta(t) \\ \dot{\theta}(t) \end{bmatrix}$$

とおく．入力 $u(t)$ は電圧 $v(t)$ であるから，$u(t) = v(t)$ として，さらに式 (8.4)〜(8.7) の手順を参考に，式 (8.14) を以下の状態方程式に変形する．

$$\begin{bmatrix} \dot{\theta}(t) \\ \ddot{\theta}(t) \end{bmatrix} = \begin{bmatrix} 0 & 1 \\ 0 & -\frac{k_m k_\omega}{JR} \end{bmatrix}\begin{bmatrix} \theta(t) \\ \dot{\theta}(t) \end{bmatrix} + \begin{bmatrix} 0 \\ \frac{k_m}{JR} \end{bmatrix}u(t) \tag{8.15}$$

ここで，以下のように行列をおけば

$$\boldsymbol{A} = \begin{bmatrix} 0 & 1 \\ 0 & -\frac{k_m k_\omega}{JR} \end{bmatrix}, \quad \boldsymbol{B} = \begin{bmatrix} 0 \\ \frac{k_m}{JR} \end{bmatrix}$$

式 (8.15) は $\dot{\boldsymbol{x}}(t) = \boldsymbol{A}\boldsymbol{x}(t) + \boldsymbol{B}u(t)$ となる．

また，出力 $y(t)$ は回転軸の角度 $\theta(t)$ であるから，状態変数ベクトル $\boldsymbol{x}(t)$ から出力 $y(t)$ へと計算する出力方程式は，1×2 の行ベクトル $(1,\ 0)$ を用いれば

$$y(t) = (1,\quad 0)\begin{bmatrix}\theta(t)\\ \dot{\theta}(t)\end{bmatrix} \tag{8.16}$$

となる．$\boldsymbol{C} = (1,0)$ とおけば，式 (8.16) は $y(t) = \boldsymbol{C}\boldsymbol{x}(t)$ と表記できる．以上より，直流モータを状態空間表現にし，式 (8.1) の状態方程式と出力方程式の 2 つの式を得ることができる．

8.2 ラグランジュの運動方程式

現代制御の状態空間表現において重要なのが，そのもとになる運動方程式の導出方法である．一般にシステムが複雑になると，運動方程式の導出が複雑になるが，運動方程式の導出には大別すると，力・トルクのつり合いに着目する方法とエネルギに着目する方法が存在する．例えば，これまで本書で紹介してきた運動方程式の導出では，前者の方法から求めている．

これら 2 つの方法には，それぞれ長所と短所がある．前者を用いて導出が容易な場合には，それを用いればよいし，そうでない場合には後者を用いればよい．本節では，後者の方法である**ラグランジュの運動方程式**について解説する．この方法では，回転と並進の運動が組み合わさったシステムや機械と電気が組み合わさったシステムなど，前者では取り扱いが難しいシステムでも同一の手順で運動方程式が導出できる．

ただし，本節ではラグランジュの運動方程式の使い方に焦点を当て，その原理などは他書にゆだねる[5]．

8.2.1 自由度

まず，物体運動の**自由度**について説明する．自由度は専門分野によって厳密な定義は異なるが，物体運動における自由度とは，運動を記述する変数において，独立して変化できる変数の数をいう．

まずは並進運動を例に説明しよう．図 8.4(a) のように，x_1x_2 平面上を並進運動する点があったとする．この場合には点の運動が (x_1, x_2) で表記でき

[5] ラグランジュの運動方程式の原理などを知りたい読者は解析力学と呼ばれる分野を学ぶことをお勧めする．巻末ブックガイド [16] などを参照．

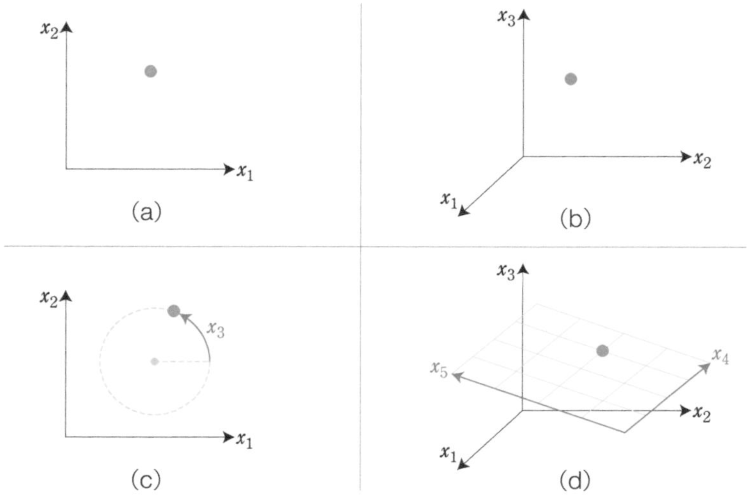

図 8.4　並進運動の自由度の例（(a) 2 自由度，(b) 3 自由度，(c) 1 自由度，(d) 2 自由度）

る．この場合には 2 自由度となる．同様に図 8.4(b) のように $x_1x_2x_3$ の空間上に点が存在する場合には，並進運動が (x_1, x_2, x_3) で表現でき，3 自由度となる．

一方，x_1x_2 平面内に存在する点の場合でも，図 8.4(c) のように運動が円周上に拘束されている場合には，(x_1, x_2) を独立に運動することができない．この場合には，例えば，円周上の距離 x_3 を新たに考えれば，独立した運動は x_3 のみとなり 1 自由度となる．同様に，図 8.4(d) のように，$x_1x_2x_3$ の空間上において，運動が x_4x_5 平面上に拘束されている場合には，(x_1, x_2, x_3) を独立に運動するのは不可能であり，結果的に 2 自由度 (x_4, x_5) の運動で表現できる．

次に，回転運動について考えよう．図 8.5(a) のように，床に固定されたロボットアームが 3 つの回転関節を持つ場合には，3 つの関節角を x_1〜x_3 とすれば，この関節運動は (x_1, x_2, x_3) で表現できるので 3 自由度である．また，図 8.5(b) のようなボールジョイントの場合にも，縦・横の回転に加え，ひねり回転が存在するので，3 自由度となる．

さらに，並進運動に回転運動が加わった場合も存在する．図 8.5(c) では，平面上に長方形の板が拘束された状態である．この場合には，板の重心が並進運動の (x_1, x_2) の 2 自由度で表され，同時に回転運動 x_3 が存在するので，合計 3 自由度の運動といえる．図 8.5(d) は回転運動 x_1 と並進運動 x_2 の 2

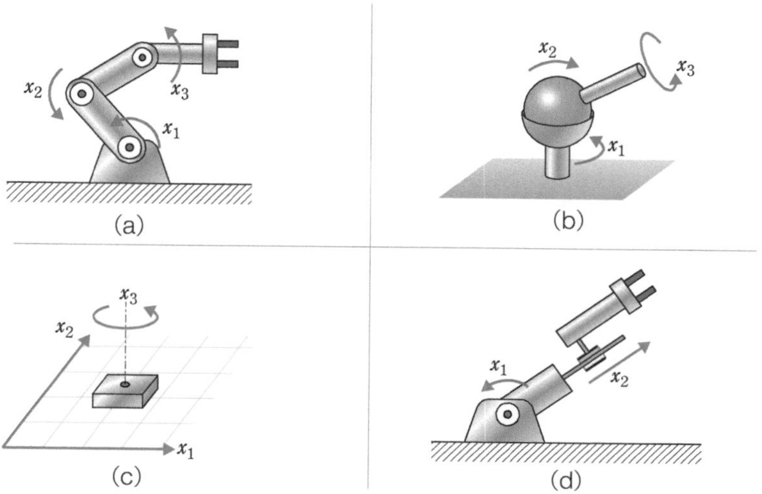

図 8.5 回転運動の自由度の例（(a) 3 自由度, (b) 3 自由度）と並進・回転運動の自由度の例（(c) 3 自由度, (d) 2 自由度）

つの関節を持つロボットアームの例である．この場合の関節運動 (x_1, x_2) は 2 自由度である．

8.2.2 一般化座標・一般化速度・一般化力

自由度の概念を踏まえ，ラグランジュの運動方程式を理解するうえで重要な概念である一般化座標・一般化速度・一般化力について説明しよう．今，対象システムの運動の自由度を n とし，それに対応した変位を $q_1, q_2, \ldots, q_n$ とする．各変位が回転か並進かは問わない．この変位 $q_1, \ldots, q_n$ の座標系を**一般化座標**と呼ぶ．また，一般化座標を時間 t で微分した $\dot{q}_1, \ldots, \dot{q}_n$ を**一般化速度**と呼ぶ．

さらに，i 番目の一般化座標 q_i に対応した力（もしくはトルク）に相当する変数を Q_i とし，これを**一般化力**と呼ぶ．一般化座標が並進の場合には，それに対応した一般化力は力となり，回転の場合にはトルクとなる．

例えば，図 8.4(a) の場合には，一般化座標（q_1，q_2）は距離（x_1，x_2）となり，一般化力（Q_1，Q_2）はそれに対応した並進力となる．また図 8.5(a) の場合には，一般化座標は（q_1，q_2，q_3）は角度（x_1，x_2，x_3）となり，一般化力（Q_1，Q_2，Q_3）はそれぞれに対応したトルクになる．また，並進と回転が同時に起こる図 8.5(d) の場合には，一般化座標 x_1 が角度，x_2 が距離となり，一般化力は Q_1 がトルク，Q_2 は並進力となる．

8.2.3 ラグランジュの運動方程式の導出

8.2.3.1 摩擦を無視できるシステム

以上を踏まえ，ラグランジュの運動方程式の核心に入ろう．この方法では，システムの持つ運動エネルギとポテンシャルエネルギを微分するなどして，運動方程式を得ることができる．力・トルクのつり合いなどを考慮しないことが特徴である．

まずは，摩擦を無視できるシステムを対象にしよう．この場合，対象システムの運動方程式は以下の方法で求めることができる．

【ラグランジュの運動方程式】（摩擦を無視できるシステム）

摩擦を無視できるシステムに対し，対象システムの運動エネルギの総和を K とし，ポテンシャルエネルギの総和を P とする．このとき，**ラグランジュ関数（ラグラジアン）**と呼ばれる関数 L を以下で定義する．

$$L = K - P \tag{8.17}$$

ここで，ラグランジュ関数 L を用いて，i 番目の一般化座標 q_i に対する一般化力 Q_i は次式で与えられる．

$$Q_i = \frac{d}{dt}\left(\frac{\partial L}{\partial \dot{q}_i}\right) - \frac{\partial L}{\partial q_i} \quad (i = 1, \ldots, n) \tag{8.18}$$

式 (8.18) が，i 番目の一般化力に対する運動方程式であり，運動の自由度が n の場合には一般化力が n 個となり，上式の計算を n 回行うことで，システム全体の運動方程式を得ることができる．

なお，式 (8.18) の $\frac{\partial L}{\partial \dot{q}_i}$ や $\frac{\partial L}{\partial q_i}$ は偏微分を意味する [6]．表 1.2 に示したように，力学において並進系と回転系には高い類似性が存在する．運動エネルギやポテンシャルエネルギ，運動量などを考えたとき，この両者は同じ形式で表現できる．したがって，一般化座標・一般化速度・一般化力の概念を用いることで，並進運動と回転運動における運動の種類を分類せずに，同じ手順で運動方程式の導出が可能となる．

---

[6] 偏微分は，大学の理工系学部の初等数学で学習する内容である．詳細については省略するが，例えば L を $\dot{q}_i$ で偏微分する場合には $\dot{q}_i$ 以外の変数を定数とみなし，$\dot{q}_i$ のみで微分を行う．

8.2.3.2 粘性摩擦があるシステム

次に，ダンパに代表される粘性摩擦があるシステムにラグランジュの運動方程式を適用する場合について説明しよう．粘性摩擦は運動中に速度に依存したブレーキを発生させ，全体のエネルギを散逸(さんいつ)させる効果がある．このような場合には，以下の方法で運動方程式を得ることができる．

【ラグランジュの運動方程式】（粘性摩擦があるシステム）

対象システムの i 番目の一般化座標における粘性抵抗係数を μ_i とし，粘性摩擦力（またはトルク）を $f_{\mu_i} = \mu_i \dot{q}_i$ の場合を考える．このとき，粘性摩擦に関して散逸関数 M を考える．

$$M = \sum_{i=1}^{n} \left(\frac{1}{2}\mu_i \dot{q}_i^2\right) \tag{8.19}$$

式 (8.19) と式 (8.17) のラグランジュ関数 L を用いることで，i 番目の一般化力に対する運動方程式は次式で示される．

$$Q_i = \frac{d}{dt}\left(\frac{\partial L}{\partial \dot{q}_i}\right) - \frac{\partial L}{\partial q_i} + \frac{\partial M}{\partial \dot{q}_i} \quad (i = 1, \ldots, n) \tag{8.20}$$

摩擦を無視できるシステムと同様に，上式の計算を n 回行うことで，システム全体の運動方程式を得ることができる．

以上のようにラグランジュの運動方程式の導出では，式 (8.18) や式 (8.20) を解くことで，対象システムの運動方程式を得ることができる．ただし，導出される運動方程式は，必ずしも線形微分方程式ではない．非線形の運動方程式では式 (8.1) の状態空間表現が不可能であるので，その場合には適切な線形近似を行い，式 (8.1) の形式に変形する．

8.3 ラグランジュ運動方程式導出の例題

ラグランジュの運動方程式を理解するために，以下の機械システムの例題 2 に対して運動方程式を計算し，さらに状態空間表現に変換してみよう．

8.3.1 2自由度マス・バネ・ダンパシステム

【例題2】　図8.6のシステムを考える．これは質量 m の物体が x_1 軸方向と x_2 軸方向に独立に運動する並進2自由度のマス・バネ・ダンパシステムである．物体の変位を $x_1(t)$ と $x_2(t)$ とし，それぞれの方向に与えられる力を $f_1(t)$，$f_2(t)$ とする．各方向には独立したバネとダンパが接続されており，これらのバネ定数と粘性抵抗係数を k_1，k_2，μ_1，μ_2 とする．ただし，バネの伸びは $x_1 = x_2 = 0$ からの距離とし，重力の影響はないものとする．

このシステムについて，ラグランジュの運動方程式を求め，それを状態空間表現にせよ．ただし，入力は物体に与える力（$f_1(t)$，$f_2(t)$）とし，出力は物体の変位（$x_1(t)$，$x_2(t)$）とする．

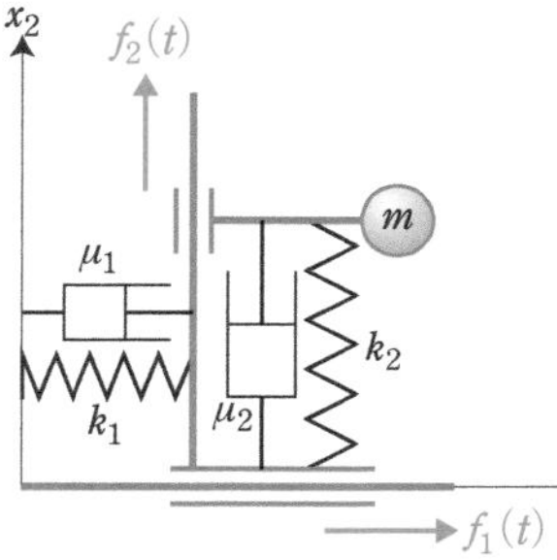

図8.6　並進2自由度のマス・バネ・ダンパシステム

この程度の単純なシステムならば，わざわざラグランジュの運動方程式を用いずとも，単なる力のつり合いで運動方程式を導出することは容易であるが，あくまでも例題としてトライしてみよう．

最初に一般化座標を $q_1 = x_1(t)$，$q_2 = x_2(t)$ とし，一般化力を $Q_1 = f_1(t)$，$Q_2 = f_2(t)$ と考える．システム全体の運動エネルギ K は

$$K = \frac{1}{2}m\bigl(\dot{x}_1(t)^2 + \dot{x}_2(t)^2\bigr)$$

である．重力の影響がないために，ポテンシャルエネルギ P はバネのエネルギのみを考慮し，

$$P = \frac{1}{2}\bigl(k_1x_1(t)^2 + k_2x_2(t)^2\bigr)$$

となる．したがって，ラグランジュ関数 L は次式となる．

$$L = K - P = \frac{1}{2}m\bigl(\dot{x}_1(t)^2 + \dot{x}_2(t)^2\bigr) - \frac{1}{2}\bigl(k_1 x_1(t)^2 + k_2 x_2(t)^2\bigr)$$

今回は各軸方向に独立したダンパを持つため，粘性摩擦を考慮した式 (8.20) を用いて運動方程式を導出する．ここで，散逸関数 M は次式となる．

$$M = \frac{1}{2}(\mu_1 \dot{x}_1(t)^2 + \mu_2 \dot{x}_2(t)^2)$$

i 番目（$i = 1,\ 2$）の一般化座標である $q_i = x_i(t)$ に関して，以下を計算したうえで

$$\begin{aligned}
\frac{\partial L}{\partial \dot{q}_i} &= \frac{\partial L}{\partial \dot{x}_i} = m\dot{x}_i(t), & \frac{d}{dt}\frac{\partial L}{\partial \dot{q}_i} &= m\ddot{x}_i(t) \\
\frac{\partial L}{\partial q_i} &= \frac{\partial L}{\partial x_i} = -k_i x_i(t), & \frac{\partial M}{\partial \dot{q}_i} &= \frac{\partial M}{\partial \dot{x}_i} = \mu_i \dot{x}_i(t)
\end{aligned}$$

これらを式 (8.20) に代入し，i 番目の一般力が $Q_i = f_i(t)$ であることから，i 番目の運動方程式として次式を得る．

$$f_i(t) = m\ddot{x}_i(t) + \mu_i \dot{x}_i(t) + k_i x_i(t)$$

さらに，上式を変形すると

$$\ddot{x}_i(t) = -\frac{\mu_i}{m}\dot{x}_i(t) - \frac{k_i}{m}x_i(t) + \frac{1}{m}f_i(t)$$

となり，$i = 1,\ 2$ について全体をベクトル・行列で表記すると

$$\begin{bmatrix} \dot{x}_1(t) \\ \dot{x}_2(t) \\ \ddot{x}_1(t) \\ \ddot{x}_2(t) \end{bmatrix} = \begin{bmatrix} 0 & 0 & 1 & 0 \\ 0 & 0 & 0 & 1 \\ -\frac{k_1}{m} & 0 & -\frac{\mu_1}{m} & 0 \\ 0 & -\frac{k_2}{m} & 0 & -\frac{\mu_2}{m} \end{bmatrix} \begin{bmatrix} x_1(t) \\ x_2(t) \\ \dot{x}_1(t) \\ \dot{x}_2(t) \end{bmatrix} + \begin{bmatrix} 0 & 0 \\ 0 & 0 \\ \frac{1}{m} & 0 \\ 0 & \frac{1}{m} \end{bmatrix} \begin{bmatrix} f_1(t) \\ f_2(t) \end{bmatrix} \tag{8.21}$$

となる．式 (8.21) に対し，状態変数ベクトル $\boldsymbol{x}(t)$，入力ベクトル $\boldsymbol{u}(t)$，出力ベクトル $\boldsymbol{y}(t)$，行列 $\boldsymbol{A}$，$\boldsymbol{B}$，$\boldsymbol{C}$ を以下で与えることで，状態空間表現が得

られる．

$$\boldsymbol{x}(t) = \begin{bmatrix} x_1(t) \\ x_2(t) \\ \dot{x}_1(t) \\ \dot{x}_2(t) \end{bmatrix}, \quad \boldsymbol{u}(t) = \begin{bmatrix} f_1(t) \\ f_2(t) \end{bmatrix}, \quad \boldsymbol{y}(t) = \begin{bmatrix} x_1(t) \\ x_2(t) \end{bmatrix}$$

$$\boldsymbol{A} = \begin{bmatrix} 0 & 0 & 1 & 0 \\ 0 & 0 & 0 & 1 \\ -\frac{k_1}{m} & 0 & -\frac{\mu_1}{m} & 0 \\ 0 & -\frac{k_2}{m} & 0 & -\frac{\mu_2}{m} \end{bmatrix}, \boldsymbol{B} = \begin{bmatrix} 0 & 0 \\ 0 & 0 \\ \frac{1}{m} & 0 \\ 0 & \frac{1}{m} \end{bmatrix}, \boldsymbol{C} = \begin{bmatrix} 1 & 0 & 0 & 0 \\ 0 & 1 & 0 & 0 \end{bmatrix}$$

8.3.2 並進・回転関節を持つロボットアーム

【例題 3】 図 8.7 のように，重力の影響を受け，天井から吊るされた 2 つの関節を持つロボットアームを考える．上部の回転関節を関節 1，下部の並進運動する関節を関節 2 とする．ロボットアームは 2 つのリンク（人腕でいえば骨格部）から構成され，リンク 1 にはカウンターウェイト[7] が存在し，リンク 1 の重心と関節 1 の回転中心は同じとする．また，リンク 2 の先端にはロボットハンドが設置されている．リンク 2 は極めて軽量であり，先端部に質量 m のハンドが集中的に存在しているとみなす．

各関節にはダンパが存在する．リンク 1 の重心まわりの慣性モーメントを J とする．関節 1 の回転角を $\theta(t)$，そのトルクを $\tau(t)$ とし，関節 2 の移動距離を $l(t)$ とし，その並進力を $f_l(t)$ とする．また，ロボットハンドの位置を $(x(t),\ y(t))$ とする．その他の各パラメータは図 8.7 に示すとおりである．

このシステムのラグランジュの運動方程式を求め，それを状態空間表現にせよ．入力は関節に与えるトルク・力（$\tau(t), f_l(t)$）とし，出力は関節変位（$\theta(t), l(t)$）とする．ただし，本例題では $|\theta(t)|$ は十分小さいとし，$\theta(t) = l(t) = \dot{\theta}(t) = \dot{l}(t) = 0$ の近傍で線形近似を行ってよい．

ロボットの関節の変位を一般化座標，関節の力・トルクを一般化力として，まずは各エネルギの計算に必要な図形的関係を求めよう．一般化座標 $(\theta(t),\ l(t))$

[7] カウンターウェイトとは，重力の影響を相殺するためのおもりのこと．

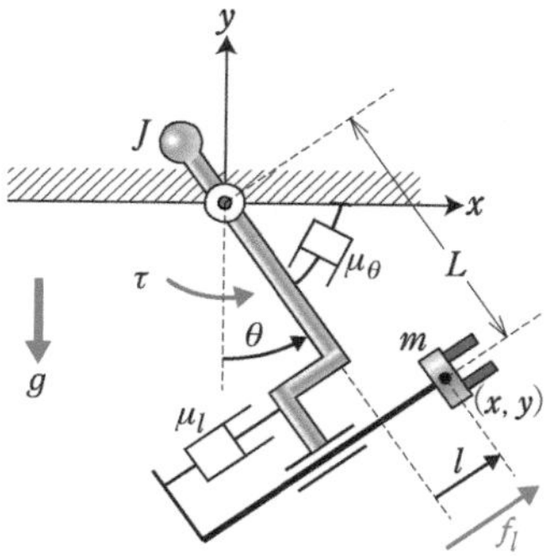

図 8.7　2 自由度の並進・回転ロボットアーム

とハンド位置 $(x(t),\ y(t))$ との間には，以下の図形的な関係が成立している．

$$\begin{cases} x(t) = \quad L\sin\theta(t) + l(t)\cos\theta(t) \\ y(t) = -L\cos\theta(t) + l(t)\sin\theta(t) \end{cases}$$

さらに，上式を時間 t で微分して次式を得る．

$$\begin{cases} \dot{x}(t) = L\dot{\theta}(t)\cos\theta(t) + \dot{l}(t)\cos\theta(t) - l(t)\dot{\theta}(t)\sin\theta(t) \\ \dot{y}(t) = L\dot{\theta}(t)\sin\theta(t) + \dot{l}(t)\sin\theta(t) + l(t)\dot{\theta}(t)\cos\theta(t) \end{cases} \tag{8.22}$$

仮定より，運動エネルギはリンク 1 の回転運動とリンク 2 先端のハンド部の並進運動のみを考慮すればよいから，システム全体の運動エネルギ K は式 (8.22) より次式のように計算できる．

$$\begin{aligned} K &= \frac{1}{2}J\dot{\theta}(t)^2 + \frac{1}{2}m(\dot{x}(t)^2 + \dot{y}(t)^2) \\ &= \frac{1}{2}J\dot{\theta}(t)^2 + \frac{1}{2}m\left[(L^2 + l(t)^2)\dot{\theta}(t)^2 + \dot{l}(t)^2\right] + mL\dot{l}(t)\dot{\theta}(t) \end{aligned}$$

リンク 1 は回転中心に重心があり，重力の影響を受けない．また，各関節にはバネ要素は存在しない．したがって，システム全体のポテンシャルエネルギ P は，$y = 0$ を基準に以下で与えられる．

$$P = mgy = mg(-L\cos\theta(t) + l(t)\sin\theta(t))$$

各関節にダンパが存在しているため，式 (8.20) を用いる．散逸関数 M は以下となる．

$$M = \frac{1}{2}\mu_\theta \dot{\theta}(t)^2 + \frac{1}{2}\mu_l \dot{l}(t)^2$$

一般化座標を $q_1 = \theta(t)$, $q_2 = l(t)$ とし，一般化力を $Q_1 = \tau(t)$, $Q_2 = f_l(t)$ と考える．$L = K - P$ として式 (8.20) に代入すると，

$$\begin{aligned} \tau(t) &= \frac{d}{dt}\frac{\partial L}{\partial \dot{\theta}} - \frac{\partial L}{\partial \theta} + \frac{\partial M}{\partial \dot{\theta}} \\ f_l(t) &= \frac{d}{dt}\frac{\partial L}{\partial \dot{l}} - \frac{\partial L}{\partial l} + \frac{\partial M}{\partial \dot{l}} \end{aligned}$$

を得る．上式を計算すれば運動方程式として，以下を得る．

$$\begin{cases} \tau(t) = J\ddot{\theta}(t) + m\bigl(L^2 + l(t)^2\bigr)\ddot{\theta}(t) + 2ml(t)\dot{l}(t)\dot{\theta}(t) + mL\ddot{l}(t) \\ \qquad\qquad + mg\bigl(L\sin\theta(t) + l(t)\cos\theta(t)\bigr) + \mu_\theta\dot{\theta}(t) \\ f_l(t) = m\ddot{l}(t) + mL\ddot{\theta}(t) - ml(t)\dot{\theta}(t)^2 + mg\sin\theta(t) + \mu_l\dot{l}(t) \end{cases} \tag{8.23}$$

式 (8.23) は非線形な微分方程式なので，そのままでは状態空間表現ができない．そこで，仮定より $\theta(t) = l(t) = \dot{\theta}(t) = \dot{l}(t) = 0$ の近傍で線形近似する．ここでは，以下の式を用いる．

$$\sin\theta(t) \fallingdotseq \theta(t), \quad \cos\theta(t) \fallingdotseq 1, \quad l(t)^2 \fallingdotseq 0, \quad \dot{l}(t)\dot{\theta}(t) \fallingdotseq 0, \quad \dot{\theta}(t)^2 \fallingdotseq 0$$

これらを用いて式 (8.23) を書き直すと，線形化した運動方程式として以下を得る．

$$\begin{cases} \tau(t) = (J + mL^2)\ddot{\theta}(t) + mL\ddot{l}(t) + mgL\theta(t) + mgl(t) + \mu_\theta\dot{\theta}(t) \\ f_l(t) = m\ddot{l}(t) + mL\ddot{\theta}(t) + mg\theta(t) + \mu_l\dot{l}(t) \end{cases}$$

上の 2 つの式をベクトル・行列で表記すると

$$\begin{aligned} \begin{bmatrix} J + mL^2 & mL \\ mL & m \end{bmatrix} \begin{bmatrix} \ddot{\theta}(t) \\ \ddot{l}(t) \end{bmatrix} &= - \begin{bmatrix} \mu_\theta & 0 \\ 0 & \mu_l \end{bmatrix} \begin{bmatrix} \dot{\theta}(t) \\ \dot{l}(t) \end{bmatrix} \\ &\quad - \begin{bmatrix} mgL & mg \\ mg & 0 \end{bmatrix} \begin{bmatrix} \theta(t) \\ l(t) \end{bmatrix} + \begin{bmatrix} \tau(t) \\ f_l(t) \end{bmatrix} \end{aligned}$$

を得る．さらに，逆行列を用いて整理すると次式を得る．

$$\begin{bmatrix} \ddot{\theta}(t) \\ \ddot{l}(t) \end{bmatrix} = \frac{1}{Jm} \begin{bmatrix} m & -mL \\ -mL & J+mL^2 \end{bmatrix} \left(-\begin{bmatrix} \mu_\theta & 0 \\ 0 & \mu_l \end{bmatrix} \begin{bmatrix} \dot{\theta}(t) \\ \dot{l}(t) \end{bmatrix} \right.$$
$$\left. - \begin{bmatrix} mgL & mg \\ mg & 0 \end{bmatrix} \begin{bmatrix} \theta(t) \\ l(t) \end{bmatrix} + \begin{bmatrix} \tau(t) \\ f_l(t) \end{bmatrix} \right)$$

以上より，状態変数ベクトル $\boldsymbol{x}(t)$，入力ベクトル $\boldsymbol{u}(t)$，出力ベクトル $\boldsymbol{y}(t)$，行列 $\boldsymbol{A}$，$\boldsymbol{B}$，$\boldsymbol{C}$ を以下のように定義することで，状態空間表現が得られる．

$$\boldsymbol{x}(t) = \begin{bmatrix} \theta(t) \\ l(t) \\ \dot{\theta}(t) \\ \dot{l}(t) \end{bmatrix}, \quad \boldsymbol{u}(t) = \begin{bmatrix} \tau(t) \\ f_l(t) \end{bmatrix}, \quad \boldsymbol{y}(t) = \begin{bmatrix} \theta(t) \\ l(t) \end{bmatrix}$$

$$\boldsymbol{A} = \frac{1}{Jm} \begin{bmatrix} 0 & 0 & Jm & 0 \\ 0 & 0 & 0 & Jm \\ 0 & -m^2g & -m\mu_\theta & mL\mu_l \\ -Jmg & m^2gL & mL\mu_\theta & -(J+mL^2)\mu_l \end{bmatrix},$$

$$\boldsymbol{B} = \frac{1}{Jm} \begin{bmatrix} 0 & 0 \\ 0 & 0 \\ m & -mL \\ -ml & J+mL^2 \end{bmatrix}, \quad \boldsymbol{C} = \begin{bmatrix} 1 & 0 & 0 & 0 \\ 0 & 1 & 0 & 0 \end{bmatrix}$$

ホイールダック1号開発の進捗

彼女はラグランジュの運動方程式を線形近似し，現代制御の基本となる状態空間表現を学んだ．このテクニックを武器に彼女のアメリカでのチャレンジが始まる！

まとめ

- 現代制御の基本である状態空間表現は，式 (8.1) の状態方程式と出力方程式で構成される．
- ラグランジュの運動方程式は，式 (8.18) や式 (8.20) を計算することで得られる．
- システムの運動方程式が非線形微分方程式の場合には，適切に線形近似することで，状態空間表現にすることができる場合がある．

章末問題

❶ 現代制御の特徴を，入出力の数と状態空間表現の視点から，100 字程度で簡潔に説明せよ．

❷ 現代制御の状態空間表現において，状態方程式と出力方程式の一般式を示せ．

❸ 第 2 章の章末問題にある図 2.13(a) のシステムの運動方程式を，ラグランジュの運動方程式より求めよ．また，入力を $f(t)$，出力を x_i $(i = 1, 2)$ とした場合の状態方程式と出力方程式を求めよ．

❹ 第 2 章の章末問題にある図 2.13(b) のシステムの運動方程式を，ラグランジュの運動方程式より求めよ．また，入力を $f_i(t)$，出力を $x_i(t)$ $(i = 1, 2)$ とした場合の状態方程式と出力方程式を求めよ．ただし，今回の場合では，散逸関数は $M = \frac{1}{2}\mu(\dot{x}_2 - \dot{x}_1)^2$ となる．

第9章

線形代数の基礎

STORY

「ついに動いたぞ！　僕のホイールダック１号が！」嬉しそうなメッセージ．思わず笑みを漏らしてしまう．でも，ちょっと待って？「どうして前後に補助輪がついているの？」「え？　１変数しか制御できないから，補助輪をつけて前後移動させるか，軸を固定して起き上がらせるかしかできないんだ」「だったら，ホイールダック１号くん，いつまで経っても一人で走れなくない？」「でもそのためには，車輪の回転で『姿勢の角度』と『横方向の移動』の両方を制御しなくちゃいけないんだ！」

　スマートフォンの向こうから困ったようなメッセージ．彼女はハッとして顔をあげた．それはまさに教授がさっき語っていたところだった．「ベクトル」と「行列」が多変数の扱いを可能にする．彼女が復習すべきは――線形代数だった．

図 9.1　ベクトルと行列で多変数を扱うことの重要性に気づく彼女

9.1 なぜ行列の知識が必要なのか？

一般に現代制御で対象とするシステムでは複数の変数があり，それらを同時に制御する必要がある．例えばホイールダック1号の場合，胴体の前後と角度を同時に制御する．そこで現代制御では，運動方程式を状態空間表現（状態方程式と出力方程式）に変換して解析を行う．そのとき，ベクトルと行列を用いた表記となり，複数の変数を制御できるようになる．

再度，式 (8.1) の状態空間表現を見てみよう．これらの式より，システムに入力 $\boldsymbol{u}(t)$ が与えられたとき，システム内部の状態を表す状態変数 $\boldsymbol{x}(t)$ や出力 $\boldsymbol{y}(t)$ がどのような挙動を示すかは，行列 $\boldsymbol{A}$，$\boldsymbol{B}$，$\boldsymbol{C}$ に依存することが理解できる．そのため，現代制御における制御解析では，この行列 $\boldsymbol{A}$，$\boldsymbol{B}$，$\boldsymbol{C}$ の中身の議論が重要となる．

行列の中身の重要性を理解するうえで，具体例として図 8.2 のマス・バネ・ダンパシステムに再度注目しよう．ただし，ここではバネ特性の異なる2つのシステムを考え，この2つをシステム A と B に区別する．これらのシステム A と B のバネによって生じる力を f_{kA} と f_{kB} としよう．システム A はこれまでに解説してきた通常のシステムである．バネは自然長（$x = 0$）より伸縮すれば，自然長に戻るような復元力が f_{kA} として働く．

一方，システム B のバネは，自然長から伸縮したときにバネ力 f_{kB} が，自然長とは反対向きに発生するものと仮定する．つまり，バネ力 f_{kB} は復元力としては働かず，自然長から離れれば離れるほど，その距離に比例して，より離れる方向に力が発生するものを想定する[1]．

これら2つの運動方程式を記述したものが以下である．2つの式の異なる点は左辺第3項の正負のみである（波線部）．

システム A	$m\ddot{x}(t) + \mu\dot{x}(t) \underset{\sim\sim\sim}{+kx(t)} = f(t)$
システム B	$m\ddot{x}(t) + \mu\dot{x}(t) \underset{\sim\sim\sim}{-kx(t)} = f(t)$

上の2つの式を式 (8.7)〜(8.13) のように変形することで，それぞれ状態空間表現にできるが，ここでは話を簡単にするために，常に入力 $u(t) = f(t) = 0$ とし，式 (8.1) において $\boldsymbol{Bu}(t) = \boldsymbol{0}$ の場合を考えよう．このときシステム A と B ともに表面上は同じで，以下の状態空間表現を得る．

[1] このようなバネは実際には存在しないので，数式上やシミュレーション上の仮想的なものとする．もしくは，現実的には 2.1 節で解説した P 制御や PD 制御において，制御入力の比例ゲインを負で与えた場合などが相当する．

$$\dot{\boldsymbol{x}}(t) = \boldsymbol{A}\boldsymbol{x}(t) \tag{9.1}$$

$$y(t) = \boldsymbol{C}\boldsymbol{x}(t) \tag{9.2}$$

しかし，システムAとBの出力の挙動は大きく異なる．距離 $x(t)$ が初期値 $x(0) \neq 0$ として与えられた場合，それぞれのバネ特性を考えれば，$t \to \infty$ においてシステムAでは $x(t) \to 0$ と自然長に収束する．その結果，$\boldsymbol{x}(t) \to \boldsymbol{0}$ となり，出力は $y(t) \to 0$ となる．一方，システムBでは $x(t) \to \infty$ (or $-\infty$) となり，その結果，$y(t) \to \infty$ (or $-\infty$) と出力は発散してしまう．

この両者の違いは，式(9.1)の行列 $\boldsymbol{A}$ の中身の値によって決定される．システムAとBの行列 $\boldsymbol{A}$ をそれぞれ $\boldsymbol{A_A}$ と $\boldsymbol{A_B}$ とすると，これらの成分は以下となる．

$$\boldsymbol{A_A} = \begin{bmatrix} 0 & 1 \\ \underset{\sim\sim}{-\frac{k}{m}} & -\frac{\mu}{m} \end{bmatrix}, \qquad \boldsymbol{A_B} = \begin{bmatrix} 0 & 1 \\ \underset{\sim\sim}{\frac{k}{m}} & -\frac{\mu}{m} \end{bmatrix} \tag{9.3}$$

上式において，左下のバネ定数 k に関する成分の正負が異なるのが分かるだろう（波線部）．今回の場合には，行列 $\boldsymbol{C}$ は両者ともに同じなので，状態変数ベクトル $\boldsymbol{x}(t)$ や出力 $y(t)$ が収束するか発散するかは，この成分の正負に依存している．

現代制御では，このような行列の特性を調べるのに，行列に関わる数学テクニックを用いる．したがって，これらの知識が必要不可欠となる．本章では，現代制御で用いるベクトル・行列の知識について解説する．しかし，詳細を解説するには紙面が足りない．そこで，本書では現代制御に最低限必要な内容に要点を絞って，簡単に解説する．すでにこれらの十分な知識を有している読者は復習として，そうでない学生は，まずは大まかに理解したうえで本書を読み進めてほしい．また，さらに詳細を知りたい場合には，他の良書を参考にして，深く学習していくとよいだろう [2]．

9.2 ベクトルと行列の基本計算

9.2.1 表記法

ベクトルは，以下のように縦や横に数字が格納された「まとまり」である．

[2] 巻末ブックガイド [17–19] などを参照．

$$\boldsymbol{a} = (a_1, \ldots, a_m), \qquad \boldsymbol{b} = \begin{bmatrix} b_1 \\ \vdots \\ b_n \end{bmatrix} \tag{9.4}$$

上式 $\boldsymbol{a}$ のように，m 個の数字が横に格納されたベクトル $\boldsymbol{a}$ を $1 \times m$ の**行ベクトル**（もしくは横ベクトル）といい，$\boldsymbol{a}(1 \times m)$ と表記する．また，n 個の数字が縦に格納されたベクトル $\boldsymbol{b}$ を $n \times 1$ の**列ベクトル**（もしくは縦ベクトル）と呼び，$\boldsymbol{b}(n \times 1)$ と表記する[3]．

次に，**行列**は以下のように数字を格子状に格納した「まとまり」である．

$$\boldsymbol{A} = \begin{bmatrix} a_{11} & \cdots & a_{1m} \\ \vdots & \ddots & \vdots \\ a_{n1} & \ldots & a_{nm} \end{bmatrix}, \qquad \boldsymbol{B} = \begin{bmatrix} b_{11} & b_{12} \\ b_{21} & b_{22} \\ b_{31} & b_{32} \end{bmatrix} \tag{9.5}$$

上の行列 $\boldsymbol{A}$ では，縦に n 個の成分，横に m 個の成分が格子状に格納されており，これを $n \times m$ の行列といい，$\boldsymbol{A}(n \times m)$ と表現する．例えば，$\boldsymbol{B}$ は 3×2 の行列となり，$\boldsymbol{B}(3 \times 2)$ と表記する．行列において縦の成分を**列**，横の成分を**行**といい，$n \times m$ の行列のことを n 行 m 列の行列とも呼ぶ．

例えば，上記の行列 $\boldsymbol{B}$ の 1 列目の成分は

$$\begin{bmatrix} b_{11} \\ b_{21} \\ b_{31} \end{bmatrix}$$

であり，2 行目の成分は $(b_{21},\ b_{22})$ となる．また，列ベクトルを

$$\boldsymbol{b}_1^{\boldsymbol{c}} = \begin{bmatrix} b_{11} \\ b_{21} \\ b_{31} \end{bmatrix}, \qquad \boldsymbol{b}_2^{\boldsymbol{c}} = \begin{bmatrix} b_{12} \\ b_{22} \\ b_{32} \end{bmatrix}$$

と定義したとき，行列 $\boldsymbol{B}$ は $\boldsymbol{B} = (\boldsymbol{b}_1^{\boldsymbol{c}},\ \boldsymbol{b}_2^{\boldsymbol{c}})$ と表記できる．同様に行ベクトルを $\boldsymbol{b}_i^{\boldsymbol{r}} = (b_{i1},\ b_{i2})$ と定義すれば $(i = 1, 2, 3)$，行列 $\boldsymbol{B}$ は

$$\boldsymbol{B} = \begin{bmatrix} \boldsymbol{b}_1^{\boldsymbol{r}} \\ \boldsymbol{b}_2^{\boldsymbol{r}} \\ \boldsymbol{b}_3^{\boldsymbol{r}} \end{bmatrix}$$

[3] 本書では式 (9.4) のように，横に数字が格納された場合の括弧を (　) で，そうでない場合の括弧を [　] を用いる．ただし，これは単にスペースの理由による．

と表記できる．また，ベクトルは，行列 $(n \times m)$ において，n もしくは m の値が 1 となったものと考えることもできる．

本書ではベクトル・行列とスカラを区別するために [4]，ベクトルと行列は $\boldsymbol{a}$ や $\boldsymbol{A}$ のように太字を用いて表記し，スカラは a のように細字とする．また，成分がすべてゼロからなるベクトル・行列を太字の $\mathbf{0}$ と表記する [5]．

なお，行列において行と列の個数が同一のもの（例えば $n \times n$ や $m \times m$ など）を**正方行列**といい，正方行列でないものを非正方行列や長方行列という．

9.2.2 加法・減法・乗法

ベクトル・行列の加法・減法について解説しよう．今，式 (9.4) のベクトル $\boldsymbol{b}$ と同じ $n \times 1$ を持つベクトル $\boldsymbol{c}$ と，式 (9.5) の行列 $\boldsymbol{A}$ と同じ $n \times m$ の行列 $\boldsymbol{D}$ が以下で与えられるとする．

$$\boldsymbol{c} = \begin{bmatrix} c_1 \\ \vdots \\ c_n \end{bmatrix}, \quad \boldsymbol{D} = \begin{bmatrix} d_{11} & \cdots & d_{1m} \\ \vdots & \ddots & \vdots \\ d_{n1} & \ldots & d_{nm} \end{bmatrix}$$

このとき，ベクトルや行列同士の加法・減法は，以下のように，同じ場所に格納されている各成分同士を加減する．

$$\boldsymbol{b} \pm \boldsymbol{c} = \begin{bmatrix} b_1 \pm c_1 \\ \vdots \\ b_n \pm c_n \end{bmatrix}, \quad \boldsymbol{A} \pm \boldsymbol{D} = \begin{bmatrix} a_{11} \pm d_{11} & \cdots & a_{1m} \pm d_{1m} \\ \vdots & \ddots & \vdots \\ a_{n1} \pm d_{n1} & \cdots & a_{nm} \pm d_{nm} \end{bmatrix}$$

注意点としては，ベクトル・行列の場合ともに加法・減法を行う場合には，それぞれの行と列の個数が同一である必要がある．

また，ベクトル・行列のスカラ倍では，α をスカラとしたとき，以下となる．

$$\alpha\boldsymbol{b} = \begin{bmatrix} \alpha b_1 \\ \vdots \\ \alpha b_n \end{bmatrix}, \quad \alpha\boldsymbol{A} = \begin{bmatrix} \alpha a_{11} & \cdots & \alpha a_{1m} \\ \vdots & \ddots & \vdots \\ \alpha a_{n1} & \cdots & \alpha a_{nm} \end{bmatrix}$$

---

[4] スカラとは，「1 つの数字（数値）」のみのことで，ベクトルとの対比で用いられる．例えば $k = 1$ などはスカラである．

[5] 一般にベクトルは小文字（例：$\boldsymbol{a}$）で表記し，行列は大文字（例：$\boldsymbol{A}$）で表記することが多い．本書でも原則的にそのように表記する．ただし，$n \times m$ 行列の場合でも $n = 1$ や $m = 1$ に限定されている場合にはベクトルとなるが，そのような場合には元の大文字のまま表記する．大文字・小文字の使い方は，古典制御の場合（特にラプラス変換）とは異なるので注意すること．

次に，ベクトル・行列の乗法について説明する．今，$n \times m$ の行列 $\boldsymbol{A}$ と以下の $m \times l$ の行列 $\boldsymbol{E}$ があったとする．

$$\boldsymbol{E} = \begin{bmatrix} e_{11} & \cdots & e_{1l} \\ \vdots & \ddots & \vdots \\ e_{m1} & \ldots & e_{ml} \end{bmatrix}$$

このとき，行列 $\boldsymbol{A}$ と行列 $\boldsymbol{E}$ の乗算 $\boldsymbol{AE}$ は以下となる．

$$\boldsymbol{AE} = \begin{bmatrix} a_{11} & a_{12} & \cdots & a_{1m} \\ \vdots & & \ddots & \vdots \\ a_{n1} & a_{n2} & \ldots & a_{nm} \end{bmatrix} \begin{bmatrix} e_{11} & \cdots & e_{1l} \\ e_{21} & \cdots & e_{2l} \\ \vdots & \ddots & \vdots \\ e_{m1} & \ldots & e_{ml} \end{bmatrix} =$$

$$\begin{bmatrix} (a_{11}e_{11} + a_{12}e_{21} + \cdots + a_{1m}e_{m1}) & \cdots & (a_{11}e_{1l} + a_{12}e_{2l} + \cdots + a_{1m}e_{ml}) \\ \vdots & \ddots & \vdots \\ (a_{n1}e_{11} + a_{n2}e_{21} + \cdots + a_{nm}e_{m1}) & \ldots & (a_{n1}e_{1l} + a_{n2}e_{2l} + \cdots + a_{nm}e_{ml}) \end{bmatrix}$$

また，$n \times m$ の行列 $\boldsymbol{A}$ と $m \times 1$ のベクトル $\boldsymbol{d}$ の乗算 $\boldsymbol{Ad}$ は以下で定義される．

$$\boldsymbol{Ad} = \begin{bmatrix} a_{11} & a_{12} & \cdots & a_{1m} \\ \vdots & & \ddots & \vdots \\ a_{n1} & a_{n2} & \ldots & a_{nm} \end{bmatrix} \begin{bmatrix} d_1 \\ d_2 \\ \vdots \\ d_m \end{bmatrix} = \begin{bmatrix} (a_{11}d_1 + a_{12}d_2 + \cdots + a_{1m}d_m) \\ \vdots \\ (a_{n1}d_1 + a_{n2}d_2 + \cdots + a_{nm}d_m) \end{bmatrix}$$

注意点としては，図 9.2 のように，乗算の前方の行列の列の数と後方の行列

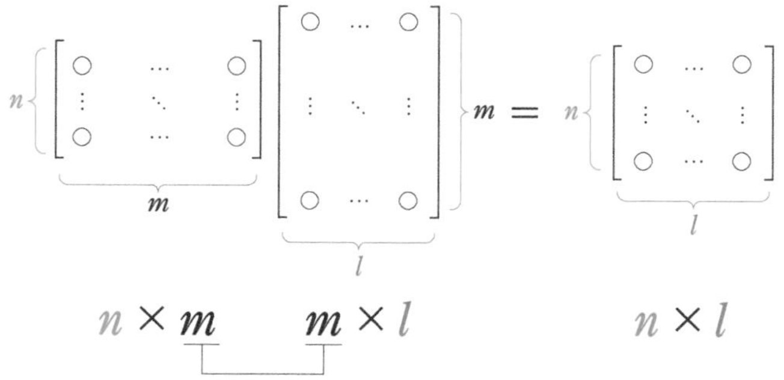

図 9.2　ベクトル・行列の乗法（$m = 1, n = 1, l = 1$ の場合はベクトルとなる）

の行の数が同一である必要がある．また，$n \times m$ の行列と $m \times l$ の行列を乗算する場合には，その結果，生じる行列は $n \times l$ となる．行列とベクトルの乗算や，ベクトルとベクトルの乗算の場合にも同様のことがいえる．

なお，行列 $\boldsymbol{A}$ が正方行列の場合，行列 $\boldsymbol{A}$ の n 乗の表記として

$$\boldsymbol{A}^0 = \boldsymbol{I}, \quad \boldsymbol{A}^1 = \boldsymbol{A}, \quad \boldsymbol{A}^2 = \boldsymbol{AA}, \quad \boldsymbol{A}^3 = \boldsymbol{AAA}, \cdots \tag{9.6}$$

とする．なお，$\boldsymbol{I}$ は次に説明する単位行列である．

先述したように，行列の乗算では前方の列の数と後方の行の数が同一でないと，計算そのものができない．したがって，行列 $\boldsymbol{A}$ と $\boldsymbol{B}$ の乗算 $\boldsymbol{AB}$ に対し，どちらかの行列が非正方行列の場合には，前後を逆にした乗算 $\boldsymbol{BA}$ は計算不可能である．

一方，行列 $\boldsymbol{A}$ と $\boldsymbol{B}$ の両方が正方行列の場合には，乗算 $\boldsymbol{AB}$ に対し，前後を逆にした $\boldsymbol{BA}$ の計算が可能となる．しかし，一般的に計算結果も変化し，$\boldsymbol{AB} = \boldsymbol{BA}$ は必ずしも成立しない．ただし，すべての対角成分 [6] が 1 で，それ以外は 0 となる $n \times n$ の**単位行列** $\boldsymbol{I_n}$ は

$$\boldsymbol{I}_n = \begin{bmatrix} 1 & 0 & \cdots & 0 & 0 \\ 0 & 1 & \cdots & 0 & 0 \\ \vdots & \vdots & \ddots & \vdots & \vdots \\ 0 & 0 & \cdots & 1 & 0 \\ 0 & 0 & \cdots & 0 & 1 \end{bmatrix}$$

で定義され，任意の正方行列 $\boldsymbol{C}(n \times n)$ に対し，$\boldsymbol{CI_n} = \boldsymbol{I_nC}$ が常に成立する．なお，本書では $n \times n$ の単位行列を $\boldsymbol{I_n}$ と表記し，行（および列）の数を特定しない一般的な単位行列を指すときは単に $\boldsymbol{I}$ と記述する．

9.2.3 逆行列と行列式

$n \times n$ の正方行列 $\boldsymbol{A}$ に対し，

$$\boldsymbol{AA}^{-1} = \boldsymbol{A}^{-1}\boldsymbol{A} = \boldsymbol{I}$$

を満たす行列 $\boldsymbol{A}^{-1}$ を $\boldsymbol{A}$ の**逆行列**という．逆行列の計算方法は 2×2 と 3×3 行列は公式化されており [7]，以下の行列 $\boldsymbol{A_2}$，行列 $\boldsymbol{A_3}$ を考えたとき，

---

[6] 対角成分とは，正方行列の成分のうち，左上から右下までの斜めに並んだ成分のことをいう．
[7] 1×1 の場合はスカラの逆数と同等となる．

$$\boldsymbol{A_2} = \begin{bmatrix} a_{11} & a_{12} \\ a_{21} & a_{22} \end{bmatrix}, \qquad \boldsymbol{A_3} = \begin{bmatrix} a_{11} & a_{12} & a_{13} \\ a_{21} & a_{22} & a_{23} \\ a_{31} & a_{32} & a_{33} \end{bmatrix}$$

これらの逆行列 $\boldsymbol{A_2}^{-1}$，$\boldsymbol{A_3}^{-1}$ は以下となる．

$$\boldsymbol{A_2}^{-1} = \frac{1}{|\boldsymbol{A_2}|} \begin{bmatrix} a_{22} & -a_{12} \\ -a_{21} & a_{11} \end{bmatrix} \tag{9.7}$$

$$\boldsymbol{A_3}^{-1} = \frac{1}{|\boldsymbol{A_3}|} \begin{bmatrix} a_{22}a_{33} - a_{23}a_{32} & -(a_{12}a_{33} - a_{13}a_{32}) & a_{12}a_{23} - a_{13}a_{22} \\ -(a_{21}a_{33} - a_{23}a_{31}) & a_{11}a_{33} - a_{13}a_{31} & -(a_{11}a_{23} - a_{13}a_{21}) \\ a_{21}a_{32} - a_{22}a_{31} & -(a_{11}a_{32} - a_{12}a_{31}) & a_{11}a_{22} - a_{12}a_{21} \end{bmatrix} \tag{9.8}$$

ただし，上式において $|\boldsymbol{A_2}|$ と $|\boldsymbol{A_3}|$ は以下で与えられる．

$$|\boldsymbol{A_2}| = a_{11}a_{22} - a_{12}a_{21} \tag{9.9}$$

$$|\boldsymbol{A_3}| = a_{11}a_{22}a_{33} + a_{12}a_{23}a_{31} + a_{13}a_{21}a_{32} - a_{13}a_{22}a_{31} - a_{12}a_{21}a_{33} - a_{11}a_{23}a_{32}$$

注目してほしいのは $|\boldsymbol{A_2}|$ と $|\boldsymbol{A_3}|$ の存在である．この $|\boldsymbol{A_*}|$ は**行列式**と呼ばれるスカラ値である．行列式は，かなり大雑把にいえば，「行列の大きさを1つの値で表現したようなもの」とイメージしてほしい．例えば，スカラ a やベクトル $\boldsymbol{b}$ があったとき，スカラやベクトルの大きさを示す $|a|$ や $|\boldsymbol{b}|$ と行列式は似ている．ただし，$|a|$ や $|\boldsymbol{b}|$ は正の値のみを持つが，行列式の値は正だけでなく負の値を持つ場合もある．

一般に $n \times n$ の行列 $\boldsymbol{A}$ があるとき，その逆行列 $\boldsymbol{A}^{-1}$ は以下で与えられる．

$$\boldsymbol{A}^{-1} = \frac{\mathrm{adj}(\boldsymbol{A})}{|\boldsymbol{A}|} \tag{9.10}$$

$\mathrm{adj}(\boldsymbol{A})$ は**余因子行列**と呼ばれ，式 (9.7)，(9.8) の右辺における，行列式の逆数の部分を取り除いた行列部分が相当する．余因子行列については，本書では紹介程度にとどめるが，一般的な計算方法などは他書を参考してほしい [8]．重要な点としては，行列式 $|\boldsymbol{A}| = 0$ の場合には，式 (9.10) の右辺の分母がゼロになり，逆行列 $\boldsymbol{A}^{-1}$ が存在しないことである．

[8] 巻末ブックガイド [17–19] などを参照．

なお，4×4 以上の正方行列に対する逆行列の計算には，いくつかの方法があるが，本書では後述する 9.2.5 節にて，ブロック行列を用いた計算法を紹介する．

また，2 つの正方行列 $\boldsymbol{A}$ と $\boldsymbol{B}$ をかけ合わせた行列 $\boldsymbol{AB}$ において，行列 $\boldsymbol{AB}$ の逆行列 $(\boldsymbol{AB})^{-1}$ が存在するとき，以下が成立する．

$$(\boldsymbol{AB})^{-1} = \boldsymbol{B}^{-1}\boldsymbol{A}^{-1}$$

ここで，逆行列の例題 1 にトライしておこう．

> **【例題 1】** 以下の 2×2 行列 $\boldsymbol{A}$ の行列式 $|\boldsymbol{A}|$ と逆行列 $\boldsymbol{A}^{-1}$ を求めよ．ただし，M，m，l，J はゼロでないとし，かつ，$\boldsymbol{A} \neq 0$ とする．
>
> $$\boldsymbol{A} = \begin{bmatrix} M+m & ml \\ ml & J+ml^2 \end{bmatrix} \tag{9.11}$$

式 (9.7) と式 (9.9) より，各成分を代入して以下のように $|\boldsymbol{A}|$ と $\boldsymbol{A}^{-1}$ を計算できる．

$$|\boldsymbol{A}| = (M+m)(J+ml^2) - m^2l^2 = (M+m)J + Mml^2 \tag{9.12}$$

$$\boldsymbol{A}^{-1} = \frac{1}{|\boldsymbol{A}|}\begin{bmatrix} J+ml^2 & -ml \\ -ml & M+m \end{bmatrix}$$

9.2.4 転置

転置（てんち）について説明しよう．転置とは，ベクトルや行列の行と列を入れ替えたものであり，本書ではベクトル・行列の右上に T を添え字とすることで表現する．例えば，式 (9.4) の $\boldsymbol{a}$ と $\boldsymbol{b}$，式 (9.5) の $\boldsymbol{B}$ の場合では，それらの転置は

$$\boldsymbol{a}^T = \begin{bmatrix} a_1 \\ \vdots \\ a_m \end{bmatrix}, \quad \boldsymbol{b}^T = (b_1, \ldots, b_n), \quad \boldsymbol{B}^T = \begin{bmatrix} b_{11} & b_{21} & b_{31} \\ b_{12} & b_{22} & b_{32} \end{bmatrix}$$

となる．また，行列 $\boldsymbol{AB}$ の転置である $(\boldsymbol{AB})^T$ には次式の関係が成立する．

$$(\boldsymbol{AB})^T = \boldsymbol{B}^T\boldsymbol{A}^T$$

さらに，正方行列 $\boldsymbol{A}(n \times n)$ の転置 $\boldsymbol{A}^T$ に対して行列式・逆行列の関係として，$|\boldsymbol{A}| = |\boldsymbol{A}^T|$，$(\boldsymbol{A}^T)^{-1} = (\boldsymbol{A}^{-1})^T$ が成立し，後述する行列の固有値に関しても，$\boldsymbol{A}$ と $\boldsymbol{A}^T$ の固有値は等しい．

9.2.5 ブロック行列

$$
\underset{n \times m}{\boldsymbol{A}} =
\begin{bmatrix}
\boldsymbol{A}_{11} & \boldsymbol{A}_{12} & \cdots & \boldsymbol{A}_{1r} \\
\boldsymbol{A}_{21} & \boldsymbol{A}_{22} & \cdots & \boldsymbol{A}_{2r} \\
\vdots & \vdots & \ddots & \vdots \\
\boldsymbol{A}_{s1} & \boldsymbol{A}_{s2} & \cdots & \boldsymbol{A}_{sr}
\end{bmatrix}
$$

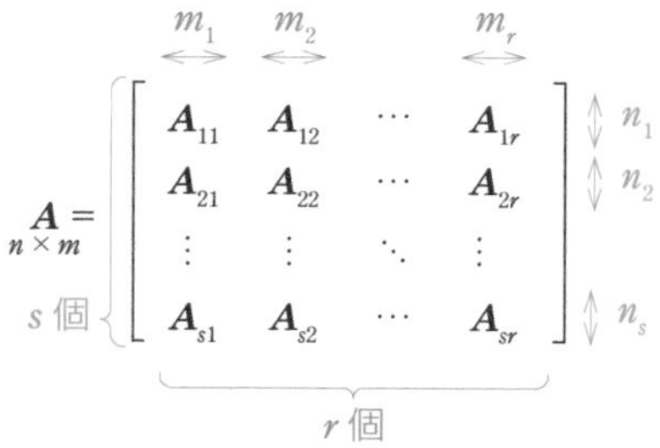

図 9.3 ブロック行列

次に，ブロック行列について説明する．行列 $\boldsymbol{A}(n \times m)$ があったとき，図 9.3 のように，その中身をさらに縦横に分割し，その分割したまとまりを行列と考えると計算しやすい場合がある．この分割した小さい行列を**副行列**といい，副行列を用いた行列 $\boldsymbol{A}$ を**ブロック行列**という．例えば，図 9.3 の場合には行列 $\boldsymbol{A}$ の行を r 個に，列を s 個に分割し，分割された副行列を $\boldsymbol{A}_{ij}(n_i \times m_j)$ としている $(i = 1, \ldots, s,\ j = 1, \ldots, r)$．例えば $\boldsymbol{A}(3 \times 3)$ があるとき，一例として以下のようにブロック行列として表現できる．

$$
\boldsymbol{A} =
\left[
\begin{array}{cc|c}
a_{11} & a_{12} & a_{13} \\
a_{21} & a_{22} & a_{23} \\
\hline
a_{31} & a_{21} & a_{33}
\end{array}
\right]
=
\begin{bmatrix}
\boldsymbol{A}_{11} & \boldsymbol{A}_{12} \\
\boldsymbol{A}_{21} & \boldsymbol{A}_{22}
\end{bmatrix}
$$

ここで，$\boldsymbol{A}_{11}(2 \times 2)$，$\boldsymbol{A}_{12}(2 \times 1)$，$\boldsymbol{A}_{21}(1 \times 2)$，$\boldsymbol{A}_{22}(1 \times 1)$ である．

ブロック行列同士の加法・減法・乗法は通常の行列の場合と同様である．$\boldsymbol{B}_{11}(2 \times 2)$，$\boldsymbol{B}_{12}(2 \times 1)$，$\boldsymbol{B}_{21}(1 \times 2)$，$\boldsymbol{B}_{22}(1 \times 1)$ を持つブロック行列 $\boldsymbol{B}$ を考えたとき，上記のブロック行列 $\boldsymbol{A}$ との加算・乗算は以下となる．

$$
\begin{bmatrix}
\boldsymbol{A}_{11} & \boldsymbol{A}_{12} \\
\boldsymbol{A}_{21} & \boldsymbol{A}_{22}
\end{bmatrix}
+
\begin{bmatrix}
\boldsymbol{B}_{11} & \boldsymbol{B}_{12} \\
\boldsymbol{B}_{21} & \boldsymbol{B}_{22}
\end{bmatrix}
=
\begin{bmatrix}
\boldsymbol{A}_{11} + \boldsymbol{B}_{11} & \boldsymbol{A}_{12} + \boldsymbol{B}_{12} \\
\boldsymbol{A}_{21} + \boldsymbol{B}_{21} & \boldsymbol{A}_{22} + \boldsymbol{B}_{22}
\end{bmatrix}
$$

$$
\begin{bmatrix}
\boldsymbol{A}_{11} & \boldsymbol{A}_{12} \\
\boldsymbol{A}_{21} & \boldsymbol{A}_{22}
\end{bmatrix}
\begin{bmatrix}
\boldsymbol{B}_{11} & \boldsymbol{B}_{12} \\
\boldsymbol{B}_{21} & \boldsymbol{B}_{22}
\end{bmatrix}
=
\begin{bmatrix}
\boldsymbol{A}_{11}\boldsymbol{B}_{11} + \boldsymbol{A}_{12}\boldsymbol{B}_{21} & \boldsymbol{A}_{11}\boldsymbol{B}_{12} + \boldsymbol{A}_{12}\boldsymbol{B}_{22} \\
\boldsymbol{A}_{21}\boldsymbol{B}_{11} + \boldsymbol{A}_{22}\boldsymbol{B}_{21} & \boldsymbol{A}_{21}\boldsymbol{B}_{12} + \boldsymbol{A}_{22}\boldsymbol{B}_{22}
\end{bmatrix}
$$

ブロック行列の加算をする場合には，加算する副行列の行と列の数が同一である必要がある．また，乗算を行う場合には，それぞれに乗算する副行列が乗算可能な行と列の数を持つ必要がある．

なお，ブロック行列を用いると，9.2.3 節にて解説した行列式・逆行列について，4 × 4 以上の場合でも次の公式を用いて計算することが可能である．以下の公式では，各副行列を $\boldsymbol{A}(n \times n)$，$\boldsymbol{B}(n \times m)$，$\boldsymbol{C}(m \times n)$，$\boldsymbol{D}(m \times m)$ とする [9]．

【ブロック行列の行列式】

$$\begin{vmatrix} \boldsymbol{A} & \boldsymbol{B} \\ \boldsymbol{C} & \boldsymbol{D} \end{vmatrix} = |\boldsymbol{A}||\boldsymbol{D} - \boldsymbol{C}\boldsymbol{A}^{-1}\boldsymbol{B}| \quad (|\boldsymbol{A}| \neq \boldsymbol{0}\text{ のとき})$$
$$= |\boldsymbol{D}||\boldsymbol{A} - \boldsymbol{B}\boldsymbol{D}^{-1}\boldsymbol{C}| \quad (|\boldsymbol{D}| \neq \boldsymbol{0}\text{ のとき}) \tag{9.13}$$

【ブロック行列の逆行列】

$$\begin{bmatrix} \boldsymbol{A} & \boldsymbol{B} \\ \boldsymbol{C} & \boldsymbol{D} \end{bmatrix}^{-1} = \begin{bmatrix} \boldsymbol{A}^{-1} + \boldsymbol{A}^{-1}\boldsymbol{B}\boldsymbol{S}^{-1}\boldsymbol{C}\boldsymbol{A}^{-1} & -\boldsymbol{A}^{-1}\boldsymbol{B}\boldsymbol{S}^{-1} \\ -\boldsymbol{S}^{-1}\boldsymbol{C}\boldsymbol{A}^{-1} & \boldsymbol{S}^{-1} \end{bmatrix}$$
$$(\boldsymbol{S} = \boldsymbol{D} - \boldsymbol{C}\boldsymbol{A}^{-1}\boldsymbol{B}\text{ とし，}|\boldsymbol{A}| \neq 0\text{，}|\boldsymbol{S}| \neq 0\text{ のとき})$$

$$= \begin{bmatrix} \boldsymbol{K}^{-1} & -\boldsymbol{K}^{-1}\boldsymbol{B}\boldsymbol{D}^{-1} \\ -\boldsymbol{D}^{-1}\boldsymbol{C}\boldsymbol{K}^{-1} & \boldsymbol{D}^{-1} + \boldsymbol{D}^{-1}\boldsymbol{C}\boldsymbol{K}^{-1}\boldsymbol{B}\boldsymbol{D}^{-1} \end{bmatrix}$$
$$(\boldsymbol{K} = \boldsymbol{A} - \boldsymbol{B}\boldsymbol{D}^{-1}\boldsymbol{C}\text{ とし，}|\boldsymbol{D}| \neq 0\text{，}|\boldsymbol{K}| \neq 0\text{ のとき})$$

ここで，ブロック行列の行列式の例題 2 にトライしよう．

【例題 2】　以下の行列 $\boldsymbol{A}$ を 2 × 2 の副行列から構成されるブロック行列にし，$\boldsymbol{A}$ の行列式 $|\boldsymbol{A}|$ を求めよ．ただし，$s \neq 0$，$r \neq 0$，$p \neq 0$ とする．

$$\boldsymbol{A} = \begin{bmatrix} s & 0 & -1 & 0 \\ 0 & s & 0 & -1 \\ 0 & -r & s & 0 \\ 0 & -p & 0 & s \end{bmatrix} \tag{9.14}$$

[9] 行列 $\boldsymbol{A}$（もしくは行列 $\boldsymbol{D}$）が 1 × 1 の場合，例えば行列 $\boldsymbol{A} = a$ $(a \neq 0)$ の場合では $\boldsymbol{A}^{-1} = \frac{1}{a}$ となる．ブロック行列については巻末ブックガイド [18, 19] などを参照．

まずは，以下の 2×2 の副行列を定義する．

$$\boldsymbol{Z} = \begin{bmatrix} s & 0 \\ 0 & s \end{bmatrix},\ \boldsymbol{B} = \begin{bmatrix} -1 & 0 \\ 0 & -1 \end{bmatrix},\ \boldsymbol{C} = \begin{bmatrix} 0 & -r \\ 0 & -p \end{bmatrix}$$

これらを用いることで，行列 $\boldsymbol{A}$ は以下で表現できる．

$$\boldsymbol{A} = \begin{bmatrix} \boldsymbol{Z} & \boldsymbol{B} \\ \boldsymbol{C} & \boldsymbol{Z} \end{bmatrix}$$

式 (9.13) より，行列式 $|\boldsymbol{A}|$ は $|\boldsymbol{A}| = |\boldsymbol{Z}||\boldsymbol{Z} - \boldsymbol{C}\boldsymbol{Z}^{-1}\boldsymbol{B}|$ となる．副行列が 2×2 なので，式 (9.7) と式 (9.9) の関係が利用でき，

$$|\boldsymbol{Z}| = s^2, \quad \boldsymbol{Z} - \boldsymbol{C}\boldsymbol{Z}^{-1}\boldsymbol{B} = \begin{bmatrix} s & -\frac{r}{s} \\ 0 & s - \frac{p}{s} \end{bmatrix}, \quad |\boldsymbol{Z} - \boldsymbol{C}\boldsymbol{Z}^{-1}\boldsymbol{B}| = s^2 - p$$

となる．以上より行列式 $|\boldsymbol{A}|$ は次式となる．

$$|\boldsymbol{A}| = |\boldsymbol{Z}||\boldsymbol{Z} - \boldsymbol{C}\boldsymbol{Z}^{-1}\boldsymbol{B}| = s^4 - ps^2 \tag{9.15}$$

9.3 固有値・固有ベクトルとランク

9.3.1 2×2 の行列による固有値・固有ベクトルとランクのイメージ

行列の固有値，固有ベクトルとランクについて解説していく．現代制御を学ぶうえで，これらの概念は極めて重要である．しかし，これらは初学者にとって難易度が少し高い．そこで，最初は数学的厳密性には少し目をつぶり，イメージを理解することに重点をおいて説明していく．

まずは，行列 $\boldsymbol{A}(2 \times 2)$ とベクトル $\boldsymbol{x}(2 \times 1)$ が以下で与えられるとする．

$$\boldsymbol{A} = \begin{bmatrix} \frac{1}{2} & 0 \\ 0 & 3 \end{bmatrix}, \quad \boldsymbol{x} = \begin{bmatrix} x \\ y \end{bmatrix} \tag{9.16}$$

この行列に対し，ベクトル $\boldsymbol{x}' = (x', y')^T$ が以下で与えられるとする．

$$\boldsymbol{x}' = \boldsymbol{A}\boldsymbol{x} \tag{9.17}$$

上式は「ベクトル $\boldsymbol{x}$ を入力し，行列 $\boldsymbol{A}$ を介してベクトル $\boldsymbol{x}'$ が出力される式」と解釈できる．ここで具体的にベクトル $\boldsymbol{x}$ として，次の 4 つの $\boldsymbol{x_1}$〜$\boldsymbol{x_4}$ を考

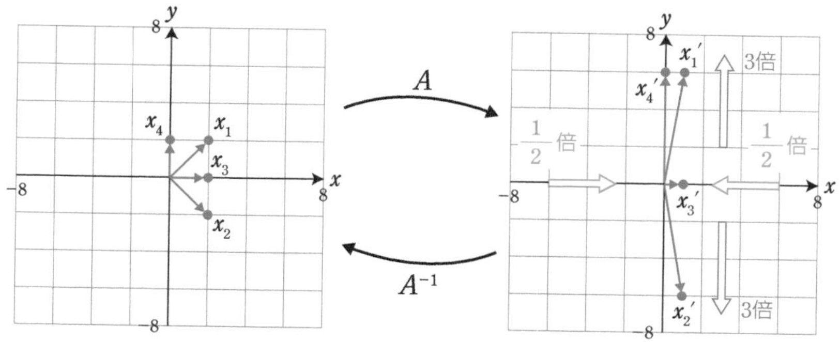

図 9.4 ベクトル $\boldsymbol{x}$ の行列 $\boldsymbol{A}$ による変換（ランク 2 の変換：ランク 2 では 2 次元の平面上に変換される）

えよう．

$$\boldsymbol{x_1} = \begin{bmatrix} 2 \\ 2 \end{bmatrix}, \quad \boldsymbol{x_2} = \begin{bmatrix} 2 \\ -2 \end{bmatrix}, \quad \boldsymbol{x_3} = \begin{bmatrix} 2 \\ 0 \end{bmatrix}, \quad \boldsymbol{x_4} = \begin{bmatrix} 0 \\ 2 \end{bmatrix} \tag{9.18}$$

このとき，$\boldsymbol{x_1}$〜$\boldsymbol{x_4}$ に対して式 (9.17) を介して得た $\boldsymbol{x}'$ をそれぞれに対応した $\boldsymbol{x}'_1$〜$\boldsymbol{x}'_4$ とすると次式となる．

$$\boldsymbol{x}'_1 = \begin{bmatrix} 1 \\ 6 \end{bmatrix}, \quad \boldsymbol{x}'_2 = \begin{bmatrix} 1 \\ -6 \end{bmatrix}, \quad \boldsymbol{x}'_3 = \begin{bmatrix} 1 \\ 0 \end{bmatrix}, \quad \boldsymbol{x}'_4 = \begin{bmatrix} 0 \\ 6 \end{bmatrix} \tag{9.19}$$

これらのベクトルの関係を xy 座標として表記したものが図 9.4 である．この図を見るとベクトル $\boldsymbol{x_1}$〜$\boldsymbol{x_4}$ は行列 $\boldsymbol{A}$ を介して，同じ 2 次元のベクトル $\boldsymbol{x}'_1$〜$\boldsymbol{x}'_4$ に変換されているが，そのとき，x 方向に $\frac{1}{2}$ 倍に，y 方向に 3 倍に伸縮されているのが分かる．

次に，式 (9.17) の逆関係を考えよう．今回の場合には逆行列 $\boldsymbol{A}^{-1}$ は以下となる．

$$\boldsymbol{A}^{-1} = \begin{bmatrix} 2 & 0 \\ 0 & \frac{1}{3} \end{bmatrix}$$

この場合，$\boldsymbol{A}^{-1}$ を用いて $\boldsymbol{x} = \boldsymbol{A}^{-1}\boldsymbol{x}'$ を計算することで，$\boldsymbol{x}'_1$〜$\boldsymbol{x}'_4$ を $\boldsymbol{x_1}$〜$\boldsymbol{x_4}$ に逆変換し，元に戻すことができる．図 9.4 と照らし合わせると，逆行列 $\boldsymbol{A}^{-1}$ はベクトル $\boldsymbol{x}'$ を x 方向に 2 倍に，y 方向に $\frac{1}{3}$ 倍に伸縮し，元のベクトル $\boldsymbol{x}$ に戻している．このように 2×2 の行列は，2 次元ベクトルを 2 つの方

向（今回の例では x 方向と y 方向）に伸縮させる機能を持つ[10].

今回の行列 $\boldsymbol{A}$ では x 方向と y 方向と別々の倍率でベクトルを伸縮するため，この行列変換ではベクトルの長さだけでなく，その方向も変化する．確かに図 9.4 の $\boldsymbol{x} \to \boldsymbol{x}'$ の変換では，$\boldsymbol{x_1}$ と $\boldsymbol{x_2}$ は $\boldsymbol{A}$ を介して $\boldsymbol{x'_1}$ と $\boldsymbol{x'_2}$ に変換されるときに，方向も変化している．

しかし，行列 $\boldsymbol{A}$ による $\boldsymbol{x} \to \boldsymbol{x}'$ の変換では，x 軸上の $\boldsymbol{x_3}$ と y 軸上の $\boldsymbol{x_4}$ は $\boldsymbol{x'_3}$ と $\boldsymbol{x'_4}$ に変換されるときに，その方向を変化していない．今回の場合には，x 軸上と y 軸上にある任意のベクトルは，行列 $\boldsymbol{A}$ での変換前後でベクトルの方向を変えない．これらの「変化のない方向」は行列 $\boldsymbol{A}$ のベクトル変換における「基準となる方向」と考えることができる．そして，これらの基準方向に対し，それぞれ伸縮の変換「倍率」が存在する．この基準方向とその倍率は，行列の持つ「ベクトルの変換性能」を示している[11].

行列を用いてベクトルを変換させるときに，変換前後で方向を変えない基準方向に存在するベクトルのことを行列の**固有ベクトル**といい[12]，それぞれの固有ベクトルの方向の倍率を行列の**固有値**という．

2×2 の行列の場合には，固有ベクトルと固有値のセットが最大で 2 つ存在する．今回の行列 $\boldsymbol{A}$ の例では，固有ベクトルは $(1,\ 0)^T$，$(0,\ 1)^T$ であり，固有値は $\frac{1}{2}$ と 3 となる．

次に行列 $\boldsymbol{A}$ の代わりに，新たに以下の行列 $\boldsymbol{A_0}$ を用いて，式 (9.17) の変換を考えよう．

$$\boldsymbol{A_0} = \begin{bmatrix} 0 & 0 \\ 0 & 3 \end{bmatrix}$$

式 (9.18) の $\boldsymbol{x_1}$〜$\boldsymbol{x_4}$ に対して $\boldsymbol{x}' = \boldsymbol{A_0 x}$ を計算すると，

$$\boldsymbol{x'_1} = \begin{bmatrix} 0 \\ 6 \end{bmatrix},\quad \boldsymbol{x'_2} = \begin{bmatrix} 0 \\ -6 \end{bmatrix},\quad \boldsymbol{x'_3} = \begin{bmatrix} 0 \\ 0 \end{bmatrix},\quad \boldsymbol{x'_4} = \begin{bmatrix} 0 \\ 6 \end{bmatrix}$$

となり，図 9.5 のように，4 つのベクトルはすべて y 軸上に変換される．これは行列 $\boldsymbol{A_0}$ の変換では，任意のベクトルは x 軸方向にゼロ倍されているからである．また，y 軸上のベクトル（例えば $(0,\ 1)^T$）は方向を変えないの

[10] ベクトルの次元については厳密な定義が存在するが，本書では省略する．ここでは 2 次元は平面，1 次元は線，0 次元は点くらいにイメージしてもらえればいいだろう．詳細は巻末ブックガイド [17, 18] などを参照．

[11] 今回は簡単のため，この基準方向が単純な x 軸と y 軸方向の行列 $\boldsymbol{A}$ の例を示したが，一般に基準方向は x 軸と y 軸方向とは限らないので注意すること．

[12] 方向を変えないベクトルは，同じ方向ならば長さ（大きさ）は問わないので，方向が同じベクトルのうち代表的な 1 つを選ぶ．

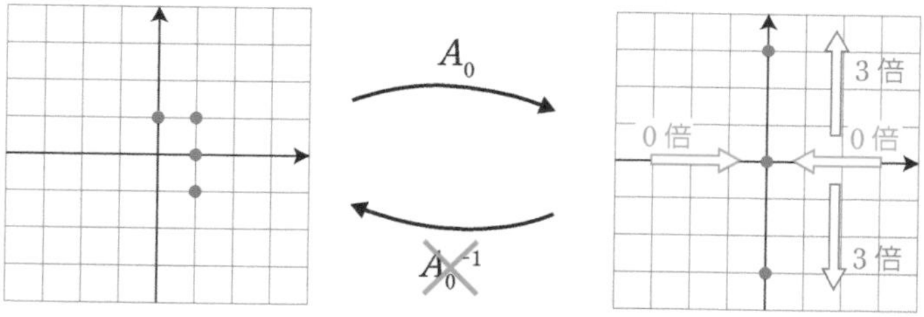

図 9.5 ランク落ちした行列 $\boldsymbol{A_0}$ のベクトル変換の例（ランク 1 の変換：ランク 1 では 1 次元の直線上に変換される）

で，これが固有ベクトルとなり，それに対応する固有値（倍率）は 3 となる．

行列 $\boldsymbol{A_0}$ の場合では，任意の 2 次元ベクトル $\boldsymbol{x}$ に対し，変換後のベクトル $\boldsymbol{x}'$ は，直線上（y 軸上）の 1 次元空間上にしか変換できない．このような場合，圧縮変換されたベクトル $\boldsymbol{x}'$ に x 軸方向に何倍しても元のベクトル $\boldsymbol{x}$ には戻らない．ゼロに何をかけてもゼロのままである．つまり，変換後のベクトル $\boldsymbol{x}'$ に何の行列をかけても，元の $\boldsymbol{x}$ には戻らない．確かに，行列式 $|\boldsymbol{A_0}| = 0$ となり，逆行列 $\boldsymbol{A_0}^{-1}$ が存在せず，逆変換 $\boldsymbol{x} = \boldsymbol{A_0}^{-1}\boldsymbol{x}'$ が計算できない．

これまでに説明してきた行列 $\boldsymbol{A}$，$\boldsymbol{A_0}$ についてまとめると，行列 $\boldsymbol{A}$ の場合では，任意の 2×1 ベクトルは 2 次元空間内のベクトルに変換される．そのとき，2 つの固有ベクトル（基準方向）を持ち，それぞれの方向に対応した固有値（倍率）で伸縮される．また，逆行列 $\boldsymbol{A}^{-1}$ が存在し，変換後のベクトルを元に戻すことも可能である．

行列 $\boldsymbol{A_0}$ の場合では，任意の 2×1 ベクトルは実質的には 1 次元空間内のベクトルに圧縮変換される．そのとき，$\boldsymbol{A_0}$ は 1 つの固有ベクトルを持ち，それに対応した固有値で伸縮される（もう 1 つの固有値である変換倍率はゼロ）．逆行列 $\boldsymbol{A_0}^{-1}$ は存在せず，変換後のベクトルを元に戻すことはできない．

このような行列が持つ「ベクトルの次元の変換性能」を**ランク**（**階数**，rank）と呼び，ランクをその行列の変換可能な次元数の値で表す．例えば，先述の行列 $\boldsymbol{A}$ の場合ではランクが 2 であり，rank($\boldsymbol{A}$)$= 2$ と書く．同様に行列 $\boldsymbol{A_0}$ の場合ではランクが 1（rank($\boldsymbol{A_0}$)$= 1$）である．一般社会でも「ランクが上」などというように，行列のランクの値が大きいほうがベクトルの次元の変換性能が高い．また，見方を変えれば，行列のランクとは，その行列の持つ「ゼロでない変換倍率（固有値）の数」ともいえる．2×2 の行列の場合の最大ランクは 2 であり，ランクが 0〜1 の場合には，行列式がゼロになり，逆行列を持たない（行列の成分がすべてゼロの場合は，ランクが 0 になる）．

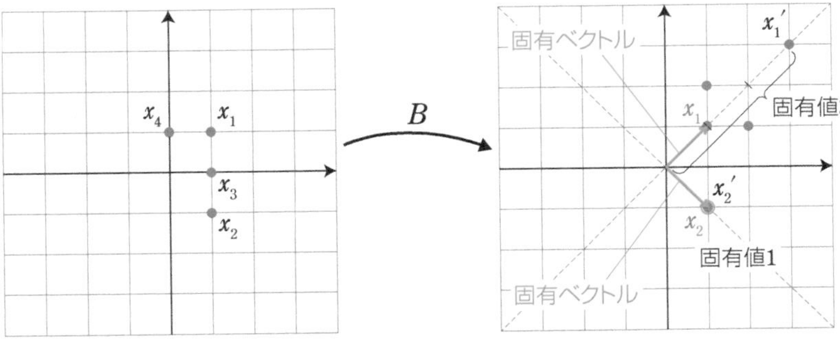

図 9.6　行列 B によるベクトル変換と固有値・固有ベクトルの関係

なお，式 (9.16) では，固有ベクトルが x 軸と y 軸上に存在した簡単な例だった．そこで他の例も見てみよう．以下の行列 $\boldsymbol{B}(2 \times 2)$ を考える．

$$\boldsymbol{B} = \begin{bmatrix} 2 & 1 \\ 1 & 2 \end{bmatrix}$$

これまでと同様に，式 (9.18) のベクトルを代入して $\boldsymbol{x}' = \boldsymbol{B}\boldsymbol{x}$ を計算すると，図 9.6 のように変換される．この場合にはベクトル $\boldsymbol{x_1}$ と $\boldsymbol{x_2}$ の方向，つまり $(1,\ -1)^T$ と $(1,\ 1)^T$ の方向には変化していない．したがって，この 2 つが固有ベクトルとなり，それぞれの方向の倍率は 3 と 1 となり，固有値は 3 と 1 である．

9.3.2 固有値・固有ベクトル

行列の性能を決定づける固有値・固有ベクトル，ランクのイメージがついたので，次に，固有値・固有ベクトルの数学的な定義を解説しよう．

今，正方行列 $\boldsymbol{A}(n \times n)$ があるとき，単位行列 $\boldsymbol{I_n}(n \times n)$ と行列式，および変数 s を用いて定義される以下の式を考える．ただし s はラプラス演算子ではないので注意すること．

$$|s\boldsymbol{I_n} - \boldsymbol{A}| = 0 \tag{9.20}$$

これを**特性方程式**といい，式 (9.20) を計算すると，以下のように記述できる．

$$|s\boldsymbol{I} - \boldsymbol{A}| = \alpha_0 s^n + \alpha_1 s^{n-1} + \ldots + \alpha_{n-1}s + \alpha_n = 0 \tag{9.21}$$

ここで $\alpha_0, \ldots, \alpha_n$ は係数である（本書では $\alpha_0 > 0$ とする [13]）．上式を満た

[13] $\alpha_0 < 0$ のときには全体にマイナスをかけて符号を反転させる．

す n 個の解（根）$s = \lambda_1, \lambda_2, \cdots, \lambda_n$ を行列 $\boldsymbol{A}$ の**固有値**という．また，それぞれの固有値 λ_i $(i = 1, \ldots, n)$ に対し，

$$\boldsymbol{A}\boldsymbol{v}_i = \lambda_i \boldsymbol{v}_i \quad (\boldsymbol{v}_i \neq 0) \tag{9.22}$$

を満たす $n \times 1$ のベクトル $\boldsymbol{v}_i$ を（λ_i に対する）**固有ベクトル**という．9.3.1 節の解説では，固有ベクトルを「行列変換のときに，方向を変えないベクトル」と説明し，固有値を「固有ベクトルの方向の倍率」と解説したが，まさに式 (9.22) がそれを数式で表現したものである．

これまでの例では，固有値・固有ベクトルの成分はすべて実数の場合を取り扱った．しかし，特性方程式 (9.21) を見ると，そこから得られる固有値・固有ベクトルは必ずしも実数とは限らず，複素数となる場合もある．

なお，$n \times n$ の正方行列 $\boldsymbol{A}$ の固有値 $\lambda_1, \cdots, \lambda_n$ に対し，行列式 $|\boldsymbol{A}|$ は以下の関係が成り立つ．

$$|\boldsymbol{A}| = \lambda_1 \lambda_2 \cdots \lambda_n$$

したがって，行列 $\boldsymbol{A}$ が逆行列を持つこと ($|\boldsymbol{A}| \neq 0$) と，すべての $i (i = 1, \ldots, n)$ に対し固有値 $\lambda_i \neq 0$ は同じ意味を持つ．これは 9.3.1 節の $\boldsymbol{A_0}$ がゼロの固有値を持ち，逆行列が存在しなかった例と一致する．

例題 3 を通じて，行列の固有値を実際に計算してみよう．

【例題 3】　以下の行列 $\boldsymbol{A}$ の固有値を求めよ．

$$\boldsymbol{A} = \begin{bmatrix} 0 & 1 \\ -\alpha & -\beta \end{bmatrix} \tag{9.23}$$

式 (9.20) より，特性方程式は以下で与えられる．

$$|s\boldsymbol{I_2} - \boldsymbol{A}| = \begin{vmatrix} s & -1 \\ \alpha & s + \beta \end{vmatrix} = s^2 + \beta s + \alpha = 0 \tag{9.24}$$

固有値は特性方程式の根であり，今回の場合には $n = 2$ であるので固有値は最大で 2 つ存在する．$\beta \neq \pm 2\sqrt{\alpha}$ のとき，固有値を λ_i $(i = 1, 2)$ とすれば，以下となる．

$$\lambda_i = \frac{-\beta \pm \sqrt{\beta^2 - 4\alpha}}{2} \tag{9.25}$$

また，$\beta = \pm 2\sqrt{\alpha}$ のときは重解となり，固有値は１つだけとなる．

9.3.3 行列のランクの特性

行列のランクについて，補足説明しておく．具体的なランクの計算方法などの詳細については他の良書[14]を参考にしてもらうとして，ここでは特に重要な性質について述べておく．先述のように，行列のランクとはその行列が任意のベクトルを何次元に変換できるかという指標であり，$n \times n$ の正方行列 $\boldsymbol{A}$ に対し，以下が成立する．

- $\mathrm{rank}(\boldsymbol{A}) \leq n$ である．例えば，3×3 行列の最大ランクは 3 となる．$n \times n$ 行列の最大ランクは n であるが，この状態を**フルランク**という．また，行列のランクが n より小さい場合，**ランク落ち**という．
- $\mathrm{rank}(\boldsymbol{A}) = n$ は $|\boldsymbol{A}| \neq 0$ と等価であり，フルランクのときは固有値 $\lambda_i \neq 0$（$i = 1, \ldots, n$）となる．したがって，「フルランクかどうか」を知りたいだけなら，固有値の値や行列式の値を計算すれば知ることができる．また，逆にその行列が逆行列を持つかどうか（行列式がゼロかどうか）を知りたい場合にも，ランクの値を調べることで知ることができる．

また，$n \times m$（$n \neq m$）の非正方行列 $\boldsymbol{B}$ でもランクは定義され，以下が成立する．

- $\mathrm{rank}(\boldsymbol{B}) \leq \min(n, m)$ である．ここで $\min(n, m)$ は n か m のどちらか小さいほうの値を意味する．例えば，2×3 の行列の場合では，ランクの最大値は 2 となる．

9.3.4 行列の正定性

次に，行列の正負について解説しよう．「行列に正とか負という概念が存在するのか？」と奇妙に思う読者も多いと思うが，その感覚は理解できる．行列には複数の数字が格納されているため，格納されている数字が正負と両方存在する場合があり，スカラと同じようには正負が定義できないからである．

今，$n \times n$ の**対称行列** $\boldsymbol{A}$ を考える．対称行列とは内部の成分が対称に配置され，$\boldsymbol{A} = \boldsymbol{A}^T$ となる正方行列である[15]．ここで，$\boldsymbol{x} \neq \boldsymbol{0}$ の任意のベクトル $\boldsymbol{x}(n \times 1)$ に対し，$\boldsymbol{x}^T \boldsymbol{A} \boldsymbol{x}$ を考える．この計算結果は 1×1 のスカラ値となる．このとき，

---

[14] 巻末ブックガイド [17–19] などを参照．

[15] 例えば，$\begin{bmatrix} 1 & 2 \\ 2 & 3 \end{bmatrix}$ など．

$$\boldsymbol{x}^T \boldsymbol{A}\boldsymbol{x} > 0$$

となる場合を**正定**という．行列 $\boldsymbol{A}$ を**正定行列**と呼び，$\boldsymbol{A} > \boldsymbol{0}$ と表記する．一方，$\boldsymbol{x}^T \boldsymbol{A}\boldsymbol{x} < 0$ を**負定**といい，その行列を**負定行列**と呼び，$\boldsymbol{A} < \boldsymbol{0}$ と表記する．また，$\boldsymbol{x}^T \boldsymbol{A}\boldsymbol{x} \geq 0$ を**準正定**（$\boldsymbol{A} \geq \boldsymbol{0}$），$\boldsymbol{x}^T \boldsymbol{A}\boldsymbol{x} \leq 0$ を**準負定**（$\boldsymbol{A} \leq 0$）という[16]．

このように行列の正定性を定義することで，スカラの場合の正負に類似して，行列の正負を取り扱うことが可能となる．

9.4 ベクトル・行列の微積分と行列指数関数

9.4.1 ベクトル・行列の微積分

ベクトル・行列についても微分・積分が定義される．例えば，式 (9.4) のベクトル $\boldsymbol{b}$ と式 (9.5) の行列 $\boldsymbol{A}$ の成分が時間 t で変化するとき，時間微分は

$$\frac{d}{dt}\boldsymbol{b}(t) = \begin{bmatrix} \frac{d}{dt}b_1(t) \\ \vdots \\ \frac{d}{dt}b_n(t) \end{bmatrix} \qquad \frac{d}{dt}\boldsymbol{A}(t) = \begin{bmatrix} \frac{d}{dt}a_{11}(t) & \cdots & \frac{d}{dt}a_{1m}(t) \\ \vdots & \ddots & \vdots \\ \frac{d}{dt}a_{n1}(t) & \dots & \frac{d}{dt}a_{nm}(t) \end{bmatrix}$$

となり，同様に時間積分は

$$\int \boldsymbol{b}(t)\ dt = \begin{bmatrix} \int b_1(t)\ dt \\ \vdots \\ \int b_n(t)\ dt \end{bmatrix} \qquad \int \boldsymbol{A}(t)\ dt = \begin{bmatrix} \int a_{11}(t)\ dt & \cdots & \int a_{1m}(t)\ dt \\ \vdots & \ddots & \vdots \\ \int a_{n1}(t)\ dt & \dots & \int a_{nm}(t)\ dt \end{bmatrix}$$

となる．さらに時間 t で変化する行列（またはベクトル）の積に対し，スカラの場合と同様に積の微分や部分積分が成立する．例えば，$\boldsymbol{AB}$ の場合では以下となる．

$$\frac{d}{dt}\big(\boldsymbol{A}(t)\boldsymbol{B}(t)\big) = \frac{d\boldsymbol{A}(t)}{dt}\boldsymbol{B}(t) + \boldsymbol{A}(t)\frac{d\boldsymbol{B}(t)}{dt}$$

---

[16] 正定行列などについて「対称行列にのみ定義される」としたが，任意の正方行列 $\boldsymbol{B}$ は対称行列 $\boldsymbol{B_s}$ と歪対称行列 $\boldsymbol{B_*}$ の和（$\boldsymbol{B} = \boldsymbol{B_s} + \boldsymbol{B_*}$）で表される．歪対称行列とは $\boldsymbol{B_*} = -\boldsymbol{B}_*^T$ を満たし，常に $\boldsymbol{x}^T\boldsymbol{B_*}\boldsymbol{x} = 0$ が成立する．したがって，任意の正方行列 $\boldsymbol{B}$ に対し，$\boldsymbol{x}^T\boldsymbol{B}\boldsymbol{x} = \boldsymbol{x}^T\boldsymbol{B_s}\boldsymbol{x} + \boldsymbol{x}^T\boldsymbol{B_*}\boldsymbol{x} = \boldsymbol{x}^T\boldsymbol{B_s}\boldsymbol{x}$ となり，本質的には，一般的な正方行列にも正定性などが拡張できる．巻末ブックガイド [19] などを参照．

$$\int_{t_1}^{t_2} \left(\frac{d\boldsymbol{A}(\tau)}{d\tau} \boldsymbol{B}(\tau) \right) d\tau = [\boldsymbol{A}(\tau)\boldsymbol{B}(\tau)]_{t_1}^{t_2} - \int_{t_1}^{t_2} \left(\boldsymbol{A}(\tau) \frac{d\boldsymbol{B}(\tau)}{d\tau} \right) d\tau$$

9.4.2 行列指数関数

最後に，現代制御において極めて重要な行列指数関数 $e^{\boldsymbol{A}t}$ について説明する．ここで $\boldsymbol{A}$ は正方行列であり，行列指数関数 $e^{\boldsymbol{A}t}$ は一見すると，自然対数の底 e（ネイピア数）を $\boldsymbol{A}t$ 乗している．指数部分に行列 $\boldsymbol{A}$ を含むため，初学者にとっては少し難解な表記である．本書では，簡単に行列指数関数について説明するが，事前にいくつかの数学の知識が必要なので，2 つのステップに分けて説明していく．

第 1 のステップとして，スカラの変数 x を持つスカラ関数 $f(x)$ について考えよう．一般に，スカラ関数 $f(x)$ は以下のように変形可能である．

$$f(x) = f(0) + \frac{1}{1!}\frac{df(0)}{dx}x + \frac{1}{2!}\frac{d^2 f(0)}{dx^2}x^2 + \cdots + \frac{1}{n!}\frac{d^n f(0)}{dx^n}x^n + \cdots \quad (9.26)$$

ここで，$\frac{d^n f(0)}{dx^n}$ は $\frac{d^n f(x)}{dx^n}$ を計算したうえで，$x = 0$ を代入したものを意味する．上式を**テイラー展開**（**マクローリン展開**）といい，多くの工学分野で用いられる重要な数学テクニックである [17]．

上式は少し複雑なので，以下のように表記すると分かりやすくなる．

$$f(x) = a_0 + a_1 x + a_2 x^2 + \cdots + a_n x^n + \cdots \quad (9.27)$$

ここで，各項の係数部分を $a_0 = f(0)$，$a_n = \frac{1}{n!}\frac{d^n f(0)}{dx^n}$ とおいている．つまり，一般に関数 $f(x)$ は x^n の無限級数として変形できるのである．

これを踏まえ，テイラー展開を用いて指数関数 $f(x) = e^x$ を変形してみよう．e^x は x で微積分しても形が変わらず，$e^0 = 1$ より次式となる．

$$e^x = 1 + x + \frac{x^2}{2!} + \frac{x^3}{3!} + \frac{x^4}{4!} + \frac{x^5}{5!} + \cdots \quad (9.28)$$

第 2 のステップとして，式 (9.27) のスカラ変数 x を正方行列 $\boldsymbol{A}(n \times n)$ で置き換え，スカラ関数 $f(x)$ の代わりに行列 $\boldsymbol{A}$ によって計算される行列 $\boldsymbol{F}(\boldsymbol{A})$ を次式でおく．

$$\boldsymbol{F}(\boldsymbol{A}) = a_0 \boldsymbol{A}^0 + a_1 \boldsymbol{A}^1 + a_2 \boldsymbol{A}^2 + \cdots + a_n \boldsymbol{A}^n + \cdots$$

[17] マクローリン展開はテイラー展開の条件の 1 つをゼロにしたものであり，式 (9.26) はそれに相当する．これらの展開式が成立するには前提条件を必要とするが，ここでは省略する．

$$= a_0\boldsymbol{I} \quad + a_1\boldsymbol{A} \quad + a_2\boldsymbol{A}^2 + \cdots + a_n\boldsymbol{A}^n + \cdots$$

上式において a_0, $a_1, \ldots$ はスカラの係数であり，行列 $\boldsymbol{F}(\boldsymbol{A})$ は $n \times n$ となる．以上を踏まえ，式 (9.28) を参考に e の行列 $\boldsymbol{A}$ 乗である $e^{\boldsymbol{A}}$ を以下で定義する．

$$e^{\boldsymbol{A}} = \boldsymbol{I} + \boldsymbol{A} + \frac{1}{2!}\boldsymbol{A}^2 + \frac{1}{3!}\boldsymbol{A}^3 + \cdots + \frac{1}{n!}\boldsymbol{A}^n + \cdots$$

さらに，上式の $\boldsymbol{A}$ の代わりに $\boldsymbol{A}$ に時間 t をかけた $\boldsymbol{A}t$ に置き換えると，次式を得る．

$$e^{\boldsymbol{A}t} = \boldsymbol{I} + \boldsymbol{A}t + \frac{1}{2!}\boldsymbol{A}^2t^2 + \frac{1}{3!}\boldsymbol{A}^3t^3 + \cdots + \frac{1}{n!}\boldsymbol{A}^nt^n + \cdots \qquad (9.29)$$

これまでの計算より，$e^{\boldsymbol{A}t}$ は $n \times n$ の行列である．この $e^{\boldsymbol{A}}$ や $e^{\boldsymbol{A}t}$ のような行列の指数関数を**行列指数関数**と呼ぶ．なお，$t = 0$ のとき $e^{\boldsymbol{A}t}$ は以下となる．

$$e^{\boldsymbol{A}\times 0} = e^{\boldsymbol{0}} = \boldsymbol{I} \qquad (9.30)$$

また，$\boldsymbol{AB} = \boldsymbol{BA}$ のときには，次式が成立する．

$$e^{\boldsymbol{A}+\boldsymbol{B}} = e^{\boldsymbol{A}}e^{\boldsymbol{B}} \qquad (9.31)$$

この行列指数関数 $e^{\boldsymbol{A}t}$ は，スカラ関数 e^{ax} と類似の性質を持つ．例えば，スカラ関数 e^{ax} では微分 $\frac{de^{ax}}{dx} = ae^x$ が成立しているが，行列指数関数についても式 (9.29) を時間 t で微分すると，次式が成立する．

$$\frac{d}{dt}(e^{\boldsymbol{A}t}) = \boldsymbol{A} + \boldsymbol{A}^2t + \frac{1}{2!}\boldsymbol{A}^3t^2 + \cdots = \boldsymbol{A}e^{\boldsymbol{A}t} = e^{\boldsymbol{A}t}\boldsymbol{A} \qquad (9.32)$$

ホイールダック1号開発の進捗

彼女はベクトル・行列の知識をマスターした．このテクニックを用いれば，現代制御の高度な制御技術を利用できるのだ！

まとめ

- ブロック行列の概念を用いることで，行列の計算が簡略化できる場合がある．
- 行列のランクとは，行列のベクトルに対する次元変換の性能を意味し，大まかにいえば，変換倍率が固有値であり，変換する方向が固有ベクトルである．
- 正方行列においてフルランクの場合には逆行列が存在する．
- ベクトル・行列の場合にも，時間に関する微積分が定義できる．
- 行列指数関数 $e^{\boldsymbol{A}t}$ は式 (9.29) で定義される．

章末問題

1. 現代制御において，なぜ行列の知識が必要なのかを 100 字程度で簡潔に説明せよ．
2. 逆行列を持つ行列 $\boldsymbol{A_2}(2 \times 2)$ と行列 $\boldsymbol{A_3}(3 \times 3)$ に対し，式 (9.7) と式 (9.8) で示される $\boldsymbol{A_2}^{-1}$ と $\boldsymbol{A_3}^{-1}$ によって，$\boldsymbol{A_2}\boldsymbol{A_2}^{-1} = \boldsymbol{I_2}$ と $\boldsymbol{A_3}\boldsymbol{A_3}^{-1} = \boldsymbol{I_3}$ となることを確かめよ．
3. 逆行列を持つ行列 $\boldsymbol{A}(2 \times 2)$ と $\boldsymbol{B}(2 \times 2)$ に対し，$(\boldsymbol{AB})^T = \boldsymbol{B}^T\boldsymbol{A}^T$ と $(\boldsymbol{AB})^{-1} = \boldsymbol{B}^{-1}\boldsymbol{A}^{-1}$ であることを確かめよ．
4. 以下の行列 $\boldsymbol{A_1}$，$\boldsymbol{A_2}$ の行列式を 9.2.5 節で解説したブロック行列を用いて求めよ（この計算結果は第 12 章で用いる）．

$$
\boldsymbol{A_1} = \begin{bmatrix} s & 0 & -1 & 0 \\ 0 & s & 0 & -1 \\ -1.1 & -35.3 & s-2.2 & -11 \\ 1 & 23 & 2 & s+10 \end{bmatrix}
$$

$$
\boldsymbol{A_2} = \begin{bmatrix} s & 0 & -1 & 0 \\ 0 & s & 0 & -1 \\ -1.1 & -10 & s-22 & -55 \\ 1 & 0 & 20 & s+50 \end{bmatrix}
$$

⑤ 以下の行列の固有値を求めよ（この計算結果は第 13 章で用いる）.

$$\begin{bmatrix} -10 & 1 \\ -10 & 0 \end{bmatrix}$$

⑥ 行列指数関数 $e^{\boldsymbol{A}t}$ の定義式を示し，$\frac{d}{dt}(e^{\boldsymbol{A}t})$ を計算せよ.

第10章

自由システムと安定性

STORY

彼女は授業が終わった講義室で，スマートフォンを開いている．これまでたくさんのホイールダック１号の動画が送られてきた．その様子からホイールダック１号製作の悪戦苦闘が伝わる．「次の夏休みには日本に帰れるかな？　私もホイールダック１号作りを手伝いたいな」再生した動画は過渡応答が改善され，安定して起き上がれるようになったホイールダック１号くんだった．「でも，これが多変数の場合でもできないといけないのよね」彼女は溜息を漏らした．

「何を見ているんだい？」「あ，教授！」そのとき，声をかけてきたのは中年美男（ナイスミドル）で灰色（グレー）の髪（ヘア）の教授だった．「先生，現代制御理論でも，ロボットの安定性を保証することってできるんですか？」そんな彼女に，教授はウィンクを返す．「もちろんだよ！　それこそが現代制御理論の得意な安定性の解析なんだよ！」

図 10.1　グレーヘアのナイスミドルな教授から現代制御理論における安定性の解析方法を学ぶ

10.1 自由システムの解析

10.1.1 安定性のイメージ

制御工学において，**安定性**は極めて重要な概念となる．一般的な概念では，安定といえば，「落ち着いていて変動の少ないこと」を意味することが多いが，制御工学では「平衡状態にある制御システムに対し，外部からの作用により微小な変化を与えられても，元の状態からのずれが一定の範囲に収まること」を意味する[1]．

言葉だけでは分かりにくいので，現代制御における安定性のイメージを，イラストを用いて説明しよう．図 10.2 では，重力が下方向に作用している状態でお椀状の物体（以下，お椀と呼ぶ）にビー玉が乗っている（図 10.2 は断面図である）．ここで，(a)～(c) の 3 つの状態を考える．図 10.2(a) では，お椀が下に凸の状態であり，図 10.2(b) では上に凸の状態である（(c) については後述する）．図のように x 軸をとり，(a) と (b) の両者ともお椀とビー玉の間に適度な摩擦が存在する．

今，時間 $t=0$ において，お椀の中央（$x=0$）でビー玉が静止しているとする．このビー玉の位置 $x(t)$ と速度 $\dot{x}(t)$ が，式 (8.1) のシステムの状態変数ベクトル $\boldsymbol{x}(t)$ の成分に相当し，今回は $\boldsymbol{x}(t)=(x(t),\ \dot{x}(t))^T$ と考えてよい．初期状態 $t=0$ では，外部から力を受けない限り，この状態（$\boldsymbol{x}=\boldsymbol{0}$）で静止し続ける．これを**平衡状態**といい，$\boldsymbol{x}=\boldsymbol{0}$ を**平衡点**という（詳細の定義は後述する）．

次に，外部から微小な力がビー玉に一瞬だけ加えられ，$\boldsymbol{x}\neq\boldsymbol{0}$ になったと

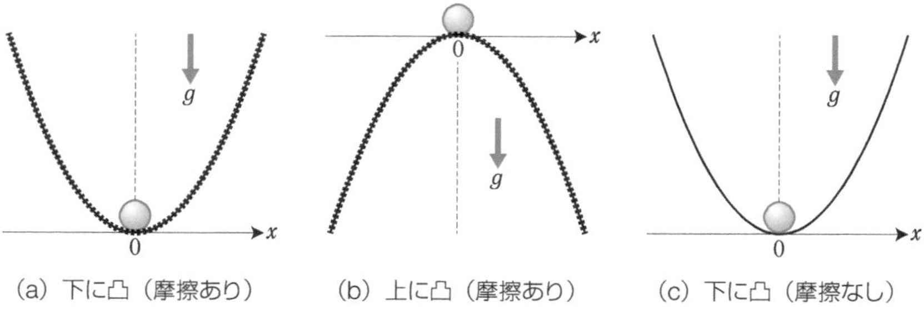

図 10.2 安定性のイメージ（その 1）

[1] weblio 国語辞典（三省堂 大辞林 第 3 版，https://www.weblio.jp/）の検索結果を参考にした．

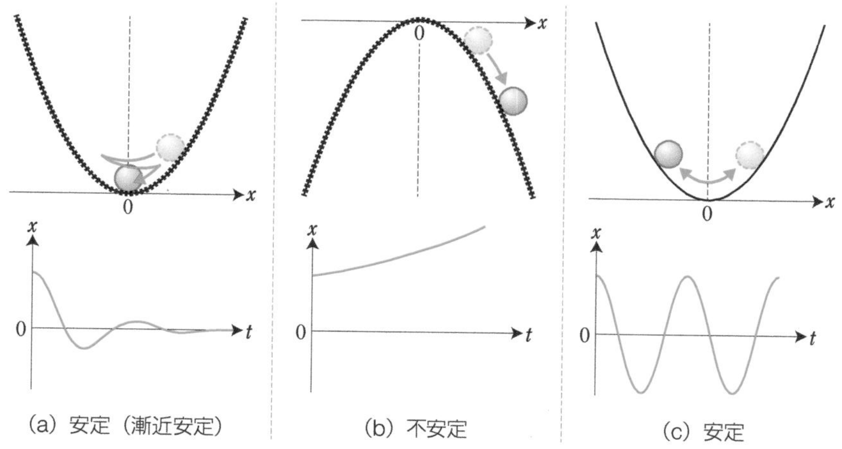

図 10.3 安定性のイメージ（その 2）

する．図 10.2(a) の場合では，図 10.3(a) のように左右に振動しながらも，時間が経過するにつれて平衡点 $\boldsymbol{x}(t) = \boldsymbol{0}$ に収束する．一方，図 10.2(b) の場合では，微小な力を受けてビー玉が平衡点から少しでも離れてしまうと，図 10.3(b) のように平衡点からどんどん離れていってしまう．イメージ的にいえば，現代制御では (a) を**安定**，(b) を**不安定**という．

さらに，図 10.2(c) を考えてみよう．(c) は (a) と同じお椀の形状であるが，お椀とビー玉の間に摩擦が存在しない場合である．平衡状態から微小な力を一瞬だけ受けると，図 10.3(c) のようにビー玉は振動をする．平衡点 $\boldsymbol{x} = \boldsymbol{0}$ に収束するわけではないが，その近傍で振動を繰り返しているだけで，振動の振幅が増加しない．この (c) の場合もビー玉の位置と速度が一定の範囲内に存在し，それ以上にならないため，安定といえる．図 10.2(a) と (c) は両方とも安定であるが，平衡点に収束する (a) の状態のことを特に**漸近安定**（ぜんきん）という．

上記のイメージを踏まえ，厳密な意味での平衡状態について説明しよう．式 (8.1) の状態方程式において状態変数ベクトルと入力ベクトルが $\boldsymbol{x}(t) = \boldsymbol{x_0}$ かつ $\boldsymbol{u}(t) = \boldsymbol{u_0}$ で

$$\dot{\boldsymbol{x}}(t) = \boldsymbol{A}\boldsymbol{x_0} + \boldsymbol{B}\boldsymbol{u_0} = \boldsymbol{0}$$

を満たすとき，$\boldsymbol{x_0}$，$\boldsymbol{u_0}$ を平衡点といい，この状態のことを平衡状態という．このとき $\dot{\boldsymbol{x}} = \boldsymbol{0}$ であるから，入力 $\boldsymbol{u}(t)$ が $\boldsymbol{u_0}$ から変化しなければ，状態変数ベクトル $\boldsymbol{x}(t)$ は $\boldsymbol{x_0}$ にとどまり続ける．

一般に制御を行う場合には，どのような制御器を用いるかが制御設計のポイントになる．そのとき重要なことは，不安定な制御システムを構築しないことである．不安定なシステムでは，図 10.3(b) のように状態変数ベクトル $\boldsymbol{x}(t)$ が時間経過とともに発散し，制御不能となる．制御不能は「システムの暴走」と言い換えたほうがイメージがわくかもしれない．ロボットアニメなどで，主人公などが操縦するロボットが制御不能になって暴走するのを想像すると分かりやすい．もし，実際の機械システムなどが暴走すれば，最悪の場合，大事故が起きる．

逆にいえば，制御の重要な視点は「システムを安定にすること」といえる．ただし，先述したように，安定だけでは状態変数がある領域にとどまっているだけであり，図 10.3(c) のように繰り返し運動を継続しているようなケースも想定される．そこで，理想的には，図 10.3(a) のように対象システムを漸近安定とし，制御により状態変数 $\boldsymbol{x}$ を平衡点（もしくはその近傍）に収束させることが最も望ましい．

したがって，本書の以下の内容では「システムをどうすれば漸近安定にできるか？」が論議の根幹となる．また，以下では単に安定といえば，特にことわりがない限り，漸近安定を指す．

10.1.2 自由システム

自由システムについて説明しよう．式 (8.1) に示されるシステムに対し，入力 $\boldsymbol{u}=\boldsymbol{0}$ の場合を考える．このシステムの状態空間表現は以下となる．

$$\dot{\boldsymbol{x}}(t) = \boldsymbol{A}\boldsymbol{x}(t) \tag{10.1}$$

$$\boldsymbol{y}(t) = \boldsymbol{C}\boldsymbol{x}(t) \tag{10.2}$$

この場合には入力が常にゼロなので，状態変数ベクトル $\boldsymbol{x}(t)$ および出力ベクトル $\boldsymbol{y}(t)$ は時間経過に伴い，初期値から自然のなすがままにしかならない．このような入力がゼロのシステムのことを**自由システム**という．例えば図 10.3(a)〜(c) のビー玉の運動は自由システムである．

後の章では，$\boldsymbol{u}=\boldsymbol{0}$ 以外の入力を与えて制御する場合についても考えるが，本章では最初の段階として，この自由システムの安定性を考えてみよう．自由システムは「何もしない（何も入力しない）」という，ある意味で放置的な制御ともいえる．このような入力 $\boldsymbol{u}=\boldsymbol{0}$ の場合にも，図 10.3(a)〜(c) のように，漸近安定な場合には状態変数ベクトル $\boldsymbol{x}(t)$ がある平衡点に収束し，不安定な場合には発散してしまう．

上式の自由システムでは，出力方程式 (10.2) より，状態変数ベクトル $\boldsymbol{x}(t)$

が発散しなければ，出力 $\boldsymbol{y}(t)$ も発散しない．また，$\boldsymbol{x}(t)$ がある値に収束すれば，$\boldsymbol{y}(t)$ も収束する．つまり，システムの安定性は状態方程式 (10.1) の行列 $\boldsymbol{A}$ がカギを握っている．例えば，9.1 節の式 (9.3) に示す 2 つのマス・バネ・ダンパシステム A と B を思い出そう．このシステムも式 (10.1)，(10.2) で表現される自由システムであった．2 つの違いは行列 $\boldsymbol{A}$ の中身であり，図 10.3(a) のようにシステム A では $\boldsymbol{x}(t) \to \boldsymbol{0}$ $(t \to \infty)$ となり，漸近安定となる．一方，システム B では図 10.3(b) のように $\boldsymbol{x}(t)$ は発散し，不安定となる．

10.1.3 状態推移行列（遷移行列）

次に，自由システムにおける状態変数ベクトル $\boldsymbol{x}(t)$ の時間変化を数学的に考えてみよう．ここでの目的は，式 (10.1) で表される状態方程式（微分方程式）の解である状態変数ベクトル $\boldsymbol{x}(t)$ を求めることである．

ただし，式 (10.1) はベクトルと行列を含む微分方程式なので，初学者は少し困惑するかもしれない．そこで，事前の準備として，まずは，式 (10.1) に形が似ているスカラ変数 $x(t)$ の微分方程式である $\dot{x}(t) = ax(t)$ について考えてみる．

式 (10.1) を解くための準備

以下の微分方程式の解 $x(t)$ を求めよう．ただし，a は定数とし，$t=0$ のとき $x(0) = x_0$ $(\neq 0)$ とする．

$$\dot{x}(t) = ax(t) \tag{10.3}$$

式 (10.3) を解くには，例えばラプラス変換を用いるなど，いくつかの方法が存在する．ここでは，「解を仮定する方法」により計算する．

式 (10.3) を見ると，変数 $x(t)$ を時間微分すれば（係数 a は存在するが），$\dot{x}(t)$ は元の変数 $x(t)$ と同じ形式となる．この特徴を持つ関数は自然対数の底（ネイピア数）e に関するものだと推測できる．そこで，解を以下と仮定する（$k_1 \neq 0$）．

$$x(t) = k_1 e^{k_2 t}$$

上式を時間微分して得られる $\dot{x}(t) = k_1 k_2 e^{k_2 t}$ より，これらを式 (10.3) に代入すると，

$$k_1 k_2 e^{k_2 t} = a k_1 e^{k_2 t}$$
$$k_2 e^{k_2 t} = a e^{k_2 t}$$

となり，$k_2 = a$ を得る．したがって，$x(t) = k_1 e^{at}$ である．これに $t = 0$ を代入すると $k_1 = x(0)$ を得る．以上より，解として次式を得る．

$$x(t) = x(0)e^{at} \tag{10.4}$$

次に，上述の解法を，式 (10.1) のベクトル・行列を含む微分方程式に拡張しよう．式 (9.32) を参考に，式 (10.1) の解 $\boldsymbol{x}(t)$ を以下のように仮定する．

$$\boldsymbol{x}(t) = e^{\boldsymbol{A}t}\boldsymbol{c} \tag{10.5}$$

ここで $\boldsymbol{c}$ は $n \times 1$ の定数ベクトルである．行列指数関数 $e^{\boldsymbol{A}t}$ は $n \times n$ の行列であり，$\boldsymbol{c}$ が $e^{\boldsymbol{A}t}$ の前でなくて後ろについているのは，ベクトル・行列の列と行の数を考慮している（図 9.2 を参照）．式 (10.5) を式 (10.1) に代入すると，式 (9.32) より次式を得る．

$$\dot{\boldsymbol{x}}(t) = \frac{d}{dt}(e^{\boldsymbol{A}t}\boldsymbol{c}) = \left(e^{\boldsymbol{A}t}\boldsymbol{A}\right)\boldsymbol{c} = \boldsymbol{A}e^{\boldsymbol{A}t}\boldsymbol{c} = \boldsymbol{A}\boldsymbol{x}(t)$$

したがって，仮定した解は微分方程式 (10.1) を満たし，この仮定が正しかったことが分かる．さらに，時間 $t = 0$ を式 (10.5) に代入すれば，$\boldsymbol{x}(t)$ の初期値 $\boldsymbol{x}(0)$ を用いて，式 (9.30) より $\boldsymbol{x}(0) = \boldsymbol{c}$ が得られる．以上より，微分方程式 (10.1) の解は次式となる．

$$\boldsymbol{x}(t) = e^{\boldsymbol{A}t}\boldsymbol{x}(0) \tag{10.6}$$

上式において，行列 $e^{\boldsymbol{A}t}$ は自由システムの状態変数ベクトル $\boldsymbol{x}(t)$ の挙動を決定する要素であり，$e^{\boldsymbol{A}t}$ を**状態推移行列**（または**遷移行列**）とも呼ぶ [2]．

状態推移行列 $e^{\boldsymbol{A}t}$ の大まかな性質はスカラ関数 $x(t) = e^{at}$ をイメージしてもらえればよい．図 10.4(a) ではスカラ関数 $x(t) = e^{at}$ の時間 t に対する値の変化を示している．この挙動は以下に大別される．

---

[2] なお，行列 $\boldsymbol{A}$ の値が与えられたとき，状態推移行列 $e^{\boldsymbol{A}t}$ の具体的な数値計算には，式 (9.29) を適度に有限の項まで計算して近似的に求める方法やラプラス変換を用いて求める方法などがある．巻末ブックガイド [19] などを参照．

(1) $a=0$ の場合： $x(t)$ は一定値（$e^0=1$）となる．
(2) $a>0$ の場合： $t\to\infty$ で $e^{at}\to\infty$ となり発散する．
(3) $a<0$ の場合： $t\to\infty$ で $e^{at}\to 0$ となりゼロに収束する．$|a|$ の値が大きいほど早くゼロに収束する．

つまり，スカラ関数 e^{at} の場合では $a>0$ の場合には不安定，$a\leq 0$ では安定，$a<0$ の場合には漸近安定に相当する．

これを踏まえ，収束性を状態推移行列 $e^{\boldsymbol{A}t}$ の場合に拡張し，（数学的な厳密性を無視し）イメージとして示したものが図 10.4(b) である．行列 $\boldsymbol{A}$ が上記の (3) の場合に相当すれば，図 10.4(b) に示すように，$e^{\boldsymbol{A}t}\to\boldsymbol{0}$ $(t\to\infty)$ となり，自由システムの式 (10.6) の状態変数ベクトル $\boldsymbol{x}(t)\to\boldsymbol{0}$ となり，漸近安定になりそうなイメージである．

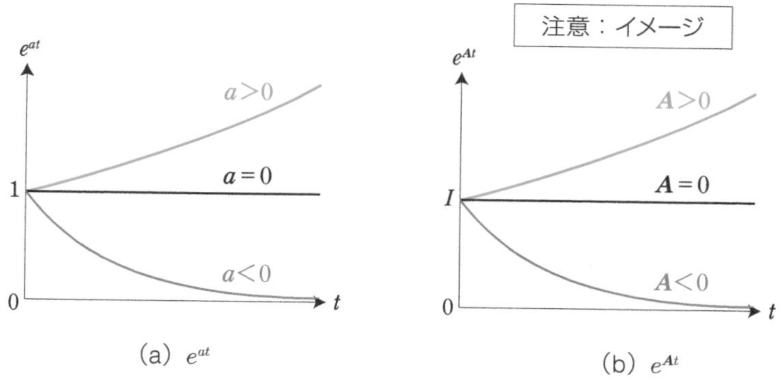

図 10.4　e^{at} と $e^{\boldsymbol{A}t}$ の収束性の違い（ただし，右図 (b) $e^{\boldsymbol{A}t}$ の場合は数学的な厳密性がなく，あくまでもイメージであるので注意）

10.2 自由システムの漸近安定性

前節では，自由システムの行列 $\boldsymbol{A}$ と状態変数ベクトルの収束性の関係をイメージで解説したが，ここでは，もう少し厳密に数学的な説明をする．自由システムの状態方程式 (10.1) を漸近安定にし，その解である式 (10.6) を $\boldsymbol{x}(t)\to\boldsymbol{0}$ $(t\to\infty)$ にするときの必要十分条件は以下で示される．

自由システムの漸近安定

状態方程式が以下で示される自由システムを考える．

$$\dot{\boldsymbol{x}}(t) = \boldsymbol{A}\boldsymbol{x}(t) \tag{10.7}$$

自由システムの任意の初期ベクトル $\boldsymbol{x}(0)$ に対し，$t \to \infty$ で $\boldsymbol{x} \to \boldsymbol{0}$ のとき，漸近安定であるという．この必要十分条件は行列 $\boldsymbol{A}$ のすべての固有値 λ_i $(i = 1, \ldots, n)$ の実部が負（Re$[\lambda_i] < 0$, $i = 1, \ldots, n$）となることである．自由システムの安定性は行列 $\boldsymbol{A}$ にのみ依存し，漸近安定のとき行列 $\boldsymbol{A}$ を**安定行列**という．また，上記の自由システムの行列 $\boldsymbol{A}$ の固有値のことを，**自由システムの極**という．

行列の固有値は，式 (9.21) の特性方程式から得られ，実数もしくは複素数となる．したがって，固有値は図 7.12 の複素平面上で表現できる．ここで，固有値における実部 $\mathrm{Re}[\lambda_i]$ は，式 (10.4) のスカラ関数の場合の a に相当する．図 10.5 のように，行列 $\boldsymbol{A}$ のすべての固有値が複素平面上で左半平面にあれば実部が負となり，漸近安定となる．1 つでも右半平面（もしくは虚軸上）に存在すれば，実部が正（もしくはゼロ）となり漸近安定とはならない．

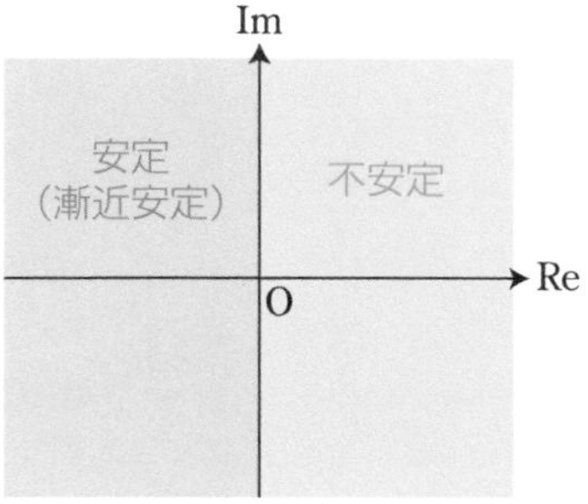

図 10.5　複素平面上における行列 $\boldsymbol{A}$ の固有値と安定性の関係（漸近安定の場合にはすべての固有値が左半平面上にある必要がある）

10.3 ラウス・フルビッツの安定判別

以上のように，式 (10.7) で示される自由システムが漸近安定かどうかは，行列 $\boldsymbol{A}$ の固有値を知ることができれば，その実部の正負で判断できる．

現在では PC・スマートフォンのアプリなどのツールを使えば，行列の固有値が瞬時に計算可能ではある．しかし，そのような便利なものがない時代，もしくは現在においてもツールが利用できない環境では，固有値を知りたければ手計算する必要がある．行列の固有値の計算方法は 9.3.2 節にて解説したが，一般に行列の行（または列）の数が大きくなると，手計算で計算するのは大変になる．

ただし，自由システムの漸近安定性だけを知りたい場合，行列 $\boldsymbol{A}$ の固有値そのものの値ではなく，行列 $\boldsymbol{A}$ が安定行列か否かを判別できればよい．この判別方法として，以下に説明するラウス・フルビッツの安定判別法がある．ここでは，この安定判別法について簡単に説明する[3]．

今，正方行列 $\boldsymbol{A}(n \times n)$ が与えられたとき，その固有値は式 (9.21) より，以下の特性方程式の解（根）$s = \lambda_1, \ldots, \lambda_n$ となる．ただし，$\alpha_0 > 0$ とする．

$$|s\boldsymbol{I} - \boldsymbol{A}| = \alpha_0 s^n + \alpha_1 s^{n-1} + a_{n-1} s^{n-2} + \ldots + \alpha_{n-1} s + \alpha_n = 0 \quad (10.8)$$

ラウス・フルビッツの安定判別法では，特性方程式の各係数の値（α_0〜α_n）により，行列 $\boldsymbol{A}$ が安定行列かどうかを判別する．特性方程式 (10.8) では，すべての根（= 固有値）$s_i = \lambda_i$（$i = 1, \ldots, n$）の実部が負になるとき，つまり，

$$\mathrm{Re}[s_i] < 0 \ (i = 1, \ldots, n)$$

となるとき，以下の 2 つの条件を満足する．

行列 A のすべての固有値の実部が負になる条件

【条件 1】 式 (10.8) のすべての係数が正となる ($\alpha_i > 0$)（$i = 1, \ldots, n$).

【条件 2】 係数 α_i（$i = 1, \ldots, n$）を用いて，表 10.1 のラウス表を作ったとき，表の左端に並ぶ係数（青色で色づけされている $\alpha_0, \alpha_1, \beta_1, \gamma_1, \cdots$）がすべて正（$> 0$）となる．

[3] 詳しくは巻末ブックガイド [21] などを参照．

ここで条件 2 のラウス表は，以下の手順で作成される．

表 10.1　ラウス表

第 1 行	α_0	α_2	α_4	α_6	$\cdots$
第 2 行	α_1	α_3	α_5	α_7	$\cdots$
第 3 行	β_1	β_2	β_3	$\cdots$	
第 4 行	γ_1	γ_2	$\cdots$		
$\vdots$	$\vdots$				

【ラウス表の作り方（表 10.1）】

【ステップ 1】　表 10.1 において，第 1 行と第 2 行に特性方程式 (10.8) の係数（$\alpha_0, \alpha_1, \ldots, \alpha_n$）の値を交互に並べる．

【ステップ 2】　第 3 行の成分（$\beta_1, \beta_2, \beta_3, \ldots$）を以下のルールに沿って計算していく．係数が存在しない場所はゼロ（$= 0$）とおいて計算する．

$$\beta_k = -\frac{1}{\alpha_1}\begin{vmatrix}\alpha_0 & \alpha_{2k} \\ \alpha_1 & \alpha_{2k+1}\end{vmatrix} = -\frac{1}{\alpha_1}(\alpha_0\alpha_{2k+1} - \alpha_1\alpha_{2k}) \quad (k = 1, \ldots)$$

例えば，β_3 の場合には，以下のように計算する（表 10.2 の□で囲まれた箇所を参照）．

$$\beta_3 = -\frac{1}{\alpha_1}\begin{vmatrix}\alpha_0 & \alpha_6 \\ \alpha_1 & \alpha_7\end{vmatrix} = -\frac{1}{\alpha_1}(\alpha_0\alpha_7 - \alpha_1\alpha_6)$$

【ステップ 3】　第 4 行の成分（$\gamma_1, \gamma_2, \gamma_3, \ldots$）を次式のようにステップ 2 と同様のルールに沿って計算していく（例えば，γ_2 の計算では表 10.3 の□の箇所を参照）．

$$\gamma_k = -\frac{1}{\beta_1}\begin{vmatrix}\alpha_1 & \alpha_{2k+1} \\ \beta_1 & \beta_{k+1}\end{vmatrix} = -\frac{1}{\beta_1}(\alpha_1\beta_{k+1} - \beta_1\alpha_{2k+1}) \quad (k = 1, \ldots)$$

【ステップ 4】　以下，同様の手順で p 番目の行に対し，その上の 2 つの行（$p-2$，$p-1$）の成分を用いて表の値を計算していく．表 10.4 のように，$p-2$ 行の成分を x_i $(i = 1, \ldots)$，$p-1$ 行の成分を y_i $(i = 1, \ldots)$，p 行の成分を z_i $(i = 1, \ldots)$ としたとき，以下のように z_k を計算していく（表 10.4 の□の箇所を参照）．これを行の成分が1つになるまで繰り返し行っていく．分母がゼロで計算不能の場合は，そこで繰り返し計算をストップする．

$$z_i = -\frac{1}{y_1}\begin{vmatrix} x_1 & x_{i+1} \\ y_1 & y_{i+1} \end{vmatrix} = -\frac{1}{y_1}(x_1 y_{i+1} - x_{i+1} y_1) \qquad (i = 1, \ldots)$$

表 10.2　ラウス表のステップ 2 の計算例

第 1 行	$\boxed{\alpha_0}$	α_2	α_4	$\boxed{\alpha_6}$	$\cdots$
第 2 行	$\boxed{\alpha_1}$	α_3	α_5	$\boxed{\alpha_7}$	$\cdots$
第 3 行	β_1	β_2	$\boxed{\beta_3}$	$\cdots$	

表 10.3　ラウス表のステップ 3 の計算例

第 1 行	α_0	α_2	α_4	α_6	$\cdots$
第 2 行	$\boxed{\alpha_1}$	α_3	$\boxed{\alpha_5}$	α_7	$\cdots$
第 3 行	$\boxed{\beta_1}$	β_2	$\boxed{\beta_3}$	$\cdots$	
第 4 行	γ_1	$\boxed{\gamma_2}$	$\cdots$		

表 10.4　ラウス表のステップ 4 の計算例

$\vdots$						
第 $p-2$ 行	$\boxed{x_1}$	x_2	$\cdots$	x_i	$\boxed{x_{i+1}}$	$\cdots$
第 $p-1$ 行	$\boxed{y_1}$	y_2	$\cdots$	y_i	$\boxed{y_{i+1}}$	$\cdots$
第 p 行	z_1	z_2	$\cdots$	$\boxed{z_i}$	z_{i+1}	$\cdots$
$\vdots$						

ラウス・フルビッツの安定判別法では，行列 $\boldsymbol{A}$ の特性方程式 (10.8) に対し，最初に条件 1 を調べる．これを満足しない場合には，行列 $\boldsymbol{A}$ は安定行列とはならない．

条件 1 を満足する場合には，ラウス表を作り条件 2 を調べる．条件 2 を満足すれば，行列 $\boldsymbol{A}$ は安定行列となり，自由システムは漸近安定となる．したがって，行列 $\boldsymbol{A}$ の固有値を直接に求めなくとも漸近安定かどうかを知ることができる．

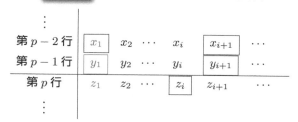

10.4 安定判別の例

10.4.1 安定なマス・バネ・ダンパシステム

具体的にいくつかの例を通じて，ラウス・フルビッツの安定判別を行ってみよう．再度，9.1 節の式 (9.1)〜(9.3) のシステムを考えよう．これはマス・バネ・ダンパの自由システムであり，行列 $\boldsymbol{A}$ は式 (9.3) の $\boldsymbol{A_A}$ と $\boldsymbol{A_B}$ の 2 つを想定している（定義より $k > 0$，$m > 0$，$\mu > 0$）．

最初に $\boldsymbol{A} = \boldsymbol{A_A}$ の場合を考えよう．$\alpha = \frac{k}{m}$，$\beta = \frac{\mu}{m}$ とおけば，行列 $\boldsymbol{A_A}$ は式 (9.23) と同じ形となり，特性方程式は式 (9.24) となる．特性方程式の各係数はすべて正となり，条件 1 を満たす．

次に，条件 2 を調べるためにラウス表を作っていこう．表 10.5 の上段 2 行のように，特性方程式の各係数を第 1〜2 行に並べる．ただし，第 2 行の最後はゼロとする．次に，先述したラウス表のルールに従って第 3 行目を計算する．今回の場合には b_1 を計算するのみでよい．

$$b_1 = -\frac{1}{\beta}\begin{vmatrix} 1 & \alpha \\ \beta & 0 \end{vmatrix} = -\frac{1}{\beta}(0 - \alpha\beta) = \alpha > 0 \tag{10.9}$$

以上より $b_1 > 0$ となり，条件 2 を満たす．したがって，この自由システムは漸近安定となり，行列 $\boldsymbol{A}(= \boldsymbol{A_A})$ の固有値の実部はすべて負となる．

上述のラウス・フルビッツの安定判別での結果が正しいか，実際に固有値を計算して確かめてみよう．式 (9.25) で求めた固有値 λ_i $(i = 1, 2)$ に $\alpha = \frac{k}{m}$ と $\beta = \frac{\mu}{m}$ を代入すれば，次式となる．

$$\lambda_i = \frac{-\mu \pm \sqrt{\mu^2 - 4mk}}{2m}$$

実部の正負については，平方根の中身で場合分けをして考えよう．$\mu^2 - 4mk \geq 0$ のとき，$\sqrt{\mu^2 - 4mk}$ は実数となり，$m > 0$ かつ $k > 0$ より $\mu > \sqrt{\mu^2 - 4mk}$ である．したがって，$-\mu \pm \sqrt{\mu^2 - 4mk} < 0$ となり，すべての固有値の実部は負となる．また，$\mu^2 - 4mk < 0$ の場合について考え

表 10.5 マス・バネ・ダンパシステムのラウス表

第 1 行	1	α
第 2 行	β	0
第 3 行	b_1	-

ると，$\sqrt{\mu^2 - 4mk}$ は虚数となることから，実部は $-\mu/2m$ となり負となる．結果として，どちらの場合も実部は負となる．

以上より，この自由システムでは，ラウス・フルビッツの安定判別法の結果が示すように，行列 $\boldsymbol{A} = \boldsymbol{A_A}$ のすべての固有値の実部が負となる．よって，$\boldsymbol{A}$ は安定行列となり，漸近安定となることが分かる．

次に，$\boldsymbol{A} = \boldsymbol{A_B}$ の場合を考えよう．この場合には式 (9.24) の特性方程式の第 3 項が負となり，条件 1 を満たさない．したがって，行列 $\boldsymbol{A} = \boldsymbol{A_B}$ は安定行列とはならず，漸近安定とはならない．

10.4.2 1 自由度の倒立振子（自由システム）

次に，図 10.6 に示す自由システムの例を考えよう．このシステムは棒が回転軸を介して地面と結合しているシステムである．これは台車型倒立振子において，台車が床に固定されているものと解釈できる．棒の質量を m，回転軸まわりの慣性モーメントを J，回転軸から重心までの距離を l_g，重力加速度を g とする．ただし，ダンパは存在せず，角度 $\theta = 0$ の近傍で解析する．この運動方程式はトルクのつり合いより

$$J\ddot{\theta}(t) = mgl_g \sin\theta(t) \tag{10.10}$$

となる．なお，トルクの正方向は角度の増加する方向とする．$\theta(t) = 0$ の近傍で $\sin\theta(t) \fallingdotseq \theta(t)$ と近似すれば，次式を得る．

$$\ddot{\theta}(t) = \frac{mgl_g}{J}\theta(t)$$

したがって，状態変数ベクトル $\boldsymbol{x} = (\theta,\ \dot{\theta})^T$ とおけば，状態方程式として以下を得る．

$$\dot{\boldsymbol{x}}(t) = \boldsymbol{A}\boldsymbol{x}(t) \qquad \text{ただし } \boldsymbol{A} = \begin{bmatrix} 0 & 1 \\ \gamma & 0 \end{bmatrix}$$

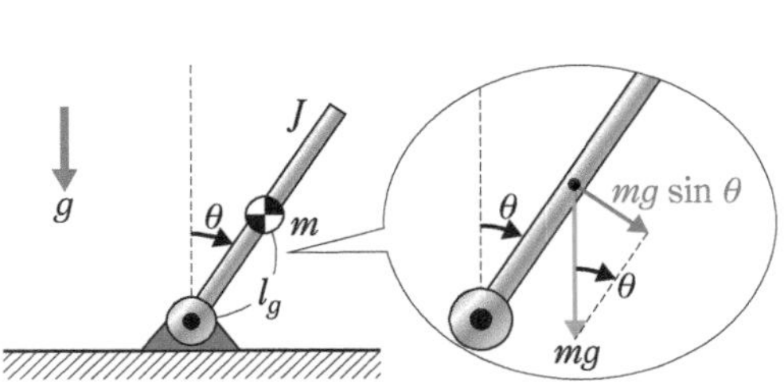

図 10.6　1 自由度の倒立振子（重力ありの回転 1 自由度システム）

ここで $\gamma = \frac{mgl_g}{J}$ とおいた．定義より $\gamma > 0$ である．

この行列 $\boldsymbol{A}$ は，式 (9.23) において $-\alpha = \gamma$ と $\beta = 0$ に置き換えたものと同じである．式 (9.24) より特性方程式は

$$s^2 - \gamma = 0$$

となる．この場合には特性方程式の係数に負が含まれており，ラウス・フルビッツの安定判別の条件 1 を満足しないため，漸近安定とならないことが分かる．念のため固有値を計算しておくと，上式より

$$\lambda_i = \pm\sqrt{\gamma}$$

となる．1 つの固有値の実部が正であるため，行列 $\boldsymbol{A}$ が安定行列にならない．図 10.6 からもイメージができるように，$t = 0$ のとき $\boldsymbol{x} \neq 0$ の初期値を与えられた場合には棒が倒れてしまい，$\boldsymbol{x}(t) \to 0$ $(t \to \infty)$ に収束しない [4]．

ホイールダック 1 号開発の進捗

彼女は，自由システムの安定性について理解し，この安定性には行列の固有値が関連していることを理解した．この概念を拡張していくことで，ホイールダック 1 号を安定に制御できるのだ！

まとめ

- 状態変数ベクトル $\boldsymbol{x}(t)$ が $t \to \infty$ で平衡点に収束することを漸近安定という．
- 式 (10.7) の自由システムが漸近安定となるには，行列 $\boldsymbol{A}$ のすべての固有値の実部が負になることである．
- ラウス・フルビッツの安定判別法を用いれば，行列の固有値を求めなくても，漸近安定かどうかを判別できる．

[4] 本例では，振子と床の衝突を無視すると，振子は振動する．この場合にはシステムは「安定」ではあるが，漸近安定とならない．行列 $\boldsymbol{A}$ が安定行列であれば漸近安定であるが，安定行列ではないからといって，ただちに「不安定」を意味するものではないことに注意が必要である．

章末問題

1. 現代制御における平衡点および平衡状態とはどのようなものか，状態方程式を用いて 150 字程度で簡潔に説明せよ．
2. 式 (8.1) で状態空間表現されるシステムに対し，自由システムはどのようなものか，30 字程度で簡潔に説明せよ．
3. 式 (10.7) の自由システムにおいて，漸近安定について簡潔に説明し，その必要十分条件を 100 字程度で述べよ．
4. 式 (10.7) の自由システムに対し，ラウス・フルビッツの安定判別法で安定解析する利点を 150 字程度で簡潔に述べよ．
5. 以下の行列 $\boldsymbol{A}'$ が安定行列となるか，ラウス・フルビッツの安定判別法によって確かめよ（この計算結果は第 13 章で用いる）．

$$\boldsymbol{A}' = \begin{bmatrix} -10 & 1 \\ -10 & 0 \end{bmatrix}$$

倒立振子への応用

第11章

STORY

夏の空は青い．ここは日本のある大きな国際空港．アメリカからの飛行機が着陸した．

彼女は入国ゲートを抜けて，手荷物受取場でスーツケースを受け取る．アメリカのお土産はスーツケースの中．でも一番のお土産はホイールダック１号を動かすための「現代制御理論」の知識だ．

彼――博士は到着ロビーで待っている．帰国前，彼女は「私がアメリカで学んできたことがきっと役に立つから，手伝わせて！」と音声通話でいっていた．自動扉が開く．彼の姿を見つけて，笑顔を浮かべる彼女．スーツケースを転がして駆け寄る．　「ただいま．お迎えご苦労さま！」「おかえり．長旅お疲れ様！　――じゃあ行こうか，研究室に」「うん，ホイールダック１号くんに，会いに！」

ついに二人は合流した．この夏，ホイールダック１号は「現代制御理論」に出会う．

図 11.1　アメリカから帰ってきた彼女と再会する博士．「現代制御」により新たな扉が開く

11.1 倒立振子の運動方程式の導出

11.1.1 対象システムの概要

第 8〜10 章での現代制御の基礎的な内容を経て，いよいよ本章より現代制御の核心となる部分に突入する．第 1 章の図 1.3(c) を思い出そう．本書の大きな目的の 1 つは台車型倒立振子でモデル化されたホイールダック 1 号の位置と姿勢の制御であった．一般に倒立振子では，多入力・多出力となり，古典制御では対応できない．そこで現代制御の出番なのだ．

特に注目すべき点は，台車型倒立振子では台車の移動は直接的に制御可能であるが，胴体部と台車部はフリージョイントで結合されている点である．したがって，胴体の回転トルクは直接的に制御できない．そのままでは，胴体は倒れてしまう．そこで，このシステムでは胴体が倒れないように，台車の移動を制御して，胴体のバランスを保つ必要がある．これは図 1.5 のホウキを逆さにしてバランスをとる遊びと類似していた．

本章では，この台車型倒立振子の運動方程式を求めて状態空間表現で表し，自由システムの場合の安定性について解析する．対象システムを再度整理しよう．ここでは，図 11.2(a) のシステムを考える（図 11.2(b) は (a) に対応した車輪型倒立振子（ホイールダック 1 号）である）．台車にとりつけられた小型の車輪ではコンピュータ制御によりトルクが発生し，台車に任意の並進力 $f(t)$ を与えることができる．台車は地面から離れず，台車は転倒しない．また，胴体部の傾き $\theta(t)$ と台車の距離 $x(t)$，および角速度 $\dot{\theta}(t)$ と速度

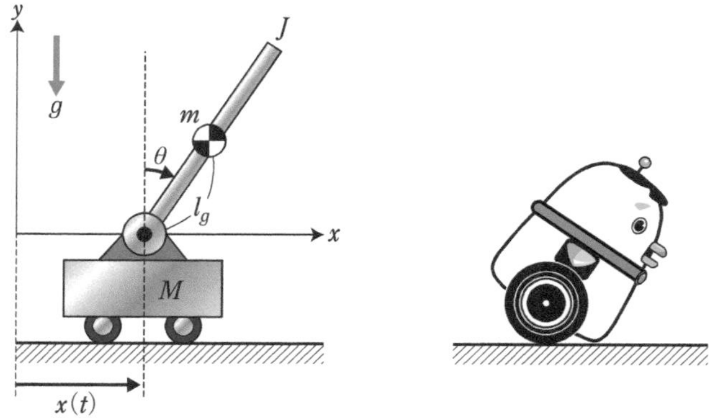

(a)　　(b)

図 11.2　台車型倒立振子のモデル化とホイールダック 1 号

$\dot{x}(t)$ はセンサによりリアルタイムに計測されている．ここで，胴体部のトルクを $\tau(t)$ とする（ただし，今回の場合では $\tau(t)$ は直接制御できず $\tau(t) = 0$ となる）．

11.1.2 ラグランジュの運動方程式

図 11.2(a) の台車型倒立振子の運動方程式を，8.2 節で学んだラグランジュの運動方程式で導出しよう．振子（胴体部）の重心まわりの慣性モーメントを J，質量を m，ジョイントから重心までの距離を l_g，台車の質量を M とする．より厳密に台車を制御するには，車輪を駆動させるモータの回路の特性（電気系の微分方程式）なども考慮すべきであるが，今回の場合には，機械要素のみに着目して解析する．

ここで，一般化座標を $x(t)$ と $\theta(t)$ とし，それらの対応する一般化力を並進力 $f(t)$ とトルク $\tau(t)$ とする．今回のシステムでは $\tau(t) = 0$ であるが，まずは一般論として $\tau(t)$ を残したまま計算していく．図 11.2(a) のように xy 座標系が存在する．また，次式以降，スペースの関係と見やすさを考慮して式展開において，(t) を適時省略して表記するので注意してほしい．

xy 座標系における胴体部の重心位置を $(x_g,\ y_g)$ とすれば，

$$\begin{cases} x_g = x + l_g \sin\theta \\ y_g = l_g \cos\theta \end{cases}$$

となる．さらに，上式を時間 t で微分して次式を得る．

$$\begin{cases} \dot{x_g} = \dot{x} + l_g\dot{\theta}\cos\theta \\ \dot{y_g} = -l_g\dot{\theta}\sin\theta \end{cases}$$

これを踏まえ，運動エネルギを計算しよう．振子の運動エネルギは回転運動の分（$\frac{1}{2}J\dot{\theta}^2$）と重心の並進運動の分（$\frac{1}{2}m(\dot{x}_g^2 + \dot{y}_g^2)$）の和であり，これに台車の運動エネルギ（$\frac{1}{2}M\dot{x}^2$）を加えれば，システム全体の運動エネルギ K は以下となる．

$$\begin{aligned} K &= \frac{1}{2}M\dot{x}^2 + \frac{1}{2}J\dot{\theta}^2 + \frac{1}{2}m(\dot{x}_g^2 + \dot{y}_g^2) \\ &= \frac{1}{2}(M+m)\dot{x}^2 + \frac{1}{2}J\dot{\theta}^2 + \frac{1}{2}ml_g^2\dot{\theta}^2 + ml_g\dot{x}\dot{\theta}\cos\theta \end{aligned} \tag{11.1}$$

次に，システム全体のポテンシャルエネルギ P は，胴体部の重力の影響のみを考慮して以下で与えられる．

$$P = mgy_g = mgl_g \cos\theta \tag{11.2}$$

以上より，ラグランジュ関数 $L = K - P$ に対し，一般化力は次式で与えられる．

$$f = \frac{d}{dt}\frac{\partial L}{\partial \dot{x}} - \frac{\partial L}{\partial x}$$
$$\tau = \frac{d}{dt}\frac{\partial L}{\partial \dot{\theta}} - \frac{\partial L}{\partial \theta}$$

上式を計算することで，運動方程式として以下を得る．

$$\begin{cases} f = (m+M)\ddot{x} + ml_g\ddot{\theta}\cos\theta - ml_g\dot{\theta}^2\sin\theta \\ \tau = (J+ml_g^2)\ddot{\theta} + ml_g\ddot{x}\cos\theta - mgl_g\sin\theta \end{cases} \tag{11.3}$$

11.2 倒立振子の状態空間表現

11.2.1 運動方程式の線形化

次に，得られた運動方程式から台車型倒立振子の状態方程式・出力方程式を導出し，状態空間表現に変換しよう．まずは，入力には $\tau(t)$ を残したままで $\boldsymbol{u}(t) = (f(t),\ \tau(t))^T$ として計算しよう．また，出力は台車の距離 $x(t)$ と胴体の角度 $\theta(t)$ とし，$\boldsymbol{y}(t) = (x(t),\ \theta(t))^T$ とする．

まず，導出された運動方程式 (11.3) は非線形な微分方程式のため，そのままでは状態空間表現にできない．そこで，2.3 節で学んだ線形近似を行う．今回は，平衡点である $\theta = x = \dot{\theta} = \dot{x} = 0$ の近傍で線形化する．$\dot{\theta}^2 \fallingdotseq 0$, $\sin\theta \fallingdotseq \theta$, $\cos\theta \fallingdotseq 1$ と近似して，式 (11.3) を書き直すと，

$$\begin{cases} f = (m+M)\ddot{x} + ml_g\ddot{\theta} \\ \tau = (J+ml_g^2)\ddot{\theta} + ml_g\ddot{x} - mgl_g\theta \end{cases}$$

となる．さらに，上式をベクトル・行列で表記すると次式を得る．

$$\begin{bmatrix} M+m & ml_g \\ ml_g & J+ml_g^2 \end{bmatrix}\begin{bmatrix} \ddot{x} \\ \ddot{\theta} \end{bmatrix} + \begin{bmatrix} 0 & 0 \\ 0 & -mgl_g \end{bmatrix}\begin{bmatrix} x \\ \theta \end{bmatrix} = \begin{bmatrix} f \\ \tau \end{bmatrix}$$

上式の左辺第 1 項の行列について逆行列を計算すると，次式を得る（式 (9.11) の例題 1 を参考のこと）．

$$\begin{bmatrix} \ddot{x} \\ \ddot{\theta} \end{bmatrix} = \frac{1}{\Delta} \begin{bmatrix} J + ml_g^2 & -ml_g \\ -ml_g & M + m \end{bmatrix} \left(\begin{bmatrix} 0 & 0 \\ 0 & mgl_g \end{bmatrix} \begin{bmatrix} x \\ \theta \end{bmatrix} + \begin{bmatrix} f \\ \tau \end{bmatrix} \right)$$

$\Delta = (M+m)J + Mml_g^2$ とする．したがって，状態方程式と出力方程式は以下となる．

$$\dot{\boldsymbol{x}}(t) = \boldsymbol{A}\boldsymbol{x}(t) + \boldsymbol{B}\boldsymbol{u}(t) \tag{11.4}$$

$$\boldsymbol{y}(t) = \boldsymbol{C}\boldsymbol{x}(t) \tag{11.5}$$

ここで

$$\boldsymbol{x}(t) = \begin{bmatrix} x(t) \\ \theta(t) \\ \dot{x}(t) \\ \dot{\theta}(t) \end{bmatrix}, \quad \boldsymbol{u}(t) = \begin{bmatrix} f(t) \\ \tau(t) \end{bmatrix}, \quad \boldsymbol{y}(t) = \begin{bmatrix} x(t) \\ \theta(t) \end{bmatrix}$$

$$\boldsymbol{A} = \begin{bmatrix} 0 & 0 & 1 & 0 \\ 0 & 0 & 0 & 1 \\ 0 & -\frac{m^2 l_g^2 g}{\Delta} & 0 & 0 \\ 0 & \frac{(M+m)mgl_g}{\Delta} & 0 & 0 \end{bmatrix}, \quad \boldsymbol{B} = \begin{bmatrix} 0 & 0 \\ 0 & 0 \\ \frac{J+ml_g^2}{\Delta} & -\frac{ml_g}{\Delta} \\ -\frac{ml_g}{\Delta} & \frac{M+m}{\Delta} \end{bmatrix} \tag{11.6}$$

$$\boldsymbol{C} = \begin{bmatrix} 1 & 0 & 0 & 0 \\ 0 & 1 & 0 & 0 \end{bmatrix} \tag{11.7}$$

である．

次に，倒立振子の場合には $\tau = 0$ となるため，τ を消去した場合の状態空間表現に拡張しておく．この場合には入力を $f(t)$ のみのスカラと考えて $u(t) = f(t)$ とし，状態方程式は式 (11.4) と式 (11.6) の代わりに

$$\dot{\boldsymbol{x}}(t) = \boldsymbol{A}\boldsymbol{x}(t) + \boldsymbol{B}u(t), \qquad \boldsymbol{B} = \begin{bmatrix} 0 \\ 0 \\ \frac{J+ml_g^2}{\Delta} \\ -\frac{ml_g}{\Delta} \end{bmatrix} \tag{11.8}$$

と表現することもできる．

11.2.2 自由システムの安定性

対象とする倒立振子の状態空間表現ができたところで，まずは入力がゼロ

の自由システムの安定性について，ラウス・フルビッツの安定判別より調べてみよう．

自由システムでは式 (11.4) の状態方程式に $\boldsymbol{u}(t) = \boldsymbol{0}$ を代入し，$\dot{\boldsymbol{x}}(t) = \boldsymbol{A}\boldsymbol{x}(t)$ となる．この行列 $\boldsymbol{A}$ の特性方程式を考えると，以下となる．

$$|s\boldsymbol{I_4} - \boldsymbol{A}| = \begin{vmatrix} s & 0 & -1 & 0 \\ 0 & s & 0 & -1 \\ 0 & \frac{m^2 l_g^2 g}{\Delta} & s & 0 \\ 0 & -\frac{(M+m)mgl_g}{\Delta} & 0 & s \end{vmatrix} = 0$$

今回の場合，$|s\boldsymbol{I_4} - \boldsymbol{A}|$ の計算は式 (9.14) に示す例題 2 の計算が適用できる．したがって，式 (9.15) より，自由システムの特性方程式 $|s\boldsymbol{I_4} - \boldsymbol{A}| = 0$ は次式となる．

$$s^4 - \frac{(M+m)mgl_g}{\Delta}s^2 = 0$$

ここで，定義より左辺第 2 項は負となる．したがって，ラウス・フルビッツの安定判別の条件 1 を満たさないために，$\boldsymbol{A}$ は安定行列とならない．事実，上式の根を求めて固有値 $\lambda_1 \sim \lambda_4$ を計算すると

$$\lambda_1 = \lambda_2 = 0, \quad \lambda_{3,4} = \pm\sqrt{\frac{(M+m)mgl_g}{\Delta}}$$

となり，すべての実部が負とならない．したがって，アクチュエータなどで制御を行わない台車型倒立振子の自由システムでは，そのままでは胴体が重力の影響で倒れていき，$\boldsymbol{x} \to \boldsymbol{0}$ に収束しない．

この倒立振子では，入力 $\boldsymbol{u}(t)$ をどのように与えてシステムを漸近安定にし，$\boldsymbol{x} \to \boldsymbol{0}$ とさせるかが制御の焦点となる．この入力 $\boldsymbol{u}(t)$ を具体的に与える方法については，次章のレギュレータで解説する．

ホイールダック 1 号開発の進捗

いよいよ，博士と彼女は合流した．彼女がアメリカで学んできた現代制御の知識が倒立振子の制御に活かされ，ホイールダック 1 号の開発が加速していく！

まとめ

- 倒立振子の運動方程式はラグランジュの運動方程式を用いて得ることができる．
- 得られた倒立振子の運動方程式は非線形微分方程式なので，そのままでは状態空間表現にできない．
- 適切な線形近似を用いることで，倒立振子の運動方程式は状態空間表現が可能となり，現代制御としての取り扱いが可能となる．

章末問題

❶ 図 11.2(a) の台車型倒立振子において式 (11.1) から，各自でラグランジュの運動方程式より式 (11.3) を導出せよ．

❷ 図 11.2(a) の台車型倒立振子において，x 方向に並進ダンパ（粘性抵抗係数 μ_x）と θ 方向に回転ダンパ（粘性抵抗係数 μ_θ）を持つシステムを考える．散逸関数を持つラグランジュの運動方程式を用いて，システムの運動方程式を導出せよ．

❸ 上問の並進ダンパと回転ダンパを持つ台車型倒立振子について，運動方程式を $\theta = x = \dot{\theta} = \dot{x} = 0$ の近傍で線形近似して状態方程式を求めよ．

第12章

レギュレータ

STORY

夏休みも真っ盛り．世の人々が海水浴だ，花火だ，盆踊りだと浮かれる中，クーラーを全開にしてもなお暑い研究室の中で，向き合う男女の姿があった．台の上にはケーブルがつながれた，白いアヒルみたいな姿をした二輪ロボットが車軸を固定されて斜め上を向いている．

「現代制御理論では，制御器を作るとき『なんとなく』決めたりしないの．制御器――レギュレータを数学的な理論に基づいて作るの」

「ほう，まるで，僕が『なんとなく』で制御器のパラメータを決めていたみたいにいうじゃないか」

「そうはいってないけど，もしこのレギュレータでホイールダック１号がちゃんと立ち上がったら，私のことを『助手』だって認めてほしいの！」

情熱的な彼女の上目遣いな視線．博士は思案した．そして「いいだろう」と頷いた．

図 12.1　現代制御に基づくレギュレータが組み込まれようとするホイールダック１号

12.1 状態変数の制御

12.1.1 状態空間表現での解

前章では，ホイールダック1号を模した台車型倒立振子を状態空間表現で表し，自由システムの安定性などについて解析した．しかし，自由システムは式 (8.1) における入力 $\boldsymbol{u}(t) = \boldsymbol{0}$ の場合であり，「何もしない」というある意味で消極的で特殊な制御であるといえる．しかし，一般的な制御では，この入力 $\boldsymbol{u}(t)$ に積極的に制御入力を与え，出力 $\boldsymbol{y}(t)$ もしくは状態変数 $\boldsymbol{x}(t)$ の値を制御する．それには，一体どんな入力 $\boldsymbol{u}(t)$ を与えてやればよいだろうか？　本章では，この入力 $\boldsymbol{u}(t)$ について考えていく．

まず，式 (8.1) で状態空間表現される対象システムに対し，何らかの入力 $\boldsymbol{u}(t)$ を与えた場合，その解である状態変数ベクトル $\boldsymbol{x}(t)$ と出力 $\boldsymbol{y}(t)$ は，どのような値となるかを示そう．結論からいえば，式 (8.1) の状態方程式の解 $\boldsymbol{x}(t)$ は次式となる．

$$\boldsymbol{x}(t) = e^{\boldsymbol{A}t}\boldsymbol{x}(0) + e^{\boldsymbol{A}t}\int_0^t e^{-\boldsymbol{A}\tau}\boldsymbol{B}\boldsymbol{u}(\tau)d\tau \tag{12.1}$$

さらに，得られた式 (12.1) の $\boldsymbol{x}(t)$ を式 (8.1) の出力方程式に代入することで，出力 $\boldsymbol{y}(t)$ は次式となる．

$$\boldsymbol{y}(t) = \boldsymbol{C}\boldsymbol{x}(t) = \boldsymbol{C}e^{\boldsymbol{A}t}\left(\boldsymbol{x}(0) + \int_0^t e^{-\boldsymbol{A}\tau}\boldsymbol{B}\boldsymbol{u}(\tau)d\tau\right) \tag{12.2}$$

したがって，入力 $\boldsymbol{u}(t)$ が時間 t の関数として与えられたときに，時間 t における状態変数ベクトル $\boldsymbol{x}(t)$ や出力 $\boldsymbol{y}(t)$ を知りたい場合には，式 (12.1), (12.2) を計算することで得られる．

いきなり解のみを示されて，少し困惑する読者もいると思うが，式 (12.1) が式 (8.1) の解であるかは，実際に $\boldsymbol{x}(t)$ を式 (8.1) に代入すれば確かめることができる．この計算は以下のコラムで補足しておく．

コラム　式 (12.1) の確かめ

ここでは，式 (12.1) が式 (8.1) の状態方程式の解であることを確認してみよう．式 (12.1) を時間 t で微分し，$\dot{\boldsymbol{x}}(t)$ を計算すると，

$$\dot{\boldsymbol{x}}(t) = \boldsymbol{A}\left[(e^{\boldsymbol{A}t}\left(\boldsymbol{x}(0) + \int_0^t e^{-\boldsymbol{A}\tau}\boldsymbol{B}\boldsymbol{u}(\tau)d\tau\right)\right] + e^{\boldsymbol{A}t}e^{-\boldsymbol{A}t}\boldsymbol{B}\boldsymbol{u}(t)$$

ここで，式 (9.31) より $e^{\boldsymbol{A}t}e^{-\boldsymbol{A}t} = \boldsymbol{I}$ であるから，

$$\dot{\boldsymbol{x}}(t) = \boldsymbol{A}\left[(e^{\boldsymbol{A}t}\left(\boldsymbol{x}(0) + \int_0^t e^{-\boldsymbol{A}\tau}\boldsymbol{B}\boldsymbol{u}(\tau)d\tau\right)\right] + \boldsymbol{B}\boldsymbol{u}(t)$$

上式の右辺第 1 項の角括弧 [ ] の内部は $\boldsymbol{x}(t)$ と同じであるから，$\dot{\boldsymbol{x}}(t) = \boldsymbol{A}\boldsymbol{x}(t) + \boldsymbol{B}\boldsymbol{u}(t)$ が得られ，式 (12.1) が式 (8.1) の状態方程式の解となることが分かる．

12.1.2 制御の目的

式 (12.1) と式 (12.2) により，ある入力 $\boldsymbol{u}(t)$ を与えたときの時間 t における $\boldsymbol{x}(t)$ と $\boldsymbol{y}(t)$ を計算する方法は分かった．しかし，実際に制御を行う場合に，我々が知りたいのは，「そもそも 制御入力 $\boldsymbol{u}(t)$ をどのように設定すればよいのか？」という点である．これは式 (12.1) と式 (12.2) からは導き出すことができない．そこで，ここでは制御の目的を明らかにしよう．

制御目的を以下のように定める．

制御の目的

式 (8.1) で表現されるシステムにおいて，平衡点を $\boldsymbol{x} = \boldsymbol{0}$ とし，時間 $t = 0$ において状態変数ベクトル $\boldsymbol{x}(0)$ が平衡点からずれているものとする（$\boldsymbol{x}(0) \neq \boldsymbol{0}$）．

このとき制御の目的は，システムの状態変数ベクトル $\boldsymbol{x}(t)$ を元の平衡状態に戻すこと，つまり $t \to \infty$ において $\boldsymbol{x}(t) \to \boldsymbol{0}$ とする．

上記を別の言い方で表現すれば，状態変数ベクトルの目標値を $\boldsymbol{x_d}$ とするとき，$\boldsymbol{x_d} = \boldsymbol{0}$（＝平衡点）と設定して，制御によって $\boldsymbol{x}$ を $\boldsymbol{x_d} = \boldsymbol{0}$ に収束させることである．これは制御を加えた対象システムに対し，制御を含むシス

テム全体を漸近安定とし，$\boldsymbol{x}(t) \to \boldsymbol{0}\ (t \to \infty)$ とすればよい．ただし，一般に制御目的は出力 $\boldsymbol{y}(t)$ の値を論じることが多いので，$\boldsymbol{x} \to \boldsymbol{x_d}(= \boldsymbol{0})$ となった平衡点において，出力 $\boldsymbol{y}$ が目標値になるように設定しておく．

例えば，第 11 章の台車型倒立振子の場合では，平衡状態 $\boldsymbol{x} = \boldsymbol{0}$ は $x = \theta = \dot{x} = \dot{\theta} = 0$ である．すなわち，初期状態から，制御によって $x = \theta = \dot{x} = \dot{\theta} = 0$ とすることが目的となる．

12.1.3 回転 1 自由度システムの PD 制御（台車・重力なしの場合）

上記の「状態変数を $\boldsymbol{x} \to \boldsymbol{0}$ とする制御法」について考えよう．いきなり第 11 章の台車型倒立振子を対象とすると少し難しいので，まずは台車を固定した 10.4.2 節の回転 1 自由度システム（図 10.6）と同様のものを考える．ただし，今回の場合には棒の軸にはアクチュエータがとりつけられており，アクチュエータを制御することで任意のトルク $\tau(t)$ を棒に与えることができるとする．まずは，簡単のため重力の影響のない場合について考えよう（重力の影響がある場合については後述する）．この運動方程式は式 (1.7) より，以下で示される．

$$J\ddot{\theta}(t) = \tau(t) \tag{12.3}$$

状態変数ベクトルを $\boldsymbol{x}(t) = (\theta(t),\ \dot{\theta}(t))^T$，入力 $u(t)$ をトルク $\tau(t)$ とし，出力 $y(t)$ を角度 $\theta(t)$ とすれば，このシステム状態空間表現は以下に置き換えられる．

$$\begin{cases} \dot{\boldsymbol{x}}(t) = \begin{bmatrix} 0 & 1 \\ 0 & 0 \end{bmatrix} \boldsymbol{x}(t) + \begin{bmatrix} 0 \\ \frac{1}{J} \end{bmatrix} u(t) \\ y(t) = (1,\ 0)\boldsymbol{x}(t) \end{cases} \tag{12.4}$$

式 (12.4) は式 (8.1) において，$\boldsymbol{A}$，$\boldsymbol{B}$，$\boldsymbol{C}$ を

$$\boldsymbol{A} = \begin{bmatrix} 0 & 1 \\ 0 & 0 \end{bmatrix}, \quad \boldsymbol{B} = \begin{bmatrix} 0 \\ \frac{1}{J} \end{bmatrix}, \quad \boldsymbol{C} = (1,\ 0) \tag{12.5}$$

とおいたものと同じである．

ここで，制御の目的を「角度 $\theta(t)$ を目標角度 $\theta_d = 0$ で停止させる（目標角速度 $\dot{\theta}_d = 0$）」としよう．つまり，$\boldsymbol{x_d} = \boldsymbol{0}$ としたうえで $\boldsymbol{x}(t) \to \boldsymbol{x_d}$ が目的となる．そこで，2.1.2 節の PD 制御の式 (2.6) を思い出し，仮想的なバネとダンパを組み合わせて，入力としてトルク $\tau(t)$ を以下で与えよう．

$$\begin{aligned}\tau(t) &= K_p(\theta_d - \theta(t)) - K_v\dot{\theta}(t) \\ &= -K_p\theta(t) - K_v\dot{\theta}(t)\end{aligned} \tag{12.6}$$

PD 制御ならば，仮想バネのトルクが目標角でゼロになり，さらに仮想ダンパの働きで $\theta \to \theta_d$ $(= 0)$ かつ $\dot{\theta} \to \dot{\theta}_d$ $(= 0)$ となることは想像できる．このPD 制御を含めたシステム全体の運動方程式は，式 (12.6) を式 (12.3) に代入して

$$J\ddot{\theta}(t) = -K_p\theta(t) - K_v\dot{\theta}(t)$$

となる．また，状態方程式は式 (12.4) に $u(t) = \tau(t)$ として式 (12.6) を代入すると，次式となる．

$$\dot{\boldsymbol{x}}(t) = \begin{bmatrix} 0 & 1 \\ 0 & 0 \end{bmatrix} \boldsymbol{x}(t) - \begin{bmatrix} 0 \\ \frac{1}{J} \end{bmatrix} (K_p,\ K_v)\,\boldsymbol{x}(t) \tag{12.7}$$

ここで各ゲイン（K_p, K_v）に関して，新たに $\boldsymbol{F}$ (1×2) を次式とおこう．

$$\boldsymbol{F} = (K_p,\ K_v) \tag{12.8}$$

これを用いて，式 (12.7) を書き直せば，以下となる．

$$\dot{\boldsymbol{x}}(t) = \boldsymbol{A}\boldsymbol{x}(t) - \boldsymbol{B}\boldsymbol{F}\boldsymbol{x}(t) = (\boldsymbol{A} - \boldsymbol{B}\boldsymbol{F})\boldsymbol{x}(t) \tag{12.9}$$

さらに，新たな行列 $\boldsymbol{A}'$ を用いて $\boldsymbol{A}' = \boldsymbol{A} - \boldsymbol{B}\boldsymbol{F}$ とおけば，式 (12.9) は

$$\dot{\boldsymbol{x}}(t) = \boldsymbol{A}'\boldsymbol{x}(t) \tag{12.10}$$

となり，今回の PD 制御を用いたシステムの場合でも，第 10 章の式 (10.1) の自由システムにおける状態方程式と等価とみなせる．このため，状態変数ベクトル $\boldsymbol{x}(t)$ の収束性について，自由システムの解析手法が利用可能となる．今回の PD 制御では式 (10.6) より，初期値 $\boldsymbol{x}(0)$ に対して式 (12.9) の解 $\boldsymbol{x}(t)$ は以下で与えられる．

$$\boldsymbol{x}(t) = e^{\boldsymbol{A}'t}\boldsymbol{x}(0) = e^{(\boldsymbol{A}-\boldsymbol{B}\boldsymbol{F})t}\boldsymbol{x}(0) \tag{12.11}$$

したがって，システムが漸近安定（$\boldsymbol{x}(t) \to \boldsymbol{0}$ $(t \to \infty)$）となる条件は，行列 $\boldsymbol{A}'$ $(= \boldsymbol{A} - \boldsymbol{B}\boldsymbol{F})$ に依存する．漸近安定の条件は 10.2 節より，行列 $\boldsymbol{A}'$ が安定行列となることであり，それは行列 $\boldsymbol{A}'$ のすべての極（固有値）の実

部が負となることである．そのとき，ラウス・フルビッツの安定判別法で安定性を判断できる．

以上より，199 ページの制御の目的に対し，PD 制御に基づく方法が有効な 1 つであることが分かる．

12.1.4 回転 1 自由度システムの PD 制御（台車なし重力ありの場合）

次に，図 10.6 の回転 1 自由度システムに対し，目標値 $\theta_d = 0$ として式 (12.6) の PD 制御を採用した場合について，重力の影響がある場合に拡張して収束性を調べてみよう．なお，$\theta(t) = 0$ の近傍で考える．

運動方程式は式 (10.10) と式 (12.3) を参考に，$\sin\theta \fallingdotseq \theta$ より次式となる．

$$J\ddot{\theta}(t) = mgl_g\theta(t) + \tau(t) \tag{12.12}$$

式 (12.12) に PD 制御として，式 (12.6) を代入した場合の状態方程式は次式となる．

$$\dot{\boldsymbol{x}}(t) = (\boldsymbol{A} - \boldsymbol{B}\boldsymbol{F})\boldsymbol{x}(t) \tag{12.13}$$

ここで，行列 $\boldsymbol{B}$ と $\boldsymbol{F}$ の構造は前例と同じであるが，行列 $\boldsymbol{A}$ の構造は少し異なり，以下となる．

$$\boldsymbol{A} = \begin{bmatrix} 0 & 1 \\ \frac{mgl_g}{J} & 0 \end{bmatrix} \tag{12.14}$$

したがって，$\boldsymbol{A}' = \boldsymbol{A} - \boldsymbol{B}\boldsymbol{F}$ を計算すると以下のようになる．

$$\boldsymbol{A}' = \boldsymbol{A} - \boldsymbol{B}\boldsymbol{F} = \begin{bmatrix} 0 & 1 \\ \frac{mgl_g - K_p}{J} & -\frac{K_v}{J} \end{bmatrix}$$

前節と同様に，角度 $\theta(t) \to 0$ かつ角速度 $\dot{\theta}(t) \to 0$ となるには $\boldsymbol{x}(t) \to \boldsymbol{0}$ となればよく，そのためには $\boldsymbol{A}'$ が安定行列となればよい．

次に行列 $\boldsymbol{A}'$ が安定行列かどうかを知るために，ラウス・フルビッツの安定判別法を用いる．行列 $\boldsymbol{A}'$ の特性方程式は次式となる（9.3.2 節の式 (9.23) を参照）．

$$|s\boldsymbol{I_4} - \boldsymbol{A}'| = \begin{vmatrix} s & -1 \\ -\frac{mgl_g - K_p}{J} & s + \frac{K_v}{J} \end{vmatrix} = s^2 + \frac{K_v}{J}s - \frac{mgl_g - K_p}{J} = 0$$

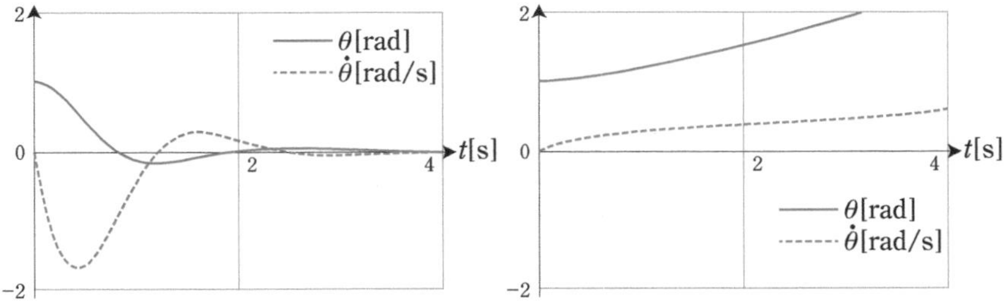

図 12.2 重力下の回転 1 自由度システムに PD 制御を行った場合のシミュレーションの例（線形化した運動方程式を使用）

上式において $K_p > mgl_g$ であれば，特性方程式の各係数がすべて正になり，ラウス・フルビッツの安定判別の条件 1 を満たしていることが分かる．次に，ラウス表を作ると，上記の特性方程式は 10.4.1 節で取り扱ったシステムと同様の形式となり，表 10.5 の b_1 は式 (10.9) より次式となる．

$$b_1 = -\frac{1}{\frac{K_v}{J}}\begin{vmatrix} 1 & -\frac{mgl_g - K_p}{J} \\ \frac{K_v}{J} & 0 \end{vmatrix} = -\frac{mgl_g - K_p}{J}$$

以上より，条件 1 と同様に $K_p > mgl_g$ であれば $b_1 > 0$ となり，条件 2 も満たす．したがって，今回の PD 制御では，比例ゲイン K_p を大きくとり，$K_p > mgl_g$ とすれば，行列 $\boldsymbol{A}'$ を安定行列にでき，システム全体を漸近安定にできる．その結果，$t \to \infty$ で $\boldsymbol{x}(t) \to 0$ になり，$\boldsymbol{x}(t)$ の中身である $\theta(t)$ も目標値である $\theta_d = 0$ に収束する（かつ $\dot{\theta}(t) \to 0$ となり静止する）．

$K_p > mgl_g$ という条件を物理的に考えてみると，図 10.6 より，PD 制御の仮想バネから生じるトルク（$K_p\theta(t)$）が，線形近似された重力によるトルク（$mgl_g\theta(t)$）より大きくなり，重力の影響に打ち勝つことを意味している．逆にいえば，$K_p \leq mgl_g$ の場合には制御トルクが重力に打ち勝つことができず，$\boldsymbol{x}(0) \neq \boldsymbol{0}$ である場合には目標値 θ_d $(= 0)$ に収束させることができない．

重力の影響下で PD 制御を行った場合の $\boldsymbol{x}(t) = (\theta(t), \dot{\theta}(t))^T$ の時間変化の例を図 12.2 に示す．$K_p > mgl_g$ を満たす場合（図 12.2(a)）には，時間経過とともに $\boldsymbol{x}(t)$ が平衡点であるゼロに近づき，$\theta(t) \to 0$ かつ $\dot{\theta}(t) \to 0$ となっている．一方，$K_p < mgl_g$ の場合（図 12.2(b)）では，状態変数が発散しているのが分かる（$K_p = mgl_g$ の場合には $t \to \infty$ で少なくとも $\theta(t) \neq 0$ となる）．

以上のように重力の影響下でも，199 ページの制御の目的に対し，PD 制御が有効である．また，行列 $\boldsymbol{A}'$ を安定行列にする条件は，重力を含む物理的な条件に関連していることが分かる．

12.2 レギュレータの概念

12.2.1 PD 制御からレギュレータへ

前節の例では 1 自由度の倒立振子において，平衡状態から少しずれた初期状態から PD 制御を用いて，状態変数ベクトルを $\boldsymbol{x} \to \boldsymbol{0}$ へ制御する方法について述べた．これを拡張し，より一般的なシステムについて解説しよう．

ここで登場するのが**レギュレータ**である．レギュレータとは，199 ページに示した制御の目的に対し，$t = 0$ のときに平衡点（$\boldsymbol{x} = \boldsymbol{0}$）からずれた状態変数 $\boldsymbol{x}(t)$ を，元の平衡点に戻すためのフィードバック制御のことをいう．レギュレータを英語で表記すると regulator であり，regulate の派生語である．regulate は「調整する」などの意味を持ち，状態変数を調節するからレギュレータと呼ばれる．

最も基本的なレギュレータでは，状態変数 $\boldsymbol{x} = (x_1, x_2, \cdots, x_n)^T$ のすべてが直接計測可能としたとき，制御入力 $\boldsymbol{u}(t)$ $(m \times 1)$ を次式で与える．

$$\boldsymbol{u}(t) = -\boldsymbol{F}\boldsymbol{x}(t) \tag{12.15}$$

ここで，行列 $\boldsymbol{F}$（$m \times n$）は以下で与えられる．

$$\boldsymbol{F} = \begin{pmatrix} f_{11} & f_{12} & \cdots & f_{1n} \\ f_{21} & f_{22} & \cdots & f_{2n} \\ \vdots & \vdots & \cdots & \vdots \\ f_{m1} & f_{m2} & \cdots & f_{mn} \end{pmatrix} \tag{12.16}$$

式 (12.15) において，目標の状態変数ベクトルを $\boldsymbol{x_d}$ としたときに，平衡点 $\boldsymbol{x_d} = \boldsymbol{0}$ であることに注目すれば，式 (12.15) は次式のように解釈できる．

$$\boldsymbol{u}(t) = \boldsymbol{F}\left(\boldsymbol{x_d} - \boldsymbol{x}(t)\right)$$

これは PD 制御のように，状態変数の目標値と現在値の差 $(\boldsymbol{x_d} - \boldsymbol{x}(t))$ に対して行列 $\boldsymbol{F}$ をかけて，それを入力 $\boldsymbol{u}(t)$ としてシステムに与えている．この式 (12.15) を**状態フィードバック制御**という．また，行列 $\boldsymbol{F}$ の中身は PD 制御におけるゲインと同様の意味を持ち，行列 $\boldsymbol{F}$ を**フィードバック係数行**

列と呼ぶ．$\boldsymbol{x_d} = 0$ とした PD 制御は，レギュレータの一種と考えることができる．

状態フィードバック制御において，フィードバック係数行列 $\boldsymbol{F}$ の中身 f_{ij} は PD 制御のゲインのように（ハードウェアの制限の範囲内で）自由に設定できる．注意点としては，適切な $\boldsymbol{F}$ を与えなければ，システムの状態方程式 (12.10) の行列 $\boldsymbol{A}' = \boldsymbol{A} - \boldsymbol{BF}$ が安定行列とならず，$\boldsymbol{x}(t) \to \boldsymbol{0}$ $(t \to \infty)$ に制御できない．逆にいえば，適切な $\boldsymbol{F}$ を与えて行列 $\boldsymbol{A}'$ のすべての固有値の実部を負にして安定行列とできれば，漸近安定となり，状態変数ベクトル $\boldsymbol{x}(t)$ を平衡点 $\boldsymbol{x_d} = \boldsymbol{0}$ に制御できる．この行列 $\boldsymbol{A}'$ $(= \boldsymbol{A} - \boldsymbol{BF})$ の固有値のことを**レギュレータの極**という．つまり，レギュレータの極が複素平面の左半平面上にあれば，行列 $\boldsymbol{A}'$ は安定行列となる．

また，PD 制御のゲインチューニングのように，フィードバック係数行列 $\boldsymbol{F}$ の値によってオーバーシュートや振動，整定時間などの目標値への収束性が異なる．したがって，「行列 $\boldsymbol{F}$ をどのような値に設定するか？」という制御設計が重要となる．これについては第 14 章で説明する．

12.2.2 レギュレータと可制御性

ここで，レギュレータと強く関連する**可制御性**について簡単に解説しておく．ただし，本書では初学者のために，式 (12.15) のレギュレータに限定した可制御の意味や使い方に焦点を当て，厳密な定義や証明などは省略する．より深く学びたい読者は他の良書を参考にしてほしい[1]．

可制御性とは，「対象システムがレギュレータを構築できるか？」という点に関する性質である．具体的には対象となるシステム式 (8.1) に対し，式 (12.15) の状態フィードバック制御でレギュレータを構築したい場合を考える．このとき，$\boldsymbol{x}(t) \to \boldsymbol{0}$ に制御可能かどうかは，これまでの解説のようにレギュレータの極，つまり $\boldsymbol{A}' = (\boldsymbol{A} - \boldsymbol{BF})$ の固有値の実部の正負を吟味すればよく，その固有値はシステムの行列 $\boldsymbol{A}$，$\boldsymbol{B}$，$\boldsymbol{F}$ に依存する．ただし，フィードバック係数行列 $\boldsymbol{F}$ は自由に決定できるのに対し，システムの物理パラメータ（質量や慣性モーメント，重力加速度など）が決定されると，行列 $\boldsymbol{A}$，$\boldsymbol{B}$ の値は固定されてしまう．

したがって，行列 $\boldsymbol{A}$ と $\boldsymbol{B}$ の値が特定の条件下では，行列 $\boldsymbol{F}$ をどのように変更しても，$\boldsymbol{A}'$ を安定行列にできず，レギュレータによって $\boldsymbol{x}(t) \to \boldsymbol{0}$ $(t \to \infty)$ に制御できない場合が存在する．その場合には，システムの変更などを検討する必要がある．

---

[1] 巻末ブックガイド [19, 21–23, 26] などを参照．

以上を踏まえ，与えられたシステムに対し「レギュレータが構築できるかどうか？」は行列 $\boldsymbol{A}$ と $\boldsymbol{B}$ のみに依存し，以下を調べることで知ることができる．

可制御性

式 (8.1) のシステムに対し，**可制御性行列** $\boldsymbol{U_c}(n \times nm)$ を以下で定義したとき

$$\boldsymbol{U_c} = [\boldsymbol{B}, \boldsymbol{AB}, \boldsymbol{A}^2\boldsymbol{B}, \cdots, \boldsymbol{A}^{n-1}\boldsymbol{B}]$$

この行列 $\boldsymbol{U_c}$ のランクが n，つまり $\text{rank}(\boldsymbol{U_c}) = n$ を満たすとき，このシステムを**可制御**といい，そうでない場合を**不可制御**という．

なお，行列 $\boldsymbol{B}$ が $n \times 1$ の場合（つまりベクトルの場合），$\boldsymbol{U_c}$ は正方行列となり，ランクを調べる代わりに行列式 $|\boldsymbol{U_c}|$ を計算し，$|\boldsymbol{U_c}| \neq 0$ の場合は $\text{rank}(\boldsymbol{U_c}) = n$ と等価となり，可制御となる．

システムが可制御であるとき，式 (12.15) の入力を用いてレギュレータを構築すると，レギュレータの極（行列 $\boldsymbol{A} - \boldsymbol{BF}$ の固有値）を任意の値に設定できる行列 $\boldsymbol{F}$ が存在する．

与えられたシステムが可制御の場合，行列 $\boldsymbol{F}$ の値を調整することで行列 $\boldsymbol{A'}$ を安定行列とし，レギュレータによる制御（$\boldsymbol{x}(t) \to \boldsymbol{0}$）が可能となる．逆に不可制御の場合には，どれほど頑張って行列 $\boldsymbol{F}$ を調節してもレギュレータで $\boldsymbol{x}(t) \to \boldsymbol{0}$ が不可能となる．そこで，レギュレータを構築したいシステムが与えられた場合，その可制御性を調べることは極めて重要となる．

実際に，12.1.4 節の重力の影響がある回転 1 自由度システムの例では，行列 $\boldsymbol{A}$ と $\boldsymbol{B}$ が

$$\boldsymbol{A} = \begin{bmatrix} 0 & 1 \\ \frac{mgl_g}{J} & 0 \end{bmatrix}, \quad \boldsymbol{B} = \begin{bmatrix} 0 \\ \frac{1}{J} \end{bmatrix}$$

で与えられ，可制御性行列 $\boldsymbol{U_c} = [\boldsymbol{B}, \boldsymbol{AB}]$ は 2×2 行列となり

$$\boldsymbol{U_c} = \begin{bmatrix} 0 & \frac{1}{J} \\ \frac{1}{J} & 0 \end{bmatrix}$$

となる．したがって，$|\boldsymbol{U_c}| \neq 0$ となり，可制御であることが分かる．

12.3 倒立振子のレギュレータ

12.3.1 対象システムの可制御性

いよいよ第 11 章で解説した，補助輪のないホイールダック 1 号を模した台車型倒立振子（図 11.2(a)）にレギュレータを搭載し，振子（胴体）が倒れないように制御することを考えよう．このシステムの運動方程式や状態空間表現などは，第 11 章で説明したとおりであるが，再度，主なポイントを整理しよう．

対象の台車型倒立振子では，台車と振子の接続部がフリージョイントとなっており，ジョイントのトルク $\tau(t)$ は常に $\tau(t)=0$ となり，能動的に制御できない．したがって，振子を倒れないように制御するには，台車に与える力 $f(t)$ を上手に制御することで，振子のバランスをとるしか方法がない．

そこで，式 (11.4)〜(11.8) で状態空間表現されるシステムに対し，状態フィードバック制御によりレギュレータを構築することで状態変数ベクトル $\boldsymbol{x} \to \boldsymbol{0}$ と制御したい．その結果として $\boldsymbol{x}(t)=(x(t),\theta(t),\dot{x}(t),\dot{\theta}(t))^T$ の成分である台車の距離 $x(t)$ と速度 $\dot{x}(t)$，および振子の角度 $\theta(t)$ と角速度 $\dot{\theta}(t)$ をそれぞれゼロに収束させることができ，振子が常に倒れずに鉛直にバランスをとっている状態に制御できる．

今回の場合では，入力 $u(t)$ を台車に与える力 $f(t)$ (1×1) のみとし，レギュレータとしてスカラ入力 $u(t)$ (1×1) を以下で与える．したがって，状態方程式と行列 $\boldsymbol{B}$ は式 (11.8) のものを用いる．

$$u(t)=f(t)=-\boldsymbol{F}\boldsymbol{x}(t) \tag{12.17}$$

ここで，フィードバック係数行列 $\boldsymbol{F}$ は以下で定義する．

$$\boldsymbol{F}=(f_1,\ f_2,\ f_3,\ f_4)$$

以下では，具体的な物理パラメータを用いて，対象システムのレギュレータについて解析しよう．ここでは次の値を用いる（計算しやすい値を用意した）．

$$\begin{aligned} M=0.9\ [\mathrm{kg}],\quad m=0.1\ [\mathrm{kg}],\quad J=0.01\ [\mathrm{kgm^2}] \\ l_g=1.0\ [\mathrm{m}],\quad g=10.0\ [\mathrm{m/s^2}] \end{aligned} \tag{12.18}$$

これらの値を式 (11.6) の行列 $\boldsymbol{A}$ と式 (11.8) の行列 $\boldsymbol{B}$ に代入すると，$\Delta=0.1$ となり，状態方程式の行列 $\boldsymbol{A}$ と $\boldsymbol{B}$ は以下となる．

$$
\boldsymbol{A}=\begin{bmatrix} 0 & 0 & 1 & 0 \\ 0 & 0 & 0 & 1 \\ 0 & -1 & 0 & 0 \\ 0 & 10 & 0 & 0 \end{bmatrix}, \quad \boldsymbol{B}=\begin{bmatrix} 0 \\ 0 \\ 1.1 \\ -1 \end{bmatrix} \tag{12.19}
$$

このシステムに対し，「レギュレータで $\boldsymbol{x} \to \mathbf{0}$ に制御可能か？」を調べるために可制御性を調べよう．今回の場合は行列 $\boldsymbol{B}$ が 4×1 となり，可制御性行列 $\boldsymbol{U_c}$ は正方行列となる．したがって，行列式 $|\boldsymbol{U_c}|$ を計算することで，可制御性が判断できる．実際に上記の行列 $\boldsymbol{A}$ と $\boldsymbol{B}$ の値を用いて可制御性行列 $\boldsymbol{U_c}$ を求め，その行列式を計算すると $|\boldsymbol{U_c}| \neq 0$ となる．今回の場合は $n=4$ であるから，$\mathrm{rank}(\boldsymbol{U_c})=4$ となる．したがって，このシステムは可制御となりレギュレータが構築できる．なお，この可制御性行列の計算については章末問題としたので，興味のある読者はトライしてほしい．

12.3.2 安定なフィードバック係数行列によるレギュレータの構築

式 (12.18) のパラメータを持つ倒立振子が可制御であり，レギュレータが構築可能であることは分かった．しかし，実際の制御ではレギュレータのフィードバック係数行列 $\boldsymbol{F}$ の値によって，レギュレータの極（$\boldsymbol{A}-\boldsymbol{BF}$ の固有値）が変化する．したがって，行列 $\boldsymbol{F}$ の選定も重要になってくる．今回は，以下のフィードバック係数行列 $\boldsymbol{F_1}$ を用意した[2]．

$$
\boldsymbol{F_1}=(-1, \ -33, \ -2, \ -10)
$$

この行列 $\boldsymbol{F_1}$ を用いて，レギュレータを構築するときの $\boldsymbol{x}(t)$ の収束性について解析しよう．式 (12.17) に $\boldsymbol{F}=\boldsymbol{F_1}$ を代入すると，行列 $\boldsymbol{A}-\boldsymbol{BF_1}$ は以下となる．

$$
\boldsymbol{A}-\boldsymbol{BF_1}=\begin{bmatrix} 0 & 0 & 1 & 0 \\ 0 & 0 & 0 & 1 \\ 0 & -1 & 0 & 0 \\ 0 & 10 & 0 & 0 \end{bmatrix}-\begin{bmatrix} 0 & 0 & 0 & 0 \\ 0 & 0 & 0 & 0 \\ -1.1 & -36.3 & -2.2 & -11 \\ 1 & 33 & 2 & 10 \end{bmatrix}
$$

[2] このフィードバック係数行列 $\boldsymbol{F_1}$ の各値は，リカッチ方程式による最適レギュレータの設計法を参考に決定した．リカッチ方程式の詳細は巻末ブックガイド [19, 21–23, 25, 26] などを参照．

表 12.1 特性方程式 (12.20) のラウス表

第 1 行	1	21.9	10
第 2 行	7.8	20	0
第 3 行	β_1	β_2	−
第 4 行	γ_1	−	−

$$= \begin{bmatrix} 0 & 0 & 1 & 0 \\ 0 & 0 & 0 & 1 \\ 1.1 & 35.3 & 2.2 & 11 \\ -1 & -23 & -2 & -10 \end{bmatrix}$$

次に，状態方程式 $\dot{\boldsymbol{x}}(t) = (\boldsymbol{A} - \boldsymbol{BF_1})\boldsymbol{x}(t)$ の漸近安定性をラウス・フルビッツの判別法で確認しよう．行列 $\boldsymbol{A'}$ を $\boldsymbol{A'} = \boldsymbol{A} - \boldsymbol{BF_1}$ と定義し，特性方程式を求めると，次式となる．

$$|s\boldsymbol{I_4} - \boldsymbol{A'}| = \begin{vmatrix} s & 0 & -1 & 0 \\ 0 & s & 0 & -1 \\ -1.1 & -35.3 & s-2.2 & -11 \\ 1 & 23 & 2 & s+10 \end{vmatrix}$$

この行列式を計算し，特性方程式を求めると以下となる（この導出には第 9 章の章末問題で同じ問題を解いているので，結果のみを記す）．

$$|s\boldsymbol{I_4} - \boldsymbol{A'}| = s^4 + 7.8s^3 + 21.9s^2 + 20s + 10 = 0 \qquad (12.20)$$

式 (12.20) についてラウス表を作ると表 12.1 となり，表中の β_1，β_2，γ_1 は以下より得られる．

$$\beta_1 = -\frac{1}{7.8}\begin{vmatrix} 1 & 21.9 \\ 7.8 & 20 \end{vmatrix} \fallingdotseq 19.34 > 0$$

$$\beta_2 = -\frac{1}{7.8}\begin{vmatrix} 1 & 10 \\ 7.8 & 0 \end{vmatrix} = 10 > 0$$

$$\gamma_1 = -\frac{1}{\beta_1}\begin{vmatrix} 7.8 & 20 \\ \beta_1 & \beta_2 \end{vmatrix} \fallingdotseq 15.97 > 0$$

表 12.1 のラウス表より，第 1 列目の係数すべてが正となり，行列 $\boldsymbol{A} - \boldsymbol{BF_1}$ のすべての固有値（レギュレータの極）の実部が負となる．よって $\boldsymbol{x}(t) \to \boldsymbol{0}$ $(t \to \infty)$ となり，状態フィードバック制御を用いることでレギュレータが

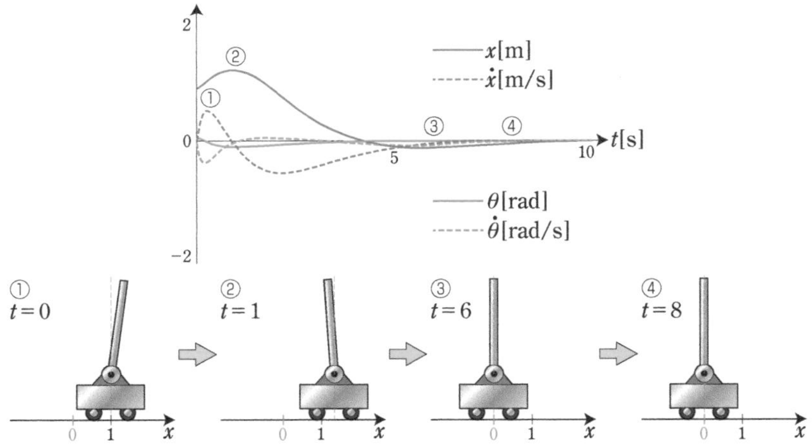

図 12.3　台車型倒立振子のレギュレータのシミュレーション結果（フィードバック係数行列 $\boldsymbol{F}_1$ を用いた成功例，$\boldsymbol{x}_0 = (1,\ 0.1,\ 0,\ 0)^T$）

可能となる．したがって，対象システムである台車型倒立振子の制御が可能となり，台車の移動のみで振子が倒れずに鉛直に保つことができる．

実際，$\boldsymbol{A} - \boldsymbol{B}\boldsymbol{F}_1$ の固有値を計算すると（実部の小さい順に $\lambda_1 \sim \lambda_4$）

$$\lambda_{1,2} \fallingdotseq -3.35 \pm 1.61j, \quad \lambda_{3,4} \fallingdotseq -0.54 \pm 0.65j$$

となり，すべての実部が負であることを確認できる[3]．

レギュレータの制御を台車型倒立振子に与えた場合の運動シミュレーション結果を図 12.3 に示す．図 12.3 はフィードバック係数行列として $\boldsymbol{F}_1$ を用いた場合であり，レギュレータにより状態変数ベクトル $\boldsymbol{x} \to 0$ となり，目標値である $x = \theta = \dot{x} = \dot{\theta} = 0$ に収束している．したがって，制御によって振子の転倒を防止できていることがシミュレーションからも確認できる．

12.3.3　不安定なフィードバック係数行列を用いた例

次に，行列 $\boldsymbol{F}_1$ と異なるフィードバック係数行列を用いた例として，以下の行列 $\boldsymbol{F}_2$ を採用した場合について考えてみよう．

$$\boldsymbol{F}_2 = (-1,\ -10,\ -20,\ -50)$$

この場合の行列 $\boldsymbol{A}' = \boldsymbol{A} - \boldsymbol{B}\boldsymbol{F}_2$ は以下となる．

---

[3] 上記の固有値の計算は，後述の 15.2 節で紹介する数値計算ソフト Scilab(ver 6.1.1) を用いた．また，次の行列 $\boldsymbol{F}_2$ を用いた不安定な例も同様である．

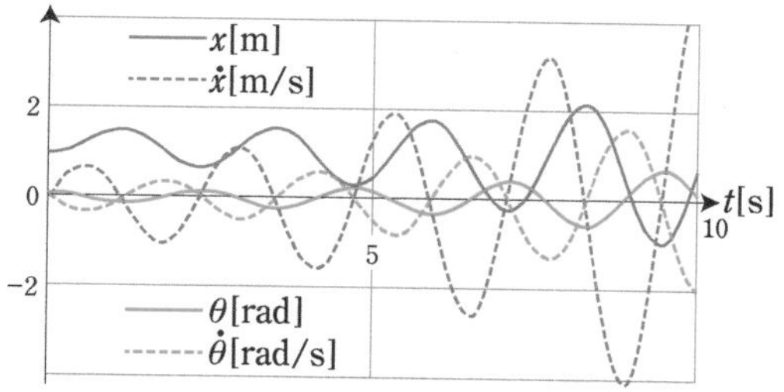

図 12.4　台車型倒立振子のレギュレータのシミュレーション結果（フィードバック係数行列 $\boldsymbol{F_2}$ を用いた失敗例，$\boldsymbol{x}_0 = (1,\ 0.1,\ 0,\ 0)^T$）

$$\boldsymbol{A'} = \boldsymbol{A} - \boldsymbol{B}\boldsymbol{F_2} = \begin{bmatrix} 0 & 0 & 1 & 0 \\ 0 & 0 & 0 & 1 \\ 1.1 & 10 & 22 & 55 \\ -1 & 0 & -20 & -50 \end{bmatrix}$$

さらに，特性方程式 $|s\boldsymbol{I_4} - \boldsymbol{A'}| = 0$ は以下となる（先ほどと同様に，本例でも第 9 章の章末問題で $|s\boldsymbol{I_4} - \boldsymbol{A'}|$ の行列式を求めているので，結果のみを記す）．

$$\begin{vmatrix} s & 0 & -1 & 0 \\ 0 & s & 0 & -1 \\ -1.1 & -10 & s-22 & -55 \\ 1 & 0 & 20 & s+50 \end{vmatrix} = s^4 + 28s^3 - 1.1s^2 + 200s + 10 = 0$$

この特性方程式では第 3 項の係数が負であり，ラウス・フルビッツの安定判別の条件 1 を満たしていない．したがって，$\boldsymbol{F_2}$ の値を用いた行列 $\boldsymbol{A'}$ は安定行列とならず，このレギュレータでは $t \to \infty$ で $\boldsymbol{x}(t)$ がゼロに収束せず，目標の制御が実現できない．

実際，この場合の固有値を計算すると，

$$\lambda_1 \fallingdotseq -28.29, \quad \lambda_2 \fallingdotseq -0.05, \quad \lambda_{3,4} \fallingdotseq 0.17 \pm 2.65j$$

となり，「すべての固有値の実部が負」となっていない．図 12.4 にはフィードバック係数行列として $\boldsymbol{F_2}$ を用いた場合のシミュレーション結果を示している．この場合には状態変数ベクトル $\boldsymbol{x} \to \boldsymbol{0}$ とはならず，振子が転倒して $\theta = 0$ を保持できていない [4]．

[4] 対象システムでは運動方程式を $\boldsymbol{x} = 0$ の近傍で線形近似しているため，$\boldsymbol{x} = \boldsymbol{0}$ から大きくずれると，近似前の運動方程式の挙動と誤差が大きくなっている可能性があるので，注意が必要である．

以上のように，可制御であるシステムでも，それはレギュレータ構築が可能であることを示しているだけで，適切なフィードバック係数行列を選定しなければ，平衡点に収束させることができない．また，仮に収束できたとしても，フィードバック係数行列の値によってはオーバーシュートや振動などの収束性が変化する．この点については，PD 制御を思い出してもらえればイメージできるだろう．このフィードバック係数行列 $\boldsymbol{F}$ の決め方については後述の 14.1 節で説明する．

ホイールダック 1 号開発の進捗

大喜びする博士と彼女．「立った！　立った！！ホイールダックが補助輪なしで立った！！」レギュレータによる状態フィードバック制御を用いて，立ち上がるホイールダック 1 号．ホイールダック 1 号は倒立した状態を保つことが可能となったかに思えた……が，物語は次章に続く．

まとめ

- システムが可制御の場合には，レギュレータを構築することで状態変数ベクトルを平衡点に制御できる．
- 可制御性行列のランクを調べることで可制御性を知ることができる．
- レギュレータにより，状態変数ベクトルを平衡点に制御するためには，レギュレータのすべての極は複素平面の左半平面上に存在しなくてはならない．

章末問題

1. 式 (8.1) のシステムが可制御であることは，レギュレータを構築するうえで，どのような意味を持つかを 100 字程度で簡潔に説明せよ．
2. 式 (8.1) のシステムが可制御であるとき，レギュレータを構築し，式 (12.15) の状態フィードバック制御で状態変数ベクトルを $\boldsymbol{x}(t) \to 0$ $(t \to \infty)$ と制御したい場合の条件を 50 字程度で簡潔に説明せよ．
3. 式 (12.19) で表現されるシステムが可制御であることを調べよ．

第13章

オブザーバ

STORY

『一体いつからすべての状態変数が観測できると錯覚していた？』そんな声が聞こえた気がした．

研究所のパソコンに向かって博士は頭を抱えた．確かに彼女——助手が教えてくれた現代制御理論はレギュレータの作り方を教えてくれる．しかし，ホイールダック１号を組み上げた博士は気づく．「このロボット，状態変数の１つである『角度』はエンコーダによって計測することができる．でも，制御のためには状態のもう１つである『角速度』も分からなくちゃいけないんだ！　どうすればいいんだ？」

そんな博士の肩に，そっと助手が手を乗せる．そう，彼女は知っていたのだ．現代制御理論が与える手法．レギュレータと対をなすその手法．その名は——オブザーバ．

図 13.1　状態変数が部分的にしか計測できない問題に頭を抱える博士

13.1 オブザーバの概念

13.1.1 オブザーバとは

第 12 章で紹介したレギュレータでは，すべての状態変数 $\boldsymbol{x}(t)$ をリアルタイムで直接的に計測可能であることを前提とし，それを状態フィードバック制御していた．しかし，実際のシステムでは一部もしくはすべての状態変数の計測が困難な場合もある．例えば，先述した台車型倒立振子では，状態変数は $\boldsymbol{x}(t) = (x,\ \dot{x},\ \theta,\ \dot{\theta})^T$ であり，レギュレータを構築するときには，台車距離 $x(t)$，台車速度 $\dot{x}(t)$，振子角度 $\theta(t)$，振子角速度 $\dot{\theta}(t)$ の 4 つを同時にセンサでリアルタイム計測する必要がある．しかし，コストやスペースなどの問題でセンサが設置できない場合や，技術的に計測そのものが困難な場合もある．

このような場合には，計測できない状態変数を推定する機能を組み込み，その推定された状態変数によって，状態フィードバック制御を行う方法がある．この「状態変数を推定する機能」を**オブザーバ**という．オブザーバとは英語で書くと observer であり，observe の派生語である．これは「観測する」などの意味がある．オブザーバを直訳すると「観測するもの」という意味になるが，実際には観測より推定という言葉のほうがしっくりくる．

このオブザーバのイメージを示したものが図 13.2 である．図 13.2 のようにオブザーバは状態空間表現された行列（$\boldsymbol{A}, \boldsymbol{B}, \boldsymbol{C}$）と入出力（$\boldsymbol{u}(t)$，$\boldsymbol{y}(t)$）の値から，時刻 t での状態量 $\boldsymbol{x}(t)$ を推定する．本章では，オブザーバの機能や理論に焦点を当てる．なお，レギュレータにオブザーバを組み合わせる方法は，次の第 14 章で説明する．

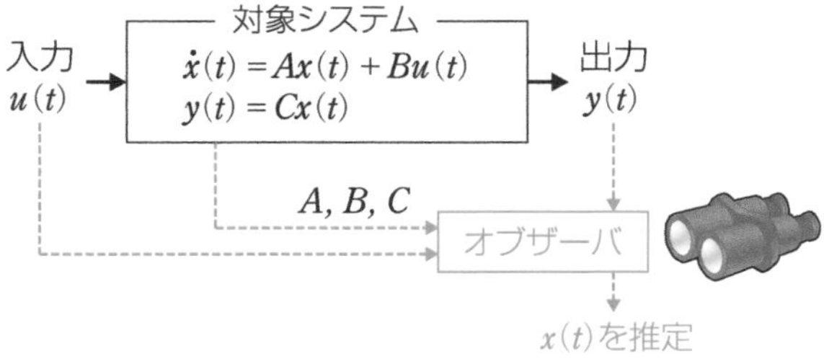

図 13.2 オブザーバの概念（イメージ）

13.1.2 制御システムの物理パラメータを推定する例

初学者はオブザーバの概念を理解しづらいため，まずは「特定の値を推定する」ことについて説明しよう．簡単な例として，入出力の値から運動方程式の物理パラメータを推定する方法を紹介する．

今，1 自由度で並進運動する質量 m の物体を考え，力 $f(t)$ を与えたときの加速度 $a(t)$ を考える．このシステムの入力 $u(t)$ を力 $f(t)$，出力 $y(t)$ を加速度 $a(t)$ と考えると，この運動方程式は次式で示される．

$$u(t) = my(t) \tag{13.1}$$

本例では質量 m を推定することを考えよう（したがって，m の値は不明とする）．この場合では，対象システムの運動方程式 (13.1) が正確に情報として与えられ，さらに入力 $u(t)$ と出力 $y(t)$ の値が正確に分かることができていれば，このときの質量 m は $m = \frac{u(t)}{y(t)}$ を計算することで推定できる（ただし，$y(t) \neq 0$ のときに限る）．このように，運動方程式が事前に正確に分かり，入出力の値をリアルタイム計測できれば，運動方程式の内部のパラメータを推定できることがイメージできるだろう．

オブザーバでは上述の方法を拡張して，物理パラメータではなく，状態変数ベクトル $\boldsymbol{x}(t)$ を推定する．

13.2 オブザーバの導出

13.2.1 オブザーバの式

次に，詳細なオブザーバの解説をしていく．対象は式 (8.1) に示されたシステムとし，行列 $\boldsymbol{A}$，$\boldsymbol{B}$，$\boldsymbol{C}$ の値は正確に分かっているものとする．オブザーバが成立するには条件が存在するが，まずは条件を満たしていることを前提に話を進める（条件の詳細は後述する）．

今，対象システムに対し，何らかの制御をしている状態を想定する（自由システムを含む）．ただし，状態変数ベクトル $\boldsymbol{x}(t)$ の値の一部（または全部）はリアルタイムに計測できず，時間 t における $\boldsymbol{x}(t)$ の値は不明とする．このとき，状態変数ベクトル $\boldsymbol{x}(t)$ の正しい値が計測できないだけで，時間 t の対象システムにおいて $\boldsymbol{x}(t)$ は何らかの数値として存在していることに注意してほしい．以下では，実際の状態変数ベクトル $\boldsymbol{x}(t)$ を「真値」と呼ぶ．

一方，制御中にフィードバックなどを目的に状態変数ベクトル $\boldsymbol{x}(t)$ を知りたい場合には，何らかの方法で状態変数の値を推定しなくてはならない．しかし，推定した値は必ずしも真値とは限らない．そこで，この推定された状態変数ベクトルを $\hat{\boldsymbol{x}}(t)$ とする．これを「推定値」と呼び，真値 $\boldsymbol{x}(t)$ と区別する．

もし，推定値が完全に真値と一致していれば，$\hat{\boldsymbol{x}}(t)-\boldsymbol{x}(t)=\boldsymbol{0}$ となる．この推定値 $\hat{\boldsymbol{x}}(t)$ を計算する方法がオブザーバである．結論からいえば，推定値 $\hat{\boldsymbol{x}}(t)$ が計算できるオブザーバは式 (13.2) で与えられる（詳細については後述する）．

$$\dot{\hat{\boldsymbol{x}}}(t)=(\boldsymbol{A}-\boldsymbol{K}\boldsymbol{C})\hat{\boldsymbol{x}}(t)+\boldsymbol{K}\boldsymbol{y}(t)+\boldsymbol{B}\boldsymbol{u}(t) \tag{13.2}$$

ここで，$\boldsymbol{K}$ は $n\times l$ 行列であり，その値はオブザーバの設計者が決定できる．

式 (13.2) を用いることで，対象システムに何らかの制御入力 $\boldsymbol{u}(t)$ が与えられたときの出力 $\boldsymbol{y}(t)$ を計測しておき，直前に得られた $\hat{\boldsymbol{x}}(t)$ と行列 $\boldsymbol{A}$，$\boldsymbol{B}$，$\boldsymbol{C}$，$\boldsymbol{K}$ の値を式 (13.2) に代入することで，$\dot{\hat{\boldsymbol{x}}}(t)$ を計算できる．ただし，式 (13.2) で得られる $\dot{\hat{\boldsymbol{x}}}(t)$ は推定値 $\hat{\boldsymbol{x}}(t)$ の時間微分であるので，$\hat{\boldsymbol{x}}(t)$ を得るには $\dot{\hat{\boldsymbol{x}}}(t)$ を時間 t で積分する必要がある．そこで，最初に $\hat{\boldsymbol{x}}(t)$ の $t=0$ における初期値 $\hat{\boldsymbol{x}}(0)$ を適当に（適切に）決めておき，次式を計算することで $\hat{\boldsymbol{x}}$ を得ることができる．

$$\hat{\boldsymbol{x}}(t)=\int_0^t \dot{\hat{\boldsymbol{x}}}(\tau)\,d\tau+\hat{\boldsymbol{x}}(0) \tag{13.3}$$

式 (13.3) の計算では真値の初期値 $\boldsymbol{x}(0)$ は計測できないので，当然ながら $\hat{\boldsymbol{x}}(0)\neq\boldsymbol{x}(0)$ となる．しかし，システムを制御中に，サブプログラムとして式 (13.2)，(13.3) をリアルタイム計算することで，時間 t の経過とともに推定値 $\hat{\boldsymbol{x}}(t)$ は真値 $\boldsymbol{x}(t)$ に近づいていき，$\boldsymbol{x}(t)$ の推定が可能となる．

オブザーバは制御法そのものではなく，補助的に $\boldsymbol{x}(t)$ を推定するものであることに注意してほしい．

13.2.2 オブザーバの導出過程

なぜ，式 (13.2) がオブザーバとして成立するのか？ 唐突に結果の式のみが登場してしまったので戸惑う読者がほとんどだろう．次に，上記のオブザーバの導出について，順番に説明していこう．

再度，前提を整理しよう．式 (8.1) の対象システムにおいて，状態変数ベクトル $\boldsymbol{x}(t)$ の一部（もしくは全部）が計測できないものとする．このままでは，状態フィードバック制御ができないので，オブザーバを用いて，時間

$t \to \infty$ で $\hat{\boldsymbol{x}}(t) \to \boldsymbol{x}(t)$ となる推定値 $\hat{\boldsymbol{x}}(t)$ を計算することを目的とする．

ここで，新たに状態変数の真値と推定値の誤差として $\boldsymbol{e_x}(t)$ を $\boldsymbol{e_x}(t) = \hat{\boldsymbol{x}}(t) - \boldsymbol{x}(t)$ で定義する．$\boldsymbol{e_x}(t)$ は $n \times 1$ ベクトルとなる．つまり，オブザーバの目的は $t \to \infty$ で $\boldsymbol{e_x}(t) \to \boldsymbol{0}$ とすることである．

式 (10.7) の自由システムの漸近安定の条件を思い出そう．自由システムの状態方程式 $\dot{\boldsymbol{x}}(t) = \boldsymbol{A}\boldsymbol{x}(t)$ では，任意の初期ベクトル $\boldsymbol{x}(0)$ に対し，$t \to \infty$ で $\boldsymbol{x}(t) \to \boldsymbol{0}$ となる必要十分条件は「行列 $\boldsymbol{A}$ のすべての固有値の実部が負になること」であり，このような行列 $\boldsymbol{A}$ を安定行列と呼んだ．

この特性を利用すれば，誤差ベクトル $\boldsymbol{e_x}(t)$ が任意の初期ベクトル $\boldsymbol{e_x}(0) = \hat{\boldsymbol{x}}(0) - \boldsymbol{x}(0)$ に対し，$\boldsymbol{e_x}(t) \to \boldsymbol{0}$ $(t \to \infty)$ となるには，$\boldsymbol{e_x}(t)$ が適切な安定行列 $\boldsymbol{A}^*(n \times n)$ によって

$$\dot{\boldsymbol{e}}_{\boldsymbol{x}}(t) = \boldsymbol{A}^* \boldsymbol{e_x}(t) \tag{13.4}$$

と関係づけられればよいことが分かる．式 (13.4) の解 $\boldsymbol{e_x}(t)$ は式 (10.6) より次式となる．

$$\boldsymbol{e_x}(t) = e^{\boldsymbol{A}^* t} \boldsymbol{e_x}(0)$$

さて，「式 (13.4) を満たすような行列 $\boldsymbol{A}^*$ はどのようなものか？」という疑問はあるが，ひとまず先に進もう．式 (13.4) を逆算していくと，$\boldsymbol{e_x}(t) = \hat{\boldsymbol{x}}(t) - \boldsymbol{x}(t)$ より

$$(\dot{\hat{\boldsymbol{x}}}(t) - \dot{\boldsymbol{x}}(t)) = \boldsymbol{A}^*(\hat{\boldsymbol{x}}(t) - \boldsymbol{x}(t))$$

と等価であり，上式を変形すると次式を得る．

$$\begin{aligned} \dot{\hat{\boldsymbol{x}}}(t) &= \boldsymbol{A}^*(\hat{\boldsymbol{x}}(t) - \boldsymbol{x}(t)) + \dot{\boldsymbol{x}}(t) \\ &= \boldsymbol{A}^* \hat{\boldsymbol{x}}(t) - \boldsymbol{A}^* \boldsymbol{x}(t) + \dot{\boldsymbol{x}}(t) \end{aligned}$$

ここで，状態変数ベクトル $\boldsymbol{x}(t)$ の挙動は対象システムの状態方程式に支配されるため，式 (8.1) の $\dot{\boldsymbol{x}}(t) = \boldsymbol{A}\boldsymbol{x}(t) + \boldsymbol{B}\boldsymbol{u}(t)$ を上式に代入すると

$$\dot{\hat{\boldsymbol{x}}}(t) = \boldsymbol{A}^* \hat{\boldsymbol{x}}(t) + (-\boldsymbol{A}^* + \boldsymbol{A})\underset{\sim\sim}{\boldsymbol{x}(t)} + \boldsymbol{B}\boldsymbol{u}(t) \tag{13.5}$$

を得る．したがって，もし仮に式 (13.4) の安定行列 $\boldsymbol{A}^*$ が得られたうえで，対象システムの運動中に式 (13.5) を計算できたならば，式 (13.5) の $\dot{\hat{\boldsymbol{x}}}(t)$ を時間積分することで，式 (13.3) のように推定値 $\hat{\boldsymbol{x}}(t)$ を得ることができる．式

(13.5) がオブザーバの原型となる式である．しかし，式 (13.5) を用いて推定値 $\hat{\boldsymbol{x}}(t)$ を計算するには，以下の 2 つの問題点が存在する．

問題点 1 状態変数の真値 $\boldsymbol{x}(t)$ がそもそも不明であるのに，推定値 $\hat{\boldsymbol{x}}(t)$ を計算するうえで真値 $\boldsymbol{x}(t)$ の値が必要となる（式 (13.5) 右辺の波線部）．

問題点 2 適切な安定行列 $\boldsymbol{A}^*$ とは具体的にどのようなものを選定すればよいか不明である．

そこで，これらの問題点に対処していこう．今，式 (8.1) の対象システムの出力方程式が $\boldsymbol{y}(t) = \boldsymbol{C}\boldsymbol{x}(t)$ であることに着目する．出力 $\boldsymbol{y}(t)$ の値は計測可能であるから，この $\boldsymbol{y}(t)$ の値を利用できる．もし仮に行列 $\boldsymbol{A}^*$ を $\boldsymbol{A}^* = \boldsymbol{A} - \boldsymbol{C}$ と選定することが可能であれば

$$\boldsymbol{y}(t) = \boldsymbol{C}\boldsymbol{x}(t) = (-\boldsymbol{A}^* + \boldsymbol{A})\boldsymbol{x}(t)$$

となり，上式を式 (13.5) に代入できれば，$\boldsymbol{A}^* = \boldsymbol{A} - \boldsymbol{C}$ より次式のように書き直すことができるかもしれない．

$$\dot{\hat{\boldsymbol{x}}}(t) = (\boldsymbol{A} - \boldsymbol{C})\hat{\boldsymbol{x}}(t) + \boldsymbol{y}(t) + \boldsymbol{B}\boldsymbol{u}(t)$$

上式では，$\boldsymbol{A}^*$ として既知の $\boldsymbol{A}^* = \boldsymbol{A} - \boldsymbol{C}$ を利用することで，出力 $\boldsymbol{y}(t)$ の値を用いることができ，$\boldsymbol{A}^*$ の値を確定できるうえに，推定値の計算に状態変数の真値 $\boldsymbol{x}(t)$ を用いる必要がない．したがって，一見すると前述の 2 つの問題点を解決できるように思える．

しかし，この方法には大きな無理がある．$\boldsymbol{A}^*(n \times n)$ と $\boldsymbol{A}(n \times n)$ に対し，行列 $\boldsymbol{C}$ が $l \times n$ となり行の数が異なるために，そもそもの仮定である $\boldsymbol{A}^* = \boldsymbol{A} - \boldsymbol{C}$ が成立しない．そこで，基本方針はそのままで少しの変更を加える．新たに適切な行列 $\boldsymbol{K}(n \times l)$ を考え，

$$\boldsymbol{A}^* = \boldsymbol{A} - \boldsymbol{K}\boldsymbol{C} \tag{13.6}$$

という $\boldsymbol{A}^*$ を選定しよう．これなら行列 $\boldsymbol{K}\boldsymbol{C}$ は $n \times n$ 行列となり，上述した計算が適用できる．式 (13.6) を式 (13.5) に代入して，$\boldsymbol{y}(t) = \boldsymbol{C}\boldsymbol{x}(t)$ の関係を用いれば，

$$\dot{\hat{\boldsymbol{x}}}(t) = (\boldsymbol{A} - \boldsymbol{K}\boldsymbol{C})\hat{\boldsymbol{x}}(t) + \boldsymbol{K}\boldsymbol{y}(t) + \boldsymbol{B}\boldsymbol{u}(t)$$

となり，前述の 2 つの問題点を解決でき，式 (13.2) のオブザーバを得ること

ができる．また，式 (13.6) を式 (13.4) に代入すると

$$\dot{\boldsymbol{e}}_{\boldsymbol{x}}(t) = (\boldsymbol{A} - \boldsymbol{K}\boldsymbol{C})\boldsymbol{e}_{\boldsymbol{x}}(t) \tag{13.7}$$

となる．行列 $\boldsymbol{A} - \boldsymbol{KC}$ が安定行列となり，すべての固有値の実部が負となれば，$\boldsymbol{e}_{\boldsymbol{x}}(t) \to \boldsymbol{0}$ $(t \to \infty)$ となり，$t \to \infty$ で推定値 $\hat{\boldsymbol{x}}(t)$ が真値 $\boldsymbol{x}(t)$ と一致する．行列 $\boldsymbol{A}$ と $\boldsymbol{C}$ の値はシステムに依存するために変更は困難であるが，行列 $\boldsymbol{K}$ の値は自由に決めることができる．したがって，行列 $\boldsymbol{K}$ を積極的に変更することで，行列 $\boldsymbol{A} - \boldsymbol{KC}$ の固有値を（ある程度は）自由に変更することが可能である[1]．この行列 $\boldsymbol{A} - \boldsymbol{KC}$ の固有値のことを**オブザーバの極**という．また，行列 $\boldsymbol{K}$ のことを**オブザーバのゲイン行列**と呼ぶ．

以上で，オブザーバの原型の式 (13.5) の問題点を克服し，式 (13.2) のオブザーバを導出できた[2]．自由システムの極やレギュレータの極と同様に，オブザーバの極が複素平面の左半平面上に存在すれば，$\boldsymbol{e}_{\boldsymbol{x}}(t) \to \boldsymbol{0}$ $(t \to \infty)$ となる．

13.2.3 可観測性とオブザーバ

次に，オブザーバと強く関連する**可観測性**について簡単に解説する．この可観測は，レギュレータにおける可制御とよく似ている概念である．本書では初学者のために，オブザーバに限定した可観測の意味や使い方に焦点を当てるため，厳密な定義や証明などは省略する．より深く学びたい読者は，可制御のところで紹介した良書を参考にするとよいだろう．

可観測性とは，「対象システムがオブザーバを構築できるのか？」という点に関する性質である．式 (8.1) で表現される対象システムに対し，式 (13.2) のオブザーバを利用したい場合を考える．このとき $\boldsymbol{e}_{\boldsymbol{x}} \to \boldsymbol{0}$ となり，状態変数ベクトルが推定できるかどうかは，オブザーバの極，つまり $\boldsymbol{A} - \boldsymbol{KC}$ の固有値の実部の正負を吟味すればよく，その固有値はシステムの行列 $\boldsymbol{A}$，$\boldsymbol{K}$，$\boldsymbol{C}$ に依存した．ただし，行列 $\boldsymbol{K}$ は自由に決定できるのに対し，行列 $\boldsymbol{A}$，$\boldsymbol{C}$ は一般に値の変更が難しい．

残念ながら，行列 $\boldsymbol{A}$ と $\boldsymbol{C}$ の値が特定の条件下では，行列 $\boldsymbol{K}$ をどのように変更しても，$\boldsymbol{A} - \boldsymbol{KC}$ を安定行列にできず，オブザーバによる $\boldsymbol{x}(t)$ の推定が不可能な場合が存在する．その場合にはシステムの変更を検討するか，も

---

[1] ただし，行列 $\boldsymbol{A} - \boldsymbol{KC}$ を安定行列にするためには，後述する可観測性を満たす必要がある．

[2] 今回紹介したオブザーバは，状態変数ベクトル $\boldsymbol{x}(t)$（$n \times 1$）に対し，推定する状態ベクトル $\hat{\boldsymbol{x}}(t)$（$n \times 1$）は同じ次元であるため，同一次元オブザーバと呼ばれる．一方，出力の持つ状態変数の情報を利用することで，推定する状態変数の次元を減らしたものを最小次元オブザーバと呼ぶが，本書では省略する．

しくは，オブザーバの利用をあきらめる必要がある．

これを踏まえ，「オブザーバが構築できるかどうか？」は行列 $\boldsymbol{A}$ と $\boldsymbol{C}$ のみに依存し，以下の可観測性を調べることで知ることができる．

可観測性

式 (8.1) のシステムに対し，**可観測性行列** $\boldsymbol{U_0}(nl \times n)$ を以下で定義したとき，

$$\boldsymbol{U_o} = \begin{bmatrix} \boldsymbol{C} \\ \boldsymbol{CA} \\ \boldsymbol{CA}^2 \\ \vdots \\ \boldsymbol{CA}^{n-1} \end{bmatrix}$$

この行列 $\boldsymbol{U_o}$ のランクが n，つまり，$\mathrm{rank}(\boldsymbol{U_o}) = n$ を満たすとき，このシステムを**可観測**といい，そうでない場合を**不可観測**という．

なお，行列 $\boldsymbol{C}$ が $1 \times n$ の場合（つまりベクトルの場合），$\boldsymbol{U_o}$ は正方行列となり，ランクを調べる代わりに行列式 $|\boldsymbol{U_o}|$ を計算し，$|\boldsymbol{U_o}| \neq 0$ の場合は，$\mathrm{rank}(\boldsymbol{U_o}) = n$ と等価となり，可観測となる．

システムが可観測であるとき，式 (13.2) のオブザーバを構築すると，行列 $\boldsymbol{A} - \boldsymbol{KC}$ の固有値（オブザーバの極）を任意の値に設定できる行列 $\boldsymbol{K}$ が存在する．

つまり，対象システムが可観測の場合には，$\boldsymbol{K}$ の値を調整することで行列 $\boldsymbol{A} - \boldsymbol{KC}$ を安定行列とし，オブザーバによる状態変数ベクトルの推定が可能となる．逆に不可観測の場合には，どれほど頑張ってもオブザーバの構築が不可能となる．そこで，オブザーバを構築したいシステムが与えられた場合，その可観測性を調べることは極めて重要となる [3]．

[3] 可制御と可観測には関連性があり，双対性の定理が成立する．これは「行列 $\boldsymbol{A}$ と $\boldsymbol{B}$ が可制御であることと，行列 $\boldsymbol{B}^T$ と $\boldsymbol{A}^T$ が可観測であることは等価である」，「行列 $\boldsymbol{C}$ と $\boldsymbol{A}$ が可観測であることと，行列 $\boldsymbol{A}^T$ と $\boldsymbol{C}^T$ が可制御であることは等価である」というものである．詳細は巻末ブックガイド [8,19,21–26] を参照．

13.3 実際のオブザーバの例

13.3.1 回転 1 自由度システムでのオブザーバ

実際にオブザーバを構築する例を紹介しよう．ただし，以下ではオブザーバのみに注目し，制御法そのもの（入力 $\boldsymbol{u}(t)$）については特に意識しない．

まず，簡単なシステムでオブザーバを構築してみよう．対象システムは 12.1.4 節で扱った，重力の影響を受ける回転 1 自由度システムを想定しよう（図 10.6 を参照）．このときの運動方程式は式 (12.12) で表される．

入力 $u(t)$ は回転軸へのトルク $\tau(t)$ とし，出力 $y(t)$ は回転軸の角度 $\theta(t)$ とする．これらの $u(t)$ と $y(t)$ はリアルタイムに知ることができるとする．状態変数ベクトルを $\boldsymbol{x}(t) = (\theta(t),\ \dot{\theta}(t))^T$ とし，対象システムの運動方程式を状態空間表現にしたものを以下に示す．

$$\begin{aligned} \dot{\boldsymbol{x}}(t) &= \boldsymbol{A}\boldsymbol{x}(t) + \boldsymbol{B}u(t) \\ y(t) &= \boldsymbol{C}\boldsymbol{x}(t) \end{aligned}$$

行列 $\boldsymbol{A}$ は式 (12.14) で，行列 $\boldsymbol{B}$ と $\boldsymbol{C}$ は式 (12.5) で与えられる．ここでは $m = 0.1$，$g = 10$，$l_g = 1$，$J = 0.01$ の場合を想定しよう．この場合，行列 $\boldsymbol{A}$～$\boldsymbol{C}$ は以下となる．

$$\boldsymbol{A} = \begin{bmatrix} 0 & 1 \\ 100 & 0 \end{bmatrix}, \quad \boldsymbol{B} = \begin{bmatrix} 0 \\ 100 \end{bmatrix}, \quad \boldsymbol{C} = (1,\ 0)$$

まず，そもそもオブザーバが構築可能かどうか，可観測性に目を向ける．今回の場合は行列 $\boldsymbol{C}$ が 1×2 となり，可観測性行列 $\boldsymbol{U_o}$ は 2×2 の正方行列となる．したがって，行列式 $|\boldsymbol{U_o}|$ を計算することで，可観測性が判断できる．実際に上記の行列 $\boldsymbol{A}$ と $\boldsymbol{C}$ の値を用いて計算すると，$\boldsymbol{U_o}$ は以下となる．

$$\boldsymbol{U_o} = \begin{bmatrix} \boldsymbol{C} \\ \boldsymbol{CA} \end{bmatrix} = \begin{bmatrix} 1 & 0 \\ 0 & 1 \end{bmatrix}$$

上式は単位行列なので $|\boldsymbol{U_o}| \neq 0$ より，対象システムは可観測となる．したがって，オブザーバを構築できることが分かる．

次に，実際に式 (13.2) のオブザーバを導入しよう．今回はゲイン行列 $\boldsymbol{K}$ の値を $\boldsymbol{K} = (10,\ 100)^T$ で与える．このとき，行列 $\boldsymbol{A} - \boldsymbol{KC}$ は

$$\boldsymbol{A} - \boldsymbol{KC} = \begin{bmatrix} -10 & 1 \\ -10 & 0 \end{bmatrix}$$

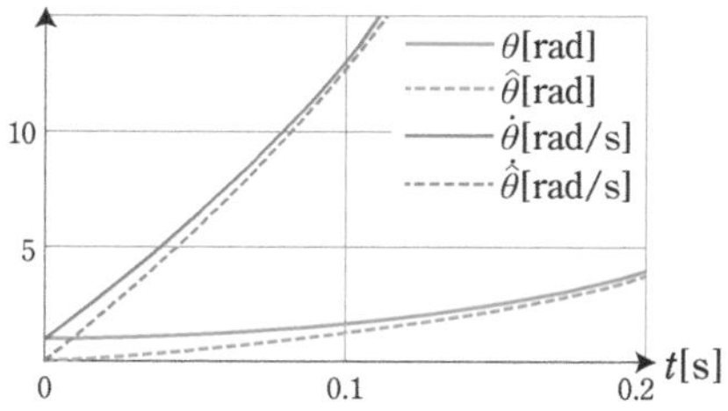

(a) 真値と推定値の比較

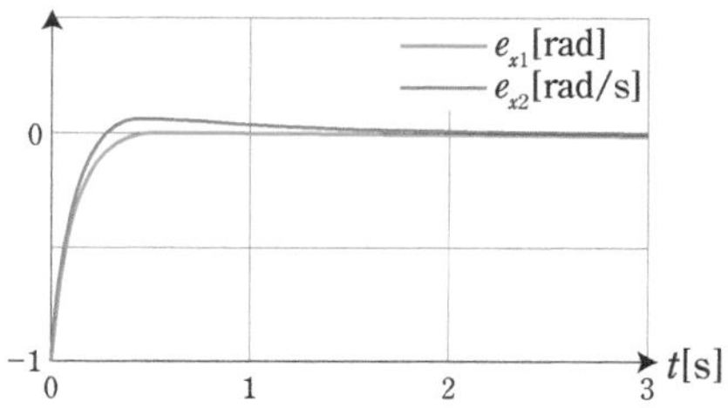

(b) 誤差ベクトル（$\boldsymbol{e}_x = (e_{x1}, e_{x2})^T$）

図 13.3 回転 1 自由度システムでのオブザーバの例（自由システムなので平衡点に収束していないが，推定値が可能であることに注意）

となる．式 (13.7) を踏まえ，行列 $\boldsymbol{A}-\boldsymbol{KC}$ に対してラウス・フルビッツの安定判別を行うと，安定行列であることが分かる（安定判別については第 10 章の章末問題を参照）．実際に固有値を計算してみると，$\lambda_1 \fallingdotseq -8.9$，$\lambda_2 \fallingdotseq -1.1$ となり，すべての実部が負になる（固有値の計算については第 9 章の章末問題を参照）．したがって，$\boldsymbol{e_x}(t) \to \boldsymbol{0}$ $(t \to \infty)$ となり，オブザーバによって得られた推定値 $\hat{\boldsymbol{x}}(t)$ は $\hat{\boldsymbol{x}}(t) \to \boldsymbol{x}(t)$ となり，真値に収束する．

シミュレーションを用いて，今回の対象システムを運動させたときに，オブザーバにより推定値 $\hat{\boldsymbol{x}}(t)$ を計算した結果を図 13.3 に示す．図 13.3(a) では状態変数ベクトル $\boldsymbol{x}(t)$ とその推定値 $\hat{\boldsymbol{x}}(t)$ の時間変化を示し，図 13.3(b) はそれらの誤差ベクトル $\boldsymbol{e_x}(t)$ の成分の時間変化を示している．ただし，シミュレーションでは入力として $u(t)=0$ を与えている．これは不安定な自由システムなので，状態変数ベクトル $\boldsymbol{x}(t)$ そのものはゼロに収束しない．ただし，オブザーバでは $\boldsymbol{x}(t)$ を推定することが目的なので，$\boldsymbol{x}(t) \to \boldsymbol{0}$ かどうかは不問となる．

図 13.3 より，理論上は $t \to \infty$ で $\hat{\boldsymbol{x}}(t) = \boldsymbol{x}(t)$ となるため，初期状態に近い場合には誤差が大きい．しかし，十分に時間が経過したあとでは，$\boldsymbol{e_x}(t) \fallingdotseq \boldsymbol{0}$ となり，実質的に $\hat{\boldsymbol{x}}(t) = \boldsymbol{x}(t)$ と取り扱えることが分かるだろう．

13.3.2 倒立振子でのオブザーバ

次に，ホイールダックを模した台車型倒立振子について，オブザーバの導入を検討しよう．対象システムは 11.2.1 節で状態空間表現を導出したシステムとする（図 11.2(a)）．状態変数ベクトルは $\boldsymbol{x}(t) = (x,\ \theta,\ \dot{x},\ \dot{\theta})^T$ とし，入力は $f(t)$ とする．したがって，状態方程式は式 (11.8) となり，行列 $\boldsymbol{A}$ は式 (11.6) で表現される．

ただし，本例では出力は台車の距離とし，$y(t) = x(t)$ とする．したがって，式 (11.5) の出力方程式では，行列 $\boldsymbol{C}$ は式 (11.7) の代わりに

$$\boldsymbol{C} = (1,\ 0,\ 0,\ 0) \tag{13.8}$$

となる．また，物理パラメータは式 (12.18) を用い，行列 $\boldsymbol{A}$ と $\boldsymbol{B}$ の値は式 (12.19) と同じとなる．以上の設定のうえで，状態変数ベクトル $\boldsymbol{x}(t)$ を推定するオブザーバの構築を目指そう．

まず，オブザーバそのものが構築可能かどうかを知るために，可観測性について調べる必要がある．詳細の計算については本章の章末問題としたが，結論をいえば，このシステムは可観測となり，オブザーバ構築が可能である．

オブザーバが構築可能であることが分かったので，次にオブザーバのゲイン行列 $\boldsymbol{K}$ を決めよう．今回は $\boldsymbol{K}$ を以下で与える．

$$\boldsymbol{K} = \begin{bmatrix} 8 \\ -104 \\ 32 \\ -330 \end{bmatrix}$$

このとき，$\boldsymbol{A} - \boldsymbol{K}\boldsymbol{C}$ を計算すると

$$\begin{aligned} \boldsymbol{A} - \boldsymbol{K}\boldsymbol{C} &= \begin{bmatrix} 0 & 0 & 1 & 0 \\ 0 & 0 & 0 & 1 \\ 0 & -1 & 0 & 0 \\ 0 & 10 & 0 & 0 \end{bmatrix} - \begin{bmatrix} 8 & 0 & 0 & 0 \\ -104 & 0 & 0 & 0 \\ 32 & 0 & 0 & 0 \\ -330 & 0 & 0 & 0 \end{bmatrix} \\ &= \begin{bmatrix} -8 & 0 & 1 & 0 \\ 104 & 0 & 0 & 1 \\ -32 & -1 & 0 & 0 \\ 330 & 10 & 0 & 0 \end{bmatrix} \end{aligned}$$

となる．ここでオブザーバの極（$\boldsymbol{A} - \boldsymbol{K}\boldsymbol{C}$ の固有値）のすべての実部が負になれば，$\boldsymbol{A} - \boldsymbol{K}\boldsymbol{C}$ が安定行列となり，状態変数ベクトルの推定が可能となる．実際に固有値 $\lambda_1 \sim \lambda_4$ を調べてみると，実部が小さい順に以下となる [4]．

$$\lambda_{1,2} \fallingdotseq -3.10 \pm 0.46j, \quad \lambda_{3,4} \fallingdotseq -0.90 \pm 0.46j$$

以上より，すべての固有値の実部が負となり，状態変数の推定が可能なこと

[4] 行列 $\boldsymbol{A} - \boldsymbol{K}\boldsymbol{C}$ の固有値を求めるには，数値計算ソフト Scilab(ver 6.1.1) を使用した．

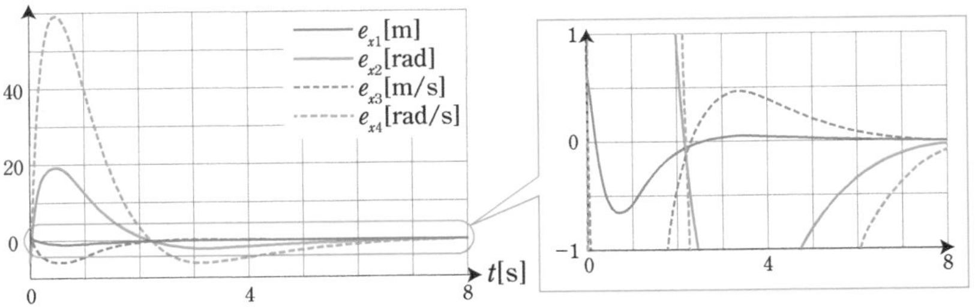

図 13.4　台車型倒立振子におけるオブザーバの誤差ベクトルの例（右のグラフは左のグラフを一部拡大したもの．ただし縦軸の目盛のみ変更している）

が分かる．

本例における誤差ベクトル $\boldsymbol{e_x}(t)$ の収束性を図 13.4 に示す．時間経過に伴い，$\boldsymbol{e_x}(t) \to \boldsymbol{0}$ となっていく（ただし，収束スピードは各成分によって異なる）．したがって，本例では $\hat{\boldsymbol{x}}(t) \to \boldsymbol{x}(t)$ となり，オブザーバによって変数ベクトルの推定が可能なのが理解できるだろう．

なお，対象システムが可観測であっても，実際にオブザーバによる推定が可能かどうかはゲイン行列 $\boldsymbol{K}$ の値に依存する．したがって，$\boldsymbol{K}$ の選定がポイントとなる．この点はレギュレータのフィードバック係数行列の選定と同様であり，第 14 章で触れる．

ホイールダック 1 号開発の進捗

彼女のアドバイスにより，ホイールダック 1 号にオブザーバを搭載した．オブザーバを用いることで，制御中の状態変数ベクトルの推定が可能となったのだ！

まとめ

- オブザーバとは，制御中にシステムの状態変数ベクトルを推定するものである．
- 対象システムが可観測であれば，オブザーバの構築が可能となる．
- 可観測であるシステムでオブザーバを利用するには，オブザーバの極が複素平面上で左半平面に存在する必要がある．

章末問題

1. 式 (8.1) のシステムに対し，オブザーバとはどのようなものかを 100 字程度で簡潔に説明せよ．
2. 式 (8.1) のシステムに対し，可観測であることはオブザーバを構築するうえで，どのような意味を持つかを 100 字程度で簡潔に説明せよ．
3. 式 (8.1) のシステムが可観測であるとき，式 (13.2) のオブザーバを構築し，状態変数ベクトルを推定できる条件を 50 字程度で簡潔に説明せよ．
4. 13.3.2 節で解説した台車型倒立振子のシステムが可観測であることを示せ．

第14章

より高度な制御

STORY

ついに完成したホイールダック１号．二人がスイッチを押すと，ホイールダック１号は立ち上がった．もう車輪軸を固定する必要ない．倒立振子と同じ原理で立ち上がり，安定したホイールダック１号は不安定な車輪の上で見事にバランスをとる．

「じゃあ，前に進ませてみようか」「はい！　やりましょう！」博士がボタンを押す．少し揺れてから，ホイールダック１号は前進を始める．少しずつ加速しながら．ホイールダック１号は「バランスをとり」ながら「前進する」という２つのことを同時にやってのけたのだ．二人は現代制御理論の知識を駆使しながら，この制御器を作った．そしてホイールダック１号はついに動き出したのだ．

白いアヒルみたいなロボットは前に進む．まるで神様に命を与えられたみたいに．いや違う．命を与えたのは博士と助手だ．そして，それを可能にしたのが制御工学なのだ！

図 14.1　バランスをとりながら前進するホイールダック１号．「ついに完成だ！」

14.1 レギュレータ・オブザーバのゲインの選定方法

14.1.1 極による収束性の変化

第12章ではホイールダック1号の並進と姿勢を同時に制御するレギュレータを，第13章では状態変数ベクトルを推定するオブザーバを学んだ．しかし，レギュレータにせよオブザーバにせよ，適切なゲインの値を用いないと，効果的なパフォーマンスが得られない場合がある．そこで本章では，これらのゲインの選定方法を説明する．また，状態変数ベクトルが不明な場合にも，レギュレータとオブザーバを組み合わせることでホイールダック1号の並進と姿勢を同時に制御する方法を解説していく．

まず，レギュレータとオブザーバのゲインの選定方法について説明しよう．対象システムにおいてレギュレータが利用可能かどうかは可制御性を，オブザーバでは可観測性を調べれば知ることができる．しかし，仮に可制御・可観測の場合であっても，レギュレータやオブザーバの極は，フィードバック係数行列 $\boldsymbol{F}$ やゲイン行列 $\boldsymbol{K}$ に依存するために，それらの値によっては，結果的に $\boldsymbol{A}-\boldsymbol{BF}$ や $\boldsymbol{A}-\boldsymbol{KC}$ を安定行列にできない場合がある．また，仮に安定行列にできたとしても，状態変数 $\boldsymbol{x}(t)$ や推定値 $\hat{\boldsymbol{x}}(t)$ の振動，整定時間などの収束性は $\boldsymbol{F}$ や $\boldsymbol{K}$ の値によって変化する．

そこで，レギュレータやオブザーバをシステムに実装するときには，どのように行列 $\boldsymbol{F}$ や $\boldsymbol{K}$ の値を選定するかが重要となる．本節では，これらの選定方法について解説する．

以下では，レギュレータを例として解説するが，本質的にはオブザーバでも同様である．レギュレータではフィードバック係数行列 $\boldsymbol{F}$ の値を変化させることで，式 (12.9) の $\boldsymbol{A}-\boldsymbol{BF}$ の値を変えることが可能となり，これを安定行列にできれば，平衡点からずれた状態変数 $\boldsymbol{x}(t)$ を平衡点に収束させることができる．このとき，$\boldsymbol{x}(t)$ の時間 t に対する挙動は式 (12.11) によって表現され，この数式からも $\boldsymbol{x}(t)$ が $\boldsymbol{F}$ の値に依存して変化することが分かる．このことは，第12章でフィードバック係数行列 $\boldsymbol{F}$ をPD制御のゲインに関連づけて説明したことからもイメージできるだろう．

一般にレギュレータの場合には，より速く振動せずに $\boldsymbol{x}(t)\to\boldsymbol{0}$ としたい．かなり大雑把にいえば，行列 $\boldsymbol{F}$ においてPD制御におけるバネに相当する要素を大きくすれば，$\boldsymbol{x}(t)$ の動作は速くなり，振動的となる．また，ダンパに相当する要素を大きくすれば振動を抑制できる．逆にいえば，PD制御のゲインチューニングは現代制御の視点から見れば，$\boldsymbol{A}-\boldsymbol{BF}$ の固有値を望ましいものに変更していると解釈することもできる[1].

このように，レギュレータに希望の応答を持たせるために，フィードバック係数行列 $\boldsymbol{F}$ を調節し，レギュレータの極（$\boldsymbol{A}-\boldsymbol{BF}$ の固有値）を変更する方法を**極配置法**という．

14.1.2 極の位置と状態変数の挙動の関係

レギュレータの極配置と状態変数の挙動を，具体例を通じて検証していこう．ここでは，12.1.3 節における回転 1 自由度システム（図 10.6）に，PD 制御に基づくレギュレータ導入を想定しよう．このシステムでは，状態方程式が式 (12.4) で示される．簡単のため慣性モーメントを $J=1$ とすれば，$\boldsymbol{x}(t)=(\theta(t),\ \dot{\theta}(t))^T$ としたときの状態方程式 $\dot{\boldsymbol{x}}(t)=\boldsymbol{A}\boldsymbol{x}(t)+\boldsymbol{B}u(t)$ の各行列は以下となる．

$$\boldsymbol{A}=\begin{bmatrix} 0 & 1 \\ 0 & 0 \end{bmatrix},\quad \boldsymbol{B}=\begin{bmatrix} 0 \\ 1 \end{bmatrix} \tag{14.1}$$

次に，PD 制御を参考にフィードバック係数行列 $\boldsymbol{F}$ を式 (12.8) のように設定し，入力 $u(t)$ を以下で与え，レギュレータを構築しよう．

$$u(t)=-\boldsymbol{F}\boldsymbol{x}(t)=-(K_p,\ K_v)\boldsymbol{x}(t)$$

状態方程式に上式を代入すると，次式となる．

$$\dot{\boldsymbol{x}}(t)=(\boldsymbol{A}-\boldsymbol{BF})\boldsymbol{x}(t)=\begin{bmatrix} 0 & 1 \\ -K_p & -K_v \end{bmatrix}\boldsymbol{x}(t)$$

ここで，レギュレータの極である $\boldsymbol{A}-\boldsymbol{BF}$ の固有値について考えてみよう．特性方程式を考えると

$$\left|\begin{bmatrix} s & 0 \\ 0 & s \end{bmatrix}-\begin{bmatrix} 0 & 1 \\ -K_p & -K_v \end{bmatrix}\right|=s^2+K_v s+K_p=0$$

となる．したがって，固有値 λ_i $(i=1,2)$ は次式となる（ルートの前がプラスのほうを λ_1，マイナスのほうを λ_2 とする）．

$$\lambda_i=\frac{-K_v\pm\sqrt{K_v^2-4K_p}}{2}$$

このレギュレータにおいて，固有値 λ_i の内部にある K_p と K_v の変化が状

[1] ただし，対象システムを状態空間表現にできる場合である．

態変数 $\boldsymbol{x}(t)$ の挙動に与える影響について，固有値の視点から考えてみよう．ただし，ここでは K_p と K_v の正負は問わないとする．以下では，比例ゲイン（仮想バネ）K_p と速度ゲイン（仮想ダンパ）K_v に数値を与えて説明していく．具体的には以下の (A)〜(D) に示す K_p と K_v の 4 つの数値の組み合わせに対し，(A)〜(D) を後述の①〜③のように 3 パターンに変化させた場合について考える．

(A) $K_p = 0.2$ かつ $K_v = 0$　　(B) $K_p = 1$ かつ $K_v = 0$

(C) $K_p = 2$　かつ $K_v = 2$　　(D) $K_p = 2$ かつ $K_v = -2$

① (A) → (B)（$K_p = 0.2 \rightarrow K_p = 1$．ただし，$K_v = 0$ で固定）

仮想ダンパを $K_v = 0$ に固定したうえで，仮想バネ K_p の値を (A)$K_p = 0.2$ から (B)$K_p = 1$ に変化させる．このとき固有値 λ_i は，以下のように変化する．

$$(\mathrm{A})\ \lambda_i \fallingdotseq \pm 0.45j \quad \rightarrow \quad (\mathrm{B})\ \lambda_i = \pm j$$

(A) → (B) と変化させたとき，固有値は図 14.2 の上図のように複素平面の虚軸上を上下方向に広がっていく．また，対象システムを考慮すれば，仮想ダンパはゼロなので，状態変数ベクトルの成分である $\theta(t)$ は図 14.2 の下図の

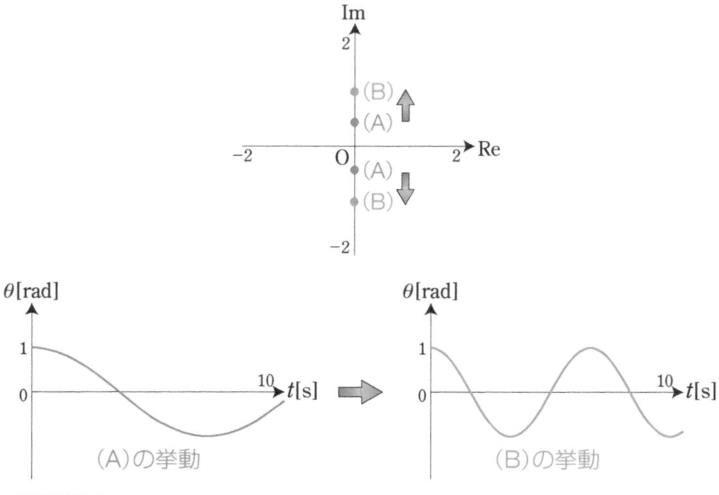

図 14.2　極配置とシステムの挙動イメージ①（(A) → (B) の変化）

ように単振動となる．固有値が複素平面上を上下方向に広がっていくと，振動の角振動数が大きくなっていく（周期が短くなり，振動が細かくなっていく）ことが分かる．これは，(A) → (B) では仮想バネ K_p が増加していることから理解できる[2]．

② (B) → (C)（$K_p = 1$ & $K_v = 0$ → $K_p = 2$ & $K_v = 2$）

次に (B)（$K_p = 1$ & $K_v = 0$）から (C)（$K_p = 2$ & $K_v = 2$）に変化させてみよう．このとき，固有値 λ_i は以下のように変化する．

$$\text{(B)}\ \lambda_i = \pm j \quad \rightarrow \quad \text{(C)}\ \lambda_i = -1 \pm j$$

この変化では，図 14.3 の上図のように固有値は複素平面上において，虚軸上に存在する (B) から左半平面上の (C) に変化している．図 14.3 の下図の状態変数ベクトルの成分である $\theta(t)$ の時間変化を見ると，固有値が (B) → (C) のように複素平面上の左に変化することで，状態変数の振動は抑制され，収束性が向上している．(B) → (C) の変化において，(B) では仮想ダンパが $K_v = 0$ であるのに対し，(C) では K_v が正の値を持っているため，減衰のない振動（不減衰振動）から減衰振動と変化しているのがイメージできるだろう．

③ (B) → (D)（$K_p = 1$ & $K_v = 0$ → $K_p = 2$ & $K_v = -2$）

②の場合とは逆に，固有値の位置を右半平面に変化させた場合を考えてみよう．ここでは (B)（$K_p = 1$ & $K_v = 0$）から (D)（$K_p = 2$ & $K_v = -2$）に変化させる．このとき，固有値 λ_i は以下のように変化する．

$$\text{(B)}\ \lambda_i = \pm j \quad \rightarrow \quad \text{(D)}\ \lambda_i = 1 \pm j$$

固有値は図 14.4 の上図のように，複素平面上において虚軸上に存在する (B) から右半平面上の (D) に変化する．このとき図 14.4 の下図のように，(B) では状態変数ベクトルの成分 $\theta(t)$ は振動していたが，(D) では発散してしまう．(B) では仮想ダンパが $K_v = 0$ であるのに対し，(D) では $K_v < 0$ となっており，(D) では仮想ダンパが運動を抑制させる方向ではなく，運動を加速させる方向に力を与えていることからもイメージできるだろう．

[2] 式 (6.5) を参照．

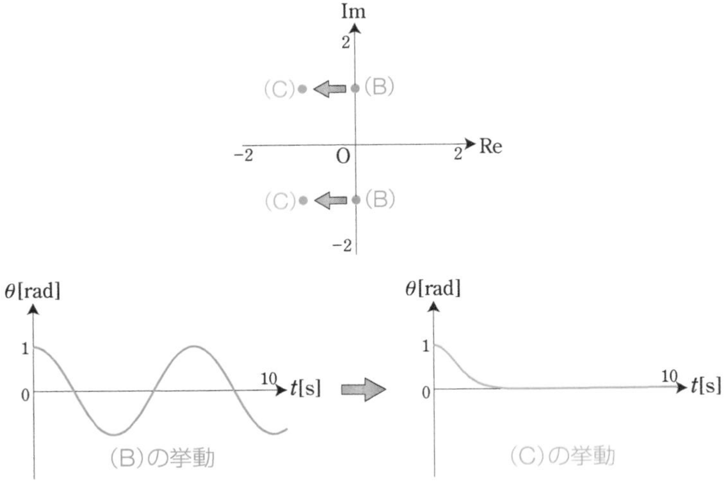

図 14.3　極配置とシステムの挙動イメージ ②（(B) → (C) の変化）

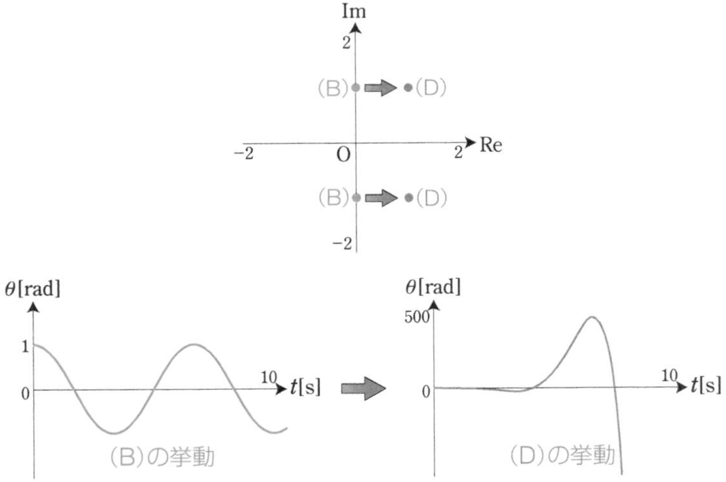

図 14.4　極配置とシステムの挙動イメージ ③（(B) → (D) の変化）

このように，複素平面上のレギュレータの極の位置と，状態変数の挙動特性には関連がある．これらの関係をかなり大雑把に示したのが図 14.5 である．図中の実軸に注目すると，固有値（極）が複素平面上の右半平面（実部が正）にあれば不安定となり，より右に存在する場合には，発散が速くなる．また，左半平面（実部が負）にある場合には安定となり，より左に存在する場合には，収束が速くなる．また，虚軸に着目した場合には虚部の絶対値が

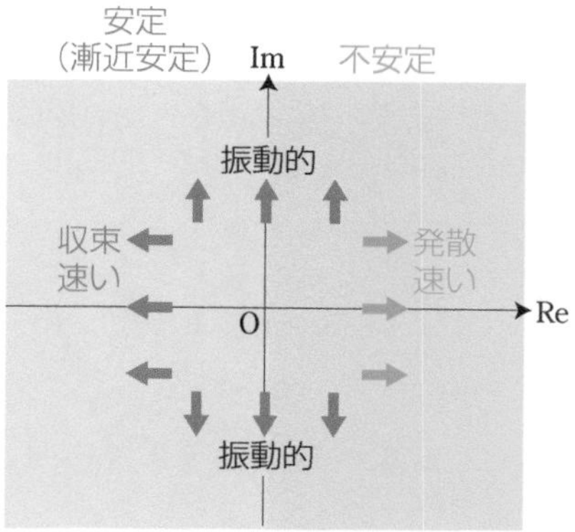

図 14.5 複素平面上の極配置とシステムの挙動の関係性（大まかなイメージ）

大きいほど振動的になる．

14.1.3 極配置法

極配置法とは，複素平面上の極の位置と収束性の関係を逆に応用して，フィードバック係数行列 $\boldsymbol{F}$ を求める方法である．具体的には 12.2 節で解説した状態フィードバック制御において，希望する状態変数ベクトル $\boldsymbol{x}(t)$ の挙動を最初に決め，それを実現するレギュレータの極（行列 $\boldsymbol{A}-\boldsymbol{BF}$ の固有値）を決定する．そして，極の値から対応するフィードバック係数行列 $\boldsymbol{F}$ を逆算して決定するのである．この行列 $\boldsymbol{F}$ を用いることで，望ましい応答を持つレギュレータが可能となる[3]．

ここでは，先述の 14.1.2 節の回転 1 自由度システムを例に極配置法について解説していこう．状態方程式の行列 $\boldsymbol{A}$ と $\boldsymbol{B}$ は式 (14.1) とし，フィードバック係数行列 $\boldsymbol{F}$ を $\boldsymbol{F}=(f_1,\ f_2)$ とおこう．このとき，システムの状態方程式は

$$\dot{\boldsymbol{x}}(t)=(\boldsymbol{A}-\boldsymbol{BF})\boldsymbol{x}(t)=\begin{bmatrix} 0 & 1 \\ -f_1 & -f_2 \end{bmatrix}\boldsymbol{x}(t)$$

で表される．

今回は，レギュレータの極として行列 $\boldsymbol{A}-\boldsymbol{BF}$ の固有値を以下のように決めよう．

[3] 実際の制御ではすばやく収束させたいとしても，それに必要な入力 $\boldsymbol{u}(t)$ がハードウェアの限界を超えた値を要求させる場合もある．その場合には，入力 $\boldsymbol{u}(t)$ を実現できないので注意が必要である．

$$\lambda_1 = -1,\quad \lambda_2 = -2$$

ここでの目的は，行列 $\boldsymbol{A} - \boldsymbol{BF}$ の固有値が上記の値になるように，フィードバック係数行列 $\boldsymbol{F}$ の中身である $(f_1,\ f_2)$ を決定することである．行列 $\boldsymbol{A} - \boldsymbol{BF}$ の特性方程式は次式となる．

$$\left| s\boldsymbol{I_2} - \begin{bmatrix} 0 & 1 \\ -f_1 & -f_2 \end{bmatrix} \right| = \begin{vmatrix} s & -1 \\ f_1 & s+f_2 \end{vmatrix} = s^2 + f_2 s + f_1 = 0$$

上式の根である変数 s に，望みの固有値である $\lambda_1 = -1$，$\lambda_2 = -2$ を代入することで，以下の連立方程式を得ることができる．

$$\begin{cases} f_1 - f_2 + 1 = 0 \\ f_1 - 2f_2 + 4 = 0 \end{cases}$$

上式を解くことで，フィードバック係数行列 $\boldsymbol{F}$ の成分となる $f_1 = 2$，$f_2 = 3$ を得られる．この値でレギュレータを構成することで状態変数ベクトル $\boldsymbol{x}(t)$ を希望の挙動で収束させることが可能となる．

今回はレギュレータを例にして説明したが，オブザーバのゲイン行列 $\boldsymbol{K}$ に関しても，本質的には同じ手法を用いることができる．

14.1.4 最適レギュレータ

フィードバック係数行列を決定する他の方法として，有名な方法の1つに**最適レギュレータ**がある．これは大雑把にいえば，レギュレータの制御中における入力の量と状態変数ベクトル $\boldsymbol{x}(t)$ の収束時間を最小にするフィードバック係数行列 $\boldsymbol{F}$ の値を計算する方法である．

一般に，何らかの物理的な評価指標（例えばエネルギや整定時間など）を最小化（もしくは最大化）したうえで，最適なパフォーマンスで制御を実現することを**最適制御**という．同様の手法はオブザーバにも適応でき，最適なゲイン係数 $\boldsymbol{K}$ を決定することが可能となる．

ただし，最適レギュレータに関しては，紙面の都合や難易度から紹介程度にとどめ，詳細は他の良書に解説をゆだねる．興味のある読者は，リカッチ方程式，双対性などのキーワードを中心に巻末ブックガイドで紹介した良書で勉強するとよいであろう．

14.2 レギュレータとオブザーバの併合システム

14.2.1 推定値を用いた状態フィードバック制御

第 12 章ではレギュレータを，第 13 章ではオブザーバについて別々に解説した．ここでは，対象システムに対してレギュレータとオブザーバを組み合わせ，それらを同時に使用する場合について解説する．対象システムは式 (8.1) で表され，可制御・可観測とし，入力 $\boldsymbol{u}(t)$ と出力 $\boldsymbol{y}(t)$ はリアルタイムに知ることができるとする．

もし，対象システムの状態変数ベクトル $\boldsymbol{x}(t)$ のすべてがリアルタイムに計測できる場合にレギュレータを導入するときには，状態フィードバック制御を式 (12.15) で行えばよい．しかし，第 13 章で説明したように，実在のシステムではさまざまな理由から状態変数ベクトル $\boldsymbol{x}(t)$ のすべての値をリアルタイムに計測できない場合もある．そのような場合には，システムが可観測であることを利用して，式 (13.2)，(13.3) のオブザーバを構築し，状態変数ベクトルの推定値 $\hat{\boldsymbol{x}}(t)$ をサブプログラムで計算する．そのうえで，状態フィードバック制御の式 (12.15) を改良し，得られた推定値 $\hat{\boldsymbol{x}}(t)$ を真値 $\boldsymbol{x}(t)$ の代わりに用いて，レギュレータを次式のように構築すればよい．

$$\boldsymbol{u}(t) = -\boldsymbol{F}\hat{\boldsymbol{x}}(t) \tag{14.2}$$

このシステムを視覚化したものが図 14.6 である．このようなシステムをレギュレータとオブザーバの**併合システム**と呼ぶ．この併合システムでは，レギュレータの極とオブザーバの極が独立に設定できることが知られている．それらの極は，制御を行ったときの状態変数 $\boldsymbol{x}(t)$ の収束性に大きく影響を与える．具体的には式 (14.2) のレギュレータの状態フィードバックにおいて，

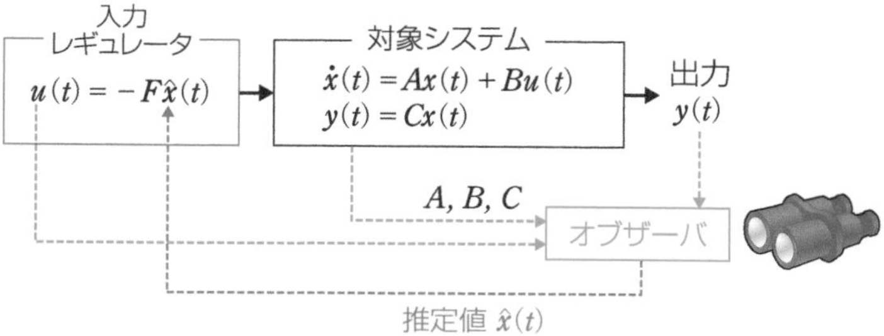

図 14.6 レギュレータとオブザーバの併合システム

時間 t が十分に経過していない状態では，推定値 $\hat{\boldsymbol{x}}(t)$ に大きな誤差を持つ場合がある．その場合には，その誤差のためにレギュレータによる状態変数 $\boldsymbol{x}(t) \to \boldsymbol{0}$ への収束が遅くなることがありうる．

そこで，レギュレータとオブザーバの極が独立に設定できることに注目する．そして，制御開始後のできるだけ早い段階で $\hat{\boldsymbol{x}}(t) \to \boldsymbol{x}(t)$ となるように，オブザーバの極をレギュレータの極に比べて，より左半平面に配置する．このようにすることで，早い段階で精度の高い $\hat{\boldsymbol{x}}(t)$ を利用してフィードバックすることが可能となり，レギュレータの $\boldsymbol{x}(t) \to \boldsymbol{0}$ への収束が向上する．

14.2.2 台車型倒立振子での併合システムの例

ここでは第 11 章で解析した台車型倒立振子を用いて，併合システムを構築してみよう．まず，問題設定を確認しよう．対象システムでは状態変数ベクトルを $\boldsymbol{x}(t) = (x(t),\ \theta(t),\ \dot{x}(t),\ \dot{\theta}(t))^T$ とし，状態方程式は式 (11.8) で表され，各物理パラメータは式 (12.18) のものを用いる．また，出力は台車の距離とし，$y(t) = x(t)$ とする．出力方程式は $y(t) = \boldsymbol{C}\boldsymbol{x}(t)$ とし，行列 $\boldsymbol{C}$ は式 (13.8) と同じとなる．状態変数ベクトル $\boldsymbol{x}(t)$ は計測できないが，入力 $\boldsymbol{u}(t)$ と出力 $y(t)$ はリアルタイムに分かっているものとする．これらを踏まえ，行列 $\boldsymbol{A}$ と $\boldsymbol{B}$，$\boldsymbol{C}$ を再掲すると以下となる．

$$\boldsymbol{A} = \begin{bmatrix} 0 & 0 & 1 & 0 \\ 0 & 0 & 0 & 1 \\ 0 & -1 & 0 & 0 \\ 0 & 10 & 0 & 0 \end{bmatrix}, \qquad \boldsymbol{B} = \begin{bmatrix} 0 \\ 0 \\ 1.1 \\ -1 \end{bmatrix} \qquad \boldsymbol{C} = (1,\ 0,\ 0,\ 0)$$

これらの行列の値を持つシステムは，これまでの 12.3.1 節と 13.3.2 節で解析したように，可制御・可観測である．

ここでの目的は，対象システムにレギュレータを構築したい．しかし，状態変数ベクトル $\boldsymbol{x}(t)$ の成分の一部が得られない [4]．そこで併合システムを構築し，オブザーバで状態変数ベクトル $\boldsymbol{x}(t)$ を推定し，その推定値 $\hat{\boldsymbol{x}}(t)$ を用いて，レギュレータによる状態フィードバック制御を行い，$\boldsymbol{x}(t) \to \boldsymbol{0}$ とする．

そこで，式 (13.2) より，状態変数ベクトルを推定するオブザーバを次式で与える．

[4] 今回の場合では，出力 $y(t)$ がリアルタイムに計測できる．$\boldsymbol{C} = (1, 0, 0, 0)$ であるから，$y(t) = x(t)$ となり，状態変数ベクトル $\boldsymbol{x}(t)$ のうち台車の距離 $x(t)$ は計測可能であり，その他の $\theta(t), \dot{x}(t), \dot{\theta}(t)$ は計測できない．

$$\dot{\hat{\boldsymbol{x}}}(t) = (\boldsymbol{A} - \boldsymbol{KC})\hat{\boldsymbol{x}}(t) + \boldsymbol{C}y(t) + \boldsymbol{B}u(t)$$

そのうえで，レギュレータとして式 (12.17) の代わりに，状態変数の推定値 $\hat{\boldsymbol{x}}(t)$ を利用した，次式の状態フィードバック制御を採用する．

$$\boldsymbol{u}(t) = -\boldsymbol{F}\hat{\boldsymbol{x}}(t)$$

12.3.1 節と 13.3.2 節で用いたレギュレータのフィードバック係数行列 $\boldsymbol{F}$ とオブザーバのゲイン係数行列 $\boldsymbol{K}$ を用いれば，各極が複素平面上で左半平面に存在するため，併合システムとして $\boldsymbol{x}(t) \to \boldsymbol{0}$ とすることができる．

14.3 サーボシステムへの拡張

第 12 章で解説したレギュレータでは平衡点が $\boldsymbol{x} = \boldsymbol{0}$ であり，$\boldsymbol{x}(0) \neq \boldsymbol{0}$ の状態から $\boldsymbol{x}(t) \to \boldsymbol{0}$ とすることを目標とした．しかし，実際には必ずしも平衡点が $\boldsymbol{x} = \boldsymbol{0}$ とは限らず，制御目標も $\boldsymbol{x} \to \boldsymbol{0}$ ではない場合も存在する．

これまで解説してきた台車型倒立振子では，$\boldsymbol{x}(t) \to \boldsymbol{0}$ において台車位置 x と振子角度 θ が，$x \to 0$ かつ $\theta \to 0$ となる．しかし，本章冒頭にあるストーリでは，図 14.1 のようにホイールダック 1 号は「バランスをとり」ながら「前進」しており，少なくとも位置 $x(t)$ に関しては $x \neq 0$ が目標となっている．このような $\boldsymbol{x} \neq \boldsymbol{0}$ への収束を行うには，いくつかの方法がある．

最も簡単な方法は，状態変数ベクトルの座標を移動させる方法である．ここでは，ストーリにおける「前進する」を「前進して，特定の目標位置 x_d に移動させる（$x_d \neq 0$）」と解釈しよう．この場合，これまでに説明したレギュレータの方法では，$x(t) \to x_d$ に制御できない．そこで，図 14.7(a) のように台車位置を示す座標系 x を平行移動させて，新たに x_d を原点とする座標系 X を考えよう．$X(t) = x(t) - x_d$ であり，$\dot{X}(t) = \dot{x}(t)$ となる．また，$X(0) = X_0 = x(0) - x_d$ である．これに対し，新たな状態変数ベクトル $\boldsymbol{X}(t)$ を

$$\boldsymbol{X}(t) = (X(t),\ \theta(t),\ \dot{X}(t),\ \dot{\theta}(t))^T$$

と定義する．この新たに定義された状態ベクトルに対して $\boldsymbol{X}(t) = \boldsymbol{0}$ が平衡点であれば，これまで同様に $\boldsymbol{X}(t)$ についてレギュレータを構築し，$\boldsymbol{X}(t) \to \boldsymbol{0}$ とできれば結果的に $X(t) \to 0$ となり，これは $x(t) \to x_d$ を意味する．このように座標系を変更することで，倒立振子の移動が実現できる．ただし，当

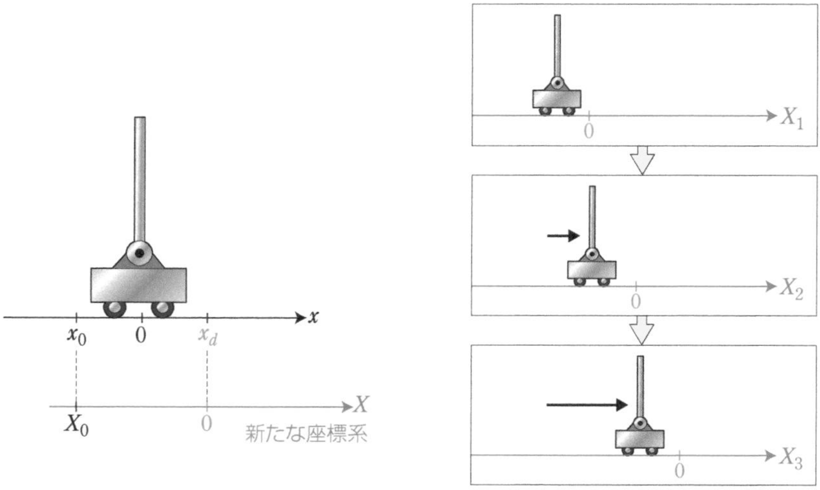

(a) 元の座標系 x と新たに設定した座標系 X

(b) 座標系を時々刻々変化させる（$X_1 \to X_2 \to X_3$）

図 14.7　台車型倒立振子において台車の座標系を移動させる例

然ながらシステムが可制御である必要があるので，座標系を変更したときに状態空間表現ができない場合や，仮に状態空間表現ができたとしても各行列 $\boldsymbol{A}$ と $\boldsymbol{B}$ の値に変化がある場合には注意が必要である[5]．

これを拡張し，目標位置 x_d を運動中に連続的に変化させ，図 14.7(b) のように座標系を $X_1 \to X_2 \to X_3$ と連続的に変化させることで，複数ある目標位置への移動も対応できる場合もある．しかし，この方法でも台車の位置を厳密に目標軌道に追従させるなどは難しい（理論的に保障できるのは，$t \to \infty$ での平衡点への収束性のみである）．このような追従制御を目標とする制御システムのことを**サーボシステム**と呼ぶことがある．また，その他にも本書で紹介した手法では対応できない場合がある．これらに対する制御については，詳しくは他書を参考にしていただきたい[6]．

[5] 今回の台車型倒立振子では，例えば $\theta_d = \frac{\pi}{4}$ [rad] の場合などは，この方法では対応できない．

[6] 「サーボ系」などのキーワードで巻末ブックガイド [19, 21–25] などを参照．

ホイールダック１号開発の進捗

オブザーバとレギュレータの併合システムを利用することで，ホイールダック１号は起き上がり，さらにバランスをとりながら特定の位置へ移動することができた．さらに極配置により理想的な動作を実現したのだった．博士と彼女の協力により，ついにホイールダック１号は完成したのだ！！

図 14.8　ついに完成したホイールダック１号

まとめ

- 極配置法では，目標の挙動を実現するレギュレータやオブザーバの極を決め，それを実現するフィードバック係数行列やゲイン行列を計算する．
- 併合システムでは，オブザーバで推定した状態変数ベクトルを利用して状態フィードバック制御を行う．
- 状態フィードバック制御では，新たな座標系を設定することで，元の平衡点以外に制御できる場合がある．

章末問題

1. レギュレータやオブザーバにおける極配置法について，100字程度で簡潔に説明せよ．
2. 式 (8.1) のシステムにおいて，式 (12.15) のレギュレータを構築することを考える．このとき，フィードバック係数行列を $\boldsymbol{F} = (f_1, f_2, f_3, f_4)^T$ としたとき，以下の行列によ

る行列 $\boldsymbol{A}-\boldsymbol{BF}$ の特性方程式を求めよ.

$$\boldsymbol{A}=\begin{bmatrix} 0 & 0 & 1 & 0 \\ 0 & 0 & 0 & 1 \\ 0 & -1 & 0 & 0 \\ 0 & 10 & 0 & 0 \end{bmatrix} \qquad \boldsymbol{B}=\begin{bmatrix} 0 \\ 0 \\ 1 \\ -1 \end{bmatrix}$$

❸ 上問に関連して，レギュレータの極 (λ_1〜λ_4) を $\lambda_1=-1$，$\lambda_2=-2$，$\lambda_3=-4$，$\lambda_4=-10$ とするフィードバック係数行列 $\boldsymbol{F}$ を極配置法で求めよ.

❹ レギュレータとオブザーバの併合システムについて，100 字程度で簡潔に説明せよ.

第15章

まとめ

STORY

今年も夏が終わる．博士は助手を国際空港へと送りにやってきた．彼女は今日，アメリカへと帰る．「この夏は楽しかった．日本に帰ってきてよかった」「僕もだよ．君がいてくれたおかげでこいつも動き出せた」隣に立つホイールダック１号の頭をポンと叩く．「私，アメリカでちゃんと学位をとってくる．そのときは本当の『助手』として雇ってよね！」「もちろんさ！」

やがて飛行機は飛び立つ．空を飛ぶ白い機体を見上げながら博士は，彼女が最後にいった言葉を反芻（はんすう）していた．「でも，どうして１号は二輪だったの？　三輪のオムニホイールなら転倒を気にせずに済むよね？」いわれてみればそうだ．

やがて博士は新たな構想を始める．やがて来る人工知能を搭載したホイールダック．

——物語はまだ始まったばかりだ．

図 15.1　いつか博士の助手になることを誓い，アメリカへと旅立つ彼女

15.1 ホイールダック１号の開発物語：総集編

いよいよ最終章となった．本書では，これまで古典制御と現代制御について解説してきた．一般に，これらの制御工学を学ぶには前提となる数学知識が多く，初学者には難解である場合が多い．そこで，本書の内容は基礎に限定し，初学者でも理解しやすいように解説した．

第１章では，制御工学の基礎となる知識を述べ，前半の第２〜７章では古典制御を，後半の第８〜14 章では現代制御について解説した．本章ではホイールダック１号の開発を通じて学んできた知識を復習したい．

■制御工学の基本知識

第１章では制御工学を学ぶ基礎知識として，倒立振子の概要について説明した．この倒立振子を制御するには，高校などで学んだ知識では対応できないことを理解した．また，古典制御と現代制御の違いを説明した．制御工学では運動方程式の導出や扱いが極めて重要であり，その基礎となる力学について解説し，微積分と変位・速度・加速度との関係を明らかにした．また，回転と並進の力学の類似性について触れ，本書で対象とする線形微分方程式の定義について学んだ．

■ PD 制御と運動方程式

第２章では，古典制御と現代制御において，極めて重要な意味を持つ P 制御について解説し，P 制御の本質が仮想的なバネであることを学んだ．また，ダンパの役割を説明し，P 制御の問題点を克服するために，P 制御に仮想的なダンパを組み合わせた PD 制御を学習した．さらに運動方程式が微分方程式であることを理解し，線形化について学んだ．

■微分方程式とラプラス変換

第３章では，数値解と解析解の違いを理解し，線形微分方程式を解析的に解く方法として，ラプラス変換と逆ラプラス変換について学んだ．t 領域と s 領域の概念を理解することで，ラプラス変換による微分方程式の解法の利点を知り，いくつかの例題を通じて理解を深めた．

■伝達関数

第４章では，古典制御において重要な伝達関数の定義について学び，s 領域上での制御システムの入出力関係は，出力を入力で割った伝達関数で表現されることを理解した．基本要素の伝達関数として比例要素，微分要素，積分要素を学び，さらに，1 次遅れシステムと 2 次遅れシステムの伝達関数を学んだ．また，それらの伝達関数に対応する機械システムと電気システムの例を理解した．

■ブロック線図

第 5 章では，ブロック線図について学んだ．s 領域では出力は伝達関数に入力をかけ算するだけでよく，この計算を図形で表現することで，信号の流れや計算が可視化できることを理解した．また，ブロック線図では等価変換によって，複雑な結合から簡単な表記への変換や，その逆の変換が可能であることを理解した．応用問題として，台車の PD 制御と直流モータの 2 つについて，各要素に分けてブロック線図で表記し，等価変換を介して伝達関数を求める方法を学習した．

■応答の基礎とステップ応答

第 6 章では，応答の意味を学んだ．主な応答としてランプ応答，ステップ応答，インパルス応答，周波数応答の概要を理解した．さらに，ステップ応答に注目し，1 次遅れシステムと 2 次遅れシステムのステップ応答を理論的に解析し，それぞれのシステムにおける特性を学んだ．

■周波数応答

第 7 章では，周波数応答について学んだ．そのとき，反復横跳びをイメージすることで，周波数応答の概要を理解した．周波数応答の評価として，入力と出力の振幅比と位相差について理解し，それを周波数特性として視覚化したボード線図（ゲイン曲線と位相曲線）について学んだ．さらに，システムの伝達関数から周波数特性が分かる周波数伝達関数について学習し，1 次遅れシステムと 2 次遅れシステムについての周波数伝達関数の解析を行った．

■現代制御と状態空間表現

第 8 章以降は，現代制御について学んだ．第 8 章では現代制御の根幹をなす状態空間表現として状態方程式と出力方程式について理解した．また，自由度の概念を理解し，ラグランジュの運動方程式について学んだ．さらに，例題を通じて，ラグランジュの運動方程式から導出した式を状態空間表現に変換する方法を理解した．

■ベクトル・行列

第 9 章では，現代制御で用いられるベクトル・行列の基礎について学び，状態空間表現された式において，それらに含まれる行列の特性が制御の挙動に大きな影響を与えることを理解した．それを踏まえ，行列の特性を示す行列式，逆行列，固有値，固有ベクトル，ランクなどの意味を理解した．

■自由システム

第 10 章では，入力がゼロとなる自由システムについて学んだ．また，安定，不安定，漸近安定の意味を理解した．それを踏まえ，自由システムが漸近安定になるには，行列 $\boldsymbol{A}$ のすべての固有値の実部が負となり，安定行列になる必要があることを理解した．さらに，システムの安定性を判別するためのラウス・フルビッツの安定判別法について学習した．

■台車型倒立振子の自由システム

第 11 章では，台車型倒立振子に焦点を当て，これまでに学んできた知識を利用して，解析を行った．ラグランジュの運動方程式を導出し，線形化を行い，状態方程式と出力方程式にまとめた．また，倒立振子の自由システムの安定解析を行い，その場合には状態変数がゼロに収束せず，漸近安定にはならないことを示した．

■レギュレータ

第 12 章では，状態変数を制御するレギュレータについて学んだ．状態フィードバック制御によるレギュレータのイメージを理解したうえで，レギュレータを含む状態方程式が自由システムと同様の式に帰着できることを説明し，状態変数の収束条件がレギュレータの極に依存することを理解した．また，システムが可制御であればレギュレータを構築できることを学んだ．さらに，第 11 章で学んだ台車型倒立振子にレギュレータを組み込むことで，振子が転倒せずに制御できることを学んだ．

■オブザーバ

第 13 章では，オブザーバについて学んだ．状態フィードバック制御などを行うときに，状態変数がセンサなどから直接に計測できない場合がある．そのような場合に，オブザーバは状態空間表現される式の構造と行列の値，さらには入力と出力の値から状態変数をリアルタイムに推定する補助的なシステムであることを理解した．また，可観測であればオブザーバが構築できることを学び，オブザーバの極について理解した．

より高度な制御

第 14 章では，レギュレータやオブザーバのフィードバック係数行列やゲイン行列の決め方として極配置法について学んだ．また，レギュレータにオブザーバを組み込み，推定した状態変数を状態フィードバック制御する方法について理解した．さらに，座標系を移動させることで，台車型倒立振子を任意の位置に停止させる方法を学んだ．

15.2 数値計算ソフト

現代制御ではベクトル・行列の計算を多用する．本書ではこれらに関する計算（例えば行列式など）を手計算で行う方法を紹介してきた．これらの基本計算を「手計算でできる」ことが望ましいのは間違いない．

一方で，上記のベクトル・行列に関わる計算では，次元が増えていくと計算が極端に難しくなっていく．したがって，自由度の多いシステムなどでは，これらの計算を手計算で行うことは非常に大変となる．そこで，これらの数値計算については，コンピュータ（計算機）の力を借りる方法がある．

一昔前（1990 年代前半くらい）までは，今ほどコンピュータは普及しておらず，これらの数値計算を，コンピュータを使って計算するにはハードルが高かった．数値計算する場合には，その計算をプログラミングする必要があり，プログラミングの知識も必要となった．

しかし，現在では関数電卓，スマートフォンやパソコンなどの高性能なコンピュータが極めて安価で手に入るだけでなく，ベクトル・行列に関する簡単な計算ならば，無料で利用できるソフト（アプリ）も多い．したがって，制御工学に関する実際の業務（研究機関や会社での試作・解析・設計・開発など）では，これらのコンピュータを積極的に活用して，制御に必要な数値計算を大きな手間をかけずに行っていることが多い．

制御工学の数値計算などに利用されるソフトで有名なものには，有料なものとしては MATLAB（MathWorks 社）や Mathematica（Wolfram Research 社）などがある．これらのツールは大学・会社などの組織によっては，組織全体でライセンス契約している場合もあり，その場合には一定の条件を満たせば，ユーザが料金を支払うことなく利用できる場合がある．

その他に，無料のもので MATLAB と同様の機能を有するオープンソースのScilabなども有名である．また，ネットで検索すれば，ブラウザ上で動作するベクトル・行列の計算ページも数多く存在する．

これらのツールを用いれば，行列の固有値や最適化計算などが簡単に計算可能となる．したがって，制御工学のみならず，他の工学分野でも強力な数値計算ツールとなる．また，最近はPythonなどの初学者でも取り組みやすいプログラミング言語も普及しており，数値シミュレーションのプログラミングも容易に行えるようになってきている．工学系の学生など，今後，理工系の業務に関わる可能性のある読者は，このような計算方法も学んでおくこともお勧めする．

15.3 本書では触れなかった内容について

15.3.1 古典制御と現代制御のより深い内容

本書は初学者を対象としていることと，ページ数の制限により古典制御と現代制御の基礎的な部分しか解説してこなかった．しかし，古典制御と現代制御ともに，本書では触れていないが重要な項目は多い．それらを以下に挙げておく．

【古典制御】　ナイキスト線図，安定性，フィードバック系の設計
【現代制御】　双対性，最適制御，リカッチ方程式，サーボ理論

本書を学んだうえでより深い内容に興味のある読者は，次の書籍にトライするのがよいだろう．

【古典制御】『機械制御工学（第2版）』，金子敏夫，日刊工業新聞社，2003.
【現代制御】『システム制御理論入門』小郷寛，美多勉，実教出版，1971.

その他にも後述するブックガイドを参考に，チャレンジして習得してほしい．

また，本書では古典制御と現代制御を別々に学び，その橋渡しとしてPD制御を基幹にすることを意識して解説した．一般に，古典制御と現代制御では，PD制御以外にも多くの部分で重複している点があり，両者を完全に切り離せない部分もある．それらについてもブックガイドを参考に，ステップアップとしてぜひチャレンジしていただきたい．

15.3.2 古典制御と現代制御以外の手法

本書で取り扱った内容は，制御という視点から見ても限定的である．例えば，本書で取り扱った古典制御，現代制御以外にも，シーケンス制御などのアプローチも存在する．シーケンス制御とは，定められた順序に従って制御の各段階を逐次進めていく制御方法である．

また，古典制御にしても現代制御にしても，一般に対象システムを線形微分方程式を持つものに限定している．しかし，現実のシステムのほとんどは非線形システムである．これらの非線形システムについて本書では，線形近似して古典制御や現代制御に帰着する方法について解説した．

しかし，非線形システムを非線形のままで制御する方法も存在する．それを非線形制御という．また，非線形制御の中でも，特に分野を限定することで，そのシステム特有の方程式の構造により，より高精度の制御を実現する分野も存在する．例えばロボット工学では，ロボットアームの運動方程式が非線形微分方程式で表現でき，その非線形特性も許容したうえで制御法を実装していることが多い．ロボット制御の入門用としては姉妹書である『イラストで学ぶロボット工学』をお勧めする．

また，いわゆる人工知能を用いた制御も昨今は大変盛んである．これらの制御分野は知的制御などと呼ばれる．本章では知的制御については取り扱ってこなかったが，この分野にもさまざまな手法がある．知的制御については，姉妹書である『イラストで学ぶ人工知能概論』を参考にしていただきたい．

ホイールダック，そして伝説へ…

こうしてホイールダック１号の物語は幕を閉じゆく．しかし，博士と彼女の物語は終わらない．二人の研究者魂は後に伝説となるホイールダック２号，そしてホイールダック２号@ホームの開発に続くのである……．

まとめ

- 数値計算を行ううえで，強力なツールとなるソフト（アプリ）が開発されており，これを利用することで解析の効率が向上する．
- 本書で学んだ古典制御や現代制御以外にも，シーケンス制御や非線形制御など，さまざまな制御工学のアプローチが存在する．
- 人工知能などを用いた制御は知的制御などと呼ばれる．

図 15.2　走りまわるホイールダック 1 号

章末問題

❶ 代表的な数値計算ソフト（例えばMATLABやMathematica, Scilabなど）を用いて，本書で学んだベクトル・行列の数値計算を行い，その他の基本的な使い方を習得せよ．

❷ シーケンス制御について，その仕組みをインターネットや他の書籍を利用して調べ，簡潔にまとめよ．

❸ 非線形制御について，その仕組みをインターネットや他の書籍を利用して調べ，簡潔にまとめよ．

❹ ニューラルネットワークにおける代表的な学習方法である誤差伝播法（バックプロパゲーション）について，その仕組みをインターネットや他の書籍を利用して調べ，簡潔にまとめよ．

❺ 従来のニューラルネットワークと近年注目されている深層学習（ディープラーニング）の違いについて，インターネットや他の書籍を利用して調べ，簡潔にまとめよ．

❻ 強化学習について，その仕組みをインターネットや他の書籍を利用して調べ，簡潔にまとめよ．

❼ 遺伝的アルゴリズムについて，その仕組みをインターネットや他の書籍を利用して調べ，簡潔にまとめよ．

巻末付録

表 A.1 ラプラス変換表

（代表的なものを記載する．より詳細は巻末ブックガイド [9, 10] などを参照）

No.	$f(t)$	$F(s)$	No.	$f(t)$	$F(s)$
1	1 or $u(t)$ (単位ステップ)	$\frac{1}{s}$	8	$t^n e^{-at}$	$\frac{n!}{(s+a)^{n+1}}$
2	e^{-at}	$\frac{1}{s+a}$	9	$t\sin\omega t$	$\frac{2\omega s}{(s^2+\omega^2)^2}$
3	t	$\frac{1}{s^2}$	10	$t\cos\omega t$	$\frac{s^2-\omega^2}{(s^2+\omega^2)^2}$
4	$\delta(t)$	1	11	$e^{-at}\sin\omega t$	$\frac{\omega}{(s+a)^2+\omega^2}$
5	$\sin\omega t$	$\frac{\omega}{s^2+\omega^2}$	12	$e^{-at}\cos\omega t$	$\frac{s+a}{(s+a)^2+\omega^2}$
6	$\cos\omega t$	$\frac{s}{s^2+\omega^2}$	13	$\sin(\omega t+\varphi)$	$\frac{\omega\cos\varphi+s\sin\varphi}{s^2+\omega^2}$
7	t^n	$\frac{n!}{s^{n+1}}$	14	$\cos(\omega t+\varphi)$	$\frac{s\cos\varphi-\omega\sin\varphi}{s^2+\omega^2}$

[補足 1]　No.1 の変換は，$f(t)=1$ と $f(t)=u(t)$ はラプラス変換すれば，ともに $F(s)=\dfrac{1}{s}$ となる．しかし，$F(s)=\dfrac{1}{s}$ を逆ラプラス変換すると，どちらか一意に定まらない．

[補足 2]　$u(t)$ は単位ステップ関数，$\delta(t)$ はディラックのデルタ関数であり，次式で与えられる．

$$u(t)=\begin{cases}1 & (t>0)\\ 0 & (t\le 0)\end{cases}, \qquad \delta(t)=\begin{cases}\infty & (t=0)\\ 0 & (t\ne 0)\end{cases} \quad \text{ただし} \int_{-\infty}^{\infty}\delta(t)dt=1$$

ブックガイド

本書を通じて制御工学に興味を持った読者が，より高度な内容を学んでいくときの助けとなるように，本書を執筆するうえで参考とした書籍，または読者が本書を読んだあとに読めば，さらに理解が深まるだろう書籍をブックガイドとして紹介する．

なお，本書の想定する読者である一般的なレベルの大学生や初学者に合わせてガイドするので，最先端の技術を解説するようなものでなく，なるべく読みやすいものを選んでいる．

■古典制御

本書の古典制御の内容の多くは，特に以下の 2 冊の影響を強く受けている．

[9] **『機械制御工学（第 2 版）』金子敏夫，日刊工業新聞社，2003.**
[10] **『やさしい機械制御』金子敏夫，日刊工業新聞社，1992.**

古典制御の本の多くは，難しい数式展開を主とするものが多いが，上記の書籍は非常に分かりやすい表現で，機械制御の基礎を解説している．2 冊は著者と出版社は同じで，内容はかなり重複しているので，これから読む場合には，どちらか一方でもよいだろう．他の初学者向けの本としては，

[7] **『はじめての制御工学　改訂第 2 版』佐藤和也，平元和彦，平田研二，講談社，2018.**

が分かりやすい．本書や上記 [9,10] の次に読めば，より理解が深まるだろう．

ラプラス変換に限定した内容については，以下が例題も多く，実力のつく内容である．

[6] **『ラプラス変換キャンパス・ゼミ 改訂 4 版』馬場敬之，マセマ出版社，2021.**

■現代制御

現代制御は以下の本をお勧めする．

[19] **『システム制御理論入門』小郷寛，美多勉，実教出版，1971.**

行列理論や安定論も詳しく解説しており，少し高度な大学の数学知識を必要とするものの，非常に分かりやすい．タイトルに「入門」とあるが，かなり読みごたえはある．しかし，個人的には現代制御を学ぶうえではバイブルともいえる本であり，本書を執筆するうえで非常に強い影響を受けている．

他にも，初学者用として以下の 2 冊を紹介しておく．

[22] **『わかりやすい現代制御理論』森泰親，森北出版，2013.**

[23] **『はじめての現代制御理論　改訂第 2 版』佐藤和也，下本陽一，熊澤典良，講談社，2022.**

本章では，古典制御と現代制御を分離して解説したが，これらは完全には分離できず，緩やかに結合している部分もある．

[8] **『制御基礎理論（古典から現代まで）』美多勉，中野道雄，コロナ社，2014.**

上記 [8] の本では，古典制御から現代制御の結合部分も解説している．著者が持っているのは 1982 年初版のもので出版社は昭晃堂であるが，同じ本がコロナ社から今も出版されている．

本書では，倒立振子の制御を 1 つの目的としてきたが，倒立振子を通じた制御手法の解説として，以下を紹介しておく．

[24] **『倒立振子で学ぶ制御工学』川田昌克 (編著)，東俊一，市原裕之 他 (著)，森北出版，2017.**

■その他

制御工学において，対象とするシステムを数式モデルに落とし込むモデル化は極めて重要である．特に機械制御では，機械力学の理解が重要となる．機械力学の教科書としては，

[12] **『演習で学ぶ機械力学（第 3 版）』小寺忠，矢野澄雄，森北出版，2014.**

が初学者にお勧めである．高校レベルの物理（力学）の復習から，振動工学まで内容が及んでいる．制御工学で用いる機械のモデル化を勉強したい初学者はぜひ一読していただきたい．

現代制御では，ベクトル・行列の計算がたくさん出てくるため，これらの知識が必要不可欠である．ベクトル・行列の計算は，大学では「線形代数」と呼ばれることが多い．線形代数の初心者には，

[17] **『はじめての線形代数学』佐藤和也，只野裕一，下本陽一，講談社，2014.**

をお勧めする．さらに，線形代数のより深い内容を学びたい読者には，

[18] **『線形代数とその応用』ギルバート・ストラング (著)，山口昌哉 (監訳)，井上昭 (翻訳)，産業図書，1978.**

がよいだろう．重厚な雰囲気を漂わす本で，見た目にはとっつきにくいが，線形代数の細部まで解説された良書である．

本書では，ロボット工学や AI（人工知能）について触れてこなかったが，これらの内容に興味のある読者もいることと思われる．そんな読者には，本書の姉妹書である以下の 2 冊をぜひ読んでいただきたい．

[1] **『イラストで学ぶ人工知能概論 改訂第 2 版』谷口忠大，講談社，2020.**

[2]『イラストで学ぶロボット工学』木野仁 (著), 谷口忠大 (監修), 講談社, 2017.

ホイールダック1号の改良機「ホイールダック2号」ならびにそれのバージョンアップ版「ホイールダック2号@ホーム」の活躍を通じて，楽しく勉強できる内容となっている.

その他にも本書を執筆するうえで参考にした本などを，参考文献として挙げておくので，必要に応じて参考にしていただきたい.

参考文献

[1] 『イラストで学ぶ人工知能概論 改訂第 2 版』谷口忠大，講談社，2020.
[2] 『イラストで学ぶロボット工学』木野仁 (著)，谷口忠大 (監修)，講談社，2017.
[3] 『工業系の力学』金原粲 (監)，末益博志 他 (著)，実教出版，2013.
[4] 『演習で学ぶ PID 制御』森泰親，森北出版，2009.
[5] 『図解入門 よくわかる物理数学の基本と仕組み』潮秀樹，秀和システム，2004.
[6] 『ラプラス変換キャンパス・ゼミ 改訂 4 版』馬場敬之，マセマ出版社，2021.
[7] 『はじめての制御工学　改訂第 2 版』佐藤和也，平元和彦，平田研二，講談社，2018.
[8] 『制御基礎理論 (古典から現代まで)』美多勉，中野道雄，コロナ社，2014.
[9] 『機械制御工学 (第 2 版)』金子敏夫，日刊工業新聞社，2003.
[10] 『やさしい機械制御』金子敏夫，日刊工業新聞社，1992.
[11] 『古典制御論』吉川恒夫，コロナ社，2014.
[12] 『演習で学ぶ機械力学 (第 3 版)』小寺忠，矢野澄雄，森北出版，2014.
[13] 『振動学 (JSME テキストシリーズ)』日本機械学会，丸善出版，2005.
[14] 『新装版 オイラーの贈物』吉田武，東海教育研究所，2021.
[15] 『基礎　制御工学』森政弘，小川鉱一，東京電機大学出版局，2001.
[16] 『解析力学 (物理入門コース 新装版)】小出昭一郎，岩波書店，2017.
[17] 『はじめての線形代数学』佐藤和也，只野裕一，下本陽一，講談社，2014.
[18] 『線形代数とその応用』ギルバート・ストラング (著)，山口昌哉 (監訳)，井上昭 (翻訳)，産業図書，1978.
[19] 『システム制御理論入門』小郷寛，美多勉，実教出版，1971.
[20] 『本質から理解する数学的手法』荒木修，齋藤智彦，裳華房，2016.
[21] 『現代制御理論入門』浜田望，松本直樹，高橋徹，コロナ社，1996.
[22] 『わかりやすい現代制御理論』森泰親，森北出版，2013.
[23] 『はじめての現代制御理論　改訂第 2 版』佐藤和也，下本陽一，熊澤典良，講談社，2022.
[24] 『倒立振子で学ぶ制御工学』川田昌克 (編著)，東俊一，市原裕之 他 (著)，森北出版，2017.

[25] 『演習で学ぶ現代制御理論（新装版）』森泰親，森北出版，2014.
[26] 『現代制御論』吉川恒夫，井村順一，コロナ社，2014.
[27] 『工学博士が教える高校数学の使い方教室』木野仁，ダイヤモンド社，2020.
[28] 工業大学生ももやまのうさぎ塾 https://www.momoyama-usagi.com/（最終アクセス日：2022.11.19.）

その他にも，インターネット上の情報など多くの資料を参考にした.

おわりに

2017年に本書の姉妹書である『イラストで学ぶロボット工学』が出版された．当時，著者が勤務していた大学で担当していたロボット工学の講義で，初学者向けのちょうどよい教科書がなく，「それなら自分で教科書を作ってしまおう」と谷口先生に相談して完成させたものだ．発売後，佐世高専の槇田諭先生（2024年現在，福岡工業大学准教授）が教科書として採用してくださり，そこの学生がSNSに取り上げてくれたのをきっかけにネットで話題になった．その結果，多くの大学・高専などで教科書として採用された．

その後，講談社サイエンティフィクの横山さんから，次の教科書の執筆をご提案いただき，ぜひとも制御工学の教科書を書きたいと伝えた．制御工学についても，当時，担当していた講義で初学者向けのよい教科書がなく，困っていたからである．こうして，本書の執筆の機会を得た．

著者の大学生の頃を思い出せば，受講していた制御工学の講義は非常に難関な内容であった．古典制御と現代制御の別々の2つの講義が存在していたが，2つの講義とも内容がまったく理解できず，そのうち授業にも出なくなり，2つとも単位を落としてしまった．選択科目だったので，卒業には直接影響がなかったのが幸いだった．

その後，著者は大学院に進学し，ロボット工学の研究を行っていた．その過程で，どうしても制御工学をマスターしておく必要があり，結局，古典制御と現代制御をそれぞれ一（いち）から独学（に近い状態）で勉強することとなった．そこで感じたのは，確かにこれらの制御工学は多くの数学の知識を必要とし，難関な分野ではあるが，「もう少し理解しやすい例などを通じて，分かりやすく説明できるのではないか？」というものだった．

先述したように本書を執筆する機会を得て，ぜひとも全国の「迷える学生」や「迷える技術者」のために，自分の経験を活かした分かりやすい教科書を書きたいと思ったのだった．当初は1～2年間くらいで完成すると思ったが，結局，本書は執筆開始から完成するまで5年以上の年月がかかってしまった．

今回の執筆にあたっては，前作『イラストで学ぶロボット工学』と同様に，谷口先生に監修をお願いし，イラストを峰岸桃さん，そして講談社サイエンティフィクの横山さんの4名でチームを再び組み，大変満足するものが完成した．

最初，企画段階で谷口先生に相談すると，「ホイールダックは１号機の開発の話にして，博士と助手が出会う話にしよう．時代設定は，ホイールダック三部作（人工知能概論，ロボット工学，制御工学）の最初の話がいい．ドラゴンクエスト１→２→３みたいだし」という．なるほど面白い．実際，今回の谷口先生のストーリもグイグイひきこまれる．峰岸さんのホイールダック１号のイラストもよいデザインだ．皆さんと再度一緒に仕事ができて，私は幸せ者である．

本書を執筆するにあたり，その他にも多くの方のサポートを受けた．中京大学木野研究室の駒田洸一特任助教には，数式をチェックしていただいた．また，同じく中京大学の木野研究室の学生である太田士温君，植木優仁君，柴田翔太君，高橋寛人君には学生の目線から内容のチェックをしてもらった．これらの方々には感謝に堪えない．最後に私が夜な夜な仕事部屋にこもって執筆するのを，見守ってくれた妻や子供たちに感謝する．

本書が今後の日本の工学教育に貢献できれば，幸いである．ジークジオン．

しっぺい太郎の街・磐田市にて

2024 年 1 月

木野　仁

章末問題の解答例

第1章

1. 制御とは，対象とする仕組みやまとまり（システム）に対し，それらが持つ物理量をある特定の状態にすることである．制御の例：自動車の自動運転，ロケットの打ち上げ，ロボットの動作制御，エアコンの温度調整など．
2. まとまりや仕組みのことを「システム」という．対象システムに対し，何らかの信号や物理量を与えたとき，その結果として何らかの反応が生じる．システムに与えた前者を「入力」，システムからの後者を「出力」という．
3. $v(t)=\int_0^t a(\tau)d\tau+v(0)=\frac{1}{3}t^3+3$，$x(t)=\int_0^t v(\tau)d\tau+x(0)$
$=\frac{1}{12}t^4+3t+1$
4. $v(t)=\frac{dx(t)}{dt}=8t^3+6$，$a(t)=\frac{dv(t)}{dt}=24t^2$
5. $\omega(t)=\frac{d\theta(t)}{dt}=\frac{1}{2}\cos(\pi t^2)\cdot 2\pi t=\pi t\cos(\pi t^2)$
$\frac{d\omega(t)}{dt}=\pi\cos(\pi t^2)+\pi t\cdot 2t\pi\cdot(-\sin(\pi t^2))=\pi\cos(\pi t^2)$
$-2t^2\pi^2\sin(\pi t^2)$
6. $\theta(t)=\int_0^t\omega(\tau)d\tau+\theta(0)=\frac{3}{2}t^2-e^{-t}+1+\pi$，$\frac{d\omega(t)}{dt}=3-e^{-t}$
7. 角運動量：$J\omega(t)$，運動エネルギ：$\frac{1}{2}J\omega(t)^2$

第2章

1. ダンパ（減衰器）は速度に比例した力をブレーキとして逆向きに発生させる．速度を $v(t)$，ダンパの発生力を $f(t)$，粘性抵抗係数を μ とすると，発生力は $f(t)=-\mu v(t)$ となる．ただし，$f(t)$ は運動方向を正とする．
2. P 制御は仮想的なバネ力を物体に与える．PD 制御は仮想的なバネ力に加え，仮想的なダンパ力を与える．P 制御だけでは仮想バネ定数が大きいと振動的になりやすいが，PD 制御では仮想ダンパの効果で振動を抑制できる．
3. 各質量に加わる力を考慮して，運動方程式は以下の 2 式で構成される．
$$\begin{cases}m_1\frac{d^2x_1(t)}{dt^2}=-k_1x_1(t)+k_2(x_2(t)-x_1(t))\\ m_2\frac{d^2x_2(t)}{dt^2}=f(t)-k_2(x_2(t)-x_1(t))\end{cases}$$
4. 上問を拡張して，運動方程式は以下となる．
$$\begin{cases}m_1\frac{d^2x_1(t)}{dt^2}=f_1(t)-k_1x_1(t)+k_2(x_2(t)-x_1(t))-\mu(\frac{dx_1(t)}{dt}-\frac{dx_2(t)}{dt})\\ m_2\frac{d^2x_2(t)}{dt^2}=f_2(t)-k_2(x_2(t)-x_1(t))-\mu(\frac{dx_2(t)}{dt}-\frac{dx_1(t)}{dt})\end{cases}$$
5. (1) $(\frac{d^3x(t)}{dt^3})^2\fallingdotseq 0$，$\cos x(t)\fallingdotseq 1$，$\sin x(t)\fallingdotseq x$ として，$2\frac{d^2x(t)}{dt^2}+x(t)$
$+4=0$
(2) $x(t)^5\fallingdotseq 0$ として，$5\frac{dx(t)}{dt}+2x(t)+4=0$
(3) $\cos\theta(t)\fallingdotseq 1$，$\sin\theta(t)\fallingdotseq\theta(t)$，$\frac{d\theta(t)}{dt}\cdot\theta(t)\fallingdotseq 0$，$\frac{d^2\theta(t)}{dt^2}\cdot\frac{d\theta(t)}{dt}\fallingdotseq 0$
として，$\frac{d^3\theta(t)}{dt^3}+1=0$

第3章

1. (1) 付録の No.7 より，$X(s)=\frac{30}{s^4}+\frac{1}{s}$

(2) 付録の No.9 と No.10 より，$X(s)=\frac{a(s^2+4\pi s-4\pi^2)}{(s^2+4\pi^2)^2}$

(3) 付録の No.2 と No.6 より，$X(s)=\frac{1}{s+\pi}+\frac{16s}{16s^2+\pi^2}$

(4) 付録の No.8 と No.13 より，$X(s)=\frac{6}{(s-1)^4}+\frac{a(s+\omega)}{\sqrt{2}(s^2+\omega^2)}$

② (1) 付録の No.5 より，$X(s)=\frac{\omega}{(s^2+\omega^2)(5s^4+2s+1)}$

(2) 付録の No.2 と No.3 より，$X(s)=-\frac{s^2-s-1}{s^2(s+1)(\mu s+K)}$

③ (1) 付録の No.7 より，$x(t)=-\frac{2}{3}t^3$

(2) 付録の No.5 より，$x(t)=\frac{1}{2}\sin\frac{t}{2}$

(3) 付録の No.7 より，$x(t)=\frac{1}{2}t^2+2t$

(4) 部分分数分解して，$X(s)=-(\frac{1}{s-1}-\frac{1}{s-2})$ となる．付録の No.2 より，$x(t)=-(e^t-e^{2t})$

④ (1) 付録の No.7 より，ラプラス変換して $X(s)=\frac{18}{s^6}-\frac{1}{s^4}$．さらに，付録の No.7 より，逆ラプラス変換して $x(t)=\frac{3}{20}t^5-\frac{t^3}{6}$

(2) 付録の No.2 より，ラプラス変換して $X(s)=-\frac{1}{a}(\frac{1}{s}-\frac{1}{s-a})$，さらに，付録の No.1 より，逆ラプラス変換して $x(t)=\frac{1}{a}(e^{at}-1)$

第4章

① 問題では，入力が x で，出力が $\frac{dy}{dt}$ であることに注意．$\bar{y}=\frac{dy}{dt}$ などとおいて考える．伝達関数 $G(s)=\frac{s}{as^2+bs+c}$．

② 入力 x で出力 y の場合の伝達関数 $G(s)=\frac{s}{as^3+c}$．入力 y で出力 x の場合の伝達関数 $G(s)=\frac{as^3+c}{s}$．

③ 運動方程式が式 (4.17) で表されるとき，伝達関数 $G(s)=\frac{K}{Ts+1}$

④ 運動方程式が式 (4.22) で表されるとき，伝達関数 $G(s)=\frac{1}{as^2+bs+c}$ となる．または $K=\frac{1}{c}$，$\zeta=\frac{b}{2\sqrt{ac}}$，$\omega_0=\sqrt{\frac{c}{a}}$ とおき，$G(s)=\frac{K\omega_0^2}{s^2+2\zeta\omega_0 s+\omega_0^2}$

⑤ $\omega=\frac{d\theta}{dt}$ より，伝達関数 $G(s)=\frac{1}{s}$

第5章

① ブロック線図は，要素，信号，引き出し点，加え合わせ点から構成され，システムの入出力関係を図にしたものである．s 領域で表現されたブロック線図では，数式からブロック線図への変換や逆変換が容易にできる．

② ブロック線図の等価変換は，同じ意味を持つ別のブロック線図に変換することである．s 領域では図形的な変換を行うことで等価変換を行うことができ，システム全体の伝達関数を簡単に求めることができる．

③ 省略．

④ (1) 伝達関数 $G=-G_1G_2+G_3G_4$

(2) 伝達関数 $G=\frac{-G_1G_2}{1+G_1-G_1G_2G_3}$

⑤ G_1G_2 をまとめて考える．フィードバック結合であることに注目すれば，下図となる．

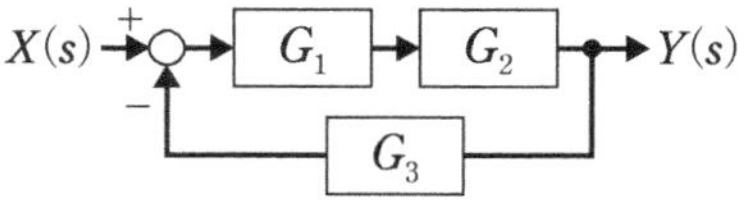

第6章

❶ 特定の入力に対するシステムの出力を応答という．応答を知ることで，制御設計や実際の使用のときに役立てることができる．

❷ ランプ応答は時間に比例した入力に対する出力を，インパルス応答は瞬間的な大きなパルス状の入力に対する出力を評価する．

❸ ステップ応答は，階段状の入力（ステップ入力）を与えた場合の出力を評価する．入力を1としたステップ入力を単位ステップ入力といい，その応答のことを単位ステップ応答（インディシャル応答）という．

・1次遅れシステムの単位ステップ応答：伝達関数を $G(s)=\frac{K}{(Ts+1)}$ とするとき，出力は $Y(s)=\frac{K}{(Ts+1)s}$ で表される．

・2次遅れシステムの単位ステップ応答：伝達関数を $G(s)=\frac{K\omega_0^2}{(s^2+2\zeta\omega_0 s+\omega_0^2)}$ とするとき，出力は $Y(s)=\frac{K\omega_0^2}{(s^2+2\zeta\omega_0 s+\omega_0^2)s}$ で表される．

❹ システムに入力を与えたとき，出力が変化していく．過渡応答とは出力の状態が落ち着くまでの途中の応答のことをいう．定常応答とは過渡応答を経て，出力の状態が一定に落ち着いた状態での応答のことをいう．

❺ 省略．

❻ ここでは，解を仮定する方法を紹介する．式 (6.3) より，$\frac{d^2x(t)}{dt^2}=-\frac{k}{m}kx(t)$ となる．ざっくりといえば，$x(t)$ は時間 t で2回微分すると，もともとの $x(t)$ の形に戻ることが分かる．このような関数は sin，cos，e などに関連するものである可能性が高い．

　これを踏まえ，解を $x(t)=a\cos bt$ と仮定する．この仮定した解が式 (6.3) を満たせば，正しい解といえる．$x(t)$ と $\frac{d^2x(t)}{dt^2}$ を式 (6.3) に代入すれば，$-a(mb^2+k)x_0\cos\omega_0 t=0$ の恒等式が得られ，式 (6.5) を得る．また，初期値より $a=x_0$ となる．

第7章

❶ 周波数応答は対象システムに sin 波の入力を与え，出力の sin 波を計測などして，入力に対する出力の追従性を評価する．これにより，周波数変化に対するシステムの敏捷性などを知ることができる．

❷ ボード線図はシステムの周波数応答の結果を表記するために用いられる．ボード線図はゲイン曲線と位相曲線という2つのグラフから構成される．ゲイン曲線は周波数変化に対する入出力の振幅比を，位相曲線は位相差を評価する．

❸ 一般にゲイン曲線では，振幅比の周波数変化をデシベル値で評価する．振幅比 $g(\omega)$ に対し，そのデシベル値 $g_{\mathrm{dB}}(\omega)$ [dB] とすると，$g_{\mathrm{dB}}(\omega)=20\log_{10}g(\omega)$ で与えられる．

❹ 伝達関数 $G(s)$ が与えられたとき，周波数伝達関数は伝達関数内のラプラス演算子 s を $j\omega$ で置き換えた $G(j\omega)$ で表現される．振幅比は $G(j\omega)$ の大きさ $|G(j\omega)|$，位相角は偏角 $\angle G(j\omega)$ で表される．

❺ 1次遅れシステムの伝達関数を $G(s)=\frac{K}{Ts+1}$ としたとき，その周波数伝達関数は $G(j\omega)=\frac{K}{T(j\omega)+1}$ となる．また，2次遅れシステムの伝達関数を $G(s)=\frac{K\omega_0^2}{s^2+2\zeta\omega_0 s+\omega_0^2}$ としたとき，その周波数伝達関数は $G(jw)=\frac{K\omega_0^2}{-\omega^2+2j\zeta\omega_0\omega+\omega_0^2}$ となる．

❻ 角周波数 ω が小さいときには追従性が良く，ω が大きくなるにつれて追従性が悪くなる．しかし，出力振幅は入力以上に大きくなることはなく，位相角は最大でも 90 [deg] までしか遅れない．また，時定数 T が小さいほど，追従性が良い．

❼ 角周波数 ω が小さいときには追従性が良く，ω が大きくなるにつれて追従性が悪くなる．

ただし，$\omega = \omega_0$ 付近では減衰係数 ζ の値が小さい場合に出力振幅は入力以上に大きくなる．位相差は最大で 180 [deg] まで遅れる．

第 8 章

① 現代制御では，入出力を状態空間表現によって表し，解析を行う．状態空間表現はベクトル・行列を用いた状態方程式と出力方程式から構成される．古典制御と異なり，多入力多出力のシステムにも対応できる．

② $\boldsymbol{u}(t)$ を入力ベクトル（$m \times 1$），$\boldsymbol{y}(t)$ を出力ベクトル（$l \times 1$），$\boldsymbol{x}(t)$ を状態変数ベクトル（$n \times 1$）としたときに，状態方程式と出力方程式は以下で示される．

$$\begin{cases} \dot{\boldsymbol{x}}(t) = \boldsymbol{A}\boldsymbol{x}(t) + \boldsymbol{B}\boldsymbol{u}(t) \\ \boldsymbol{y}(t) = \boldsymbol{C}\boldsymbol{x}(t) \end{cases}$$

ここで，$\boldsymbol{A}$，$\boldsymbol{B}$，$\boldsymbol{C}$ はそれぞれ $n \times n$，$n \times m$，$l \times n$ の行列である．なお，出力方程式を $\boldsymbol{y}(t) = \boldsymbol{C}\boldsymbol{x}(t) + \boldsymbol{D}\boldsymbol{u}(t)$ で表記する場合もある（$\boldsymbol{D}$ は $l \times m$ 行列）．

③ 運動エネルギ $K = \frac{1}{2}m_1\dot{x}_1^2 + \frac{1}{2}m_2\dot{x}_2^2$，ポテンシャルエネルギ $P = \frac{1}{2}k_1x_1^2 + \frac{1}{2}k_2(x_2 - x_1)^2$ として，ラグランジュ関数 $L = K - P$ を計算する．$Q_1 = 0$，$Q_2 = f$，$Q_i = x_i$ とおき，式 (8.18) より以下を得る．状態方程式と出力方程式については省略する．

$$\begin{cases} m_1\frac{d^2x_1(t)}{dt^2} = -k_1x_1(t) + k_2(x_2(t) - x_1(t)) \\ m_2\frac{d^2x_2(t)}{dt^2} = f(t) - k_2(x_2(t) - x_1(t)) \end{cases}$$

④ 上問のラグランジュ関数に加え，散逸関数 $M = \frac{1}{2}\mu(\dot{x}_2 - \dot{x}_1)^2$ を考慮する．式 (8.20) より次式を得る．状態方程式と出力方程式については省略する．

$$\begin{cases} m_1\frac{d^2x_1(t)}{dt^2} = f_1(t) - k_1x_1(t) + k_2(x_2(t) - x_1(t)) - \mu(\frac{dx_1(t)}{dt} - \frac{dx_2(t)}{dt}) \\ m_2\frac{d^2x_2(t)}{dt^2} = f_2(t) - k_2(x_2(t) - x_1(t)) - \mu(\frac{dx_2(t)}{dt} - \frac{dx_1(t)}{dt}) \end{cases}$$

第 9 章

① 現代制御では，入出力関係を状態方程式と出力方程式を用いて状態空間表現にする．一見すると同じベクトル・行列で表記された式でも，行列の中身によって状態変数や出力の収束性が変化するため，行列の知識が必要となる．

② 省略．

③ 省略．

④ 行列 $\boldsymbol{A_1} = \begin{bmatrix} \boldsymbol{Z} & \boldsymbol{B} \\ \boldsymbol{C} & \boldsymbol{D} \end{bmatrix}$ とおく（副行列はすべて 2×2）．式 (9.13) を用いる．

$|\boldsymbol{z}| = s^2$，$|\boldsymbol{D} - \boldsymbol{C}\boldsymbol{D}^{-1}\boldsymbol{B}| = \begin{vmatrix} s - 2.2 - \frac{1.1}{s} & -11 - \frac{35.3}{s} \\ 2 + \frac{1}{s} & s + 10 + \frac{23}{s} \end{vmatrix}$ より，$|\boldsymbol{A_1}| = s^4 + 7.8s^3 + 21.9s^2 + 20s + 10$

同様に $\boldsymbol{A_2} = \begin{bmatrix} \boldsymbol{Z} & \boldsymbol{B} \\ \boldsymbol{C} & \boldsymbol{D} \end{bmatrix}$ とおけば，$|\boldsymbol{D} - \boldsymbol{C}\boldsymbol{D}^{-1}\boldsymbol{B}| = \begin{vmatrix} s - 22 - \frac{1.1}{s} & -55 - \frac{10}{s} \\ 20 + \frac{1}{s} & s + 50 \end{vmatrix}$

となり，$|\boldsymbol{A_2}| = s^4 + 28s^3 - 1.1s^2 + 200s + 10$ を得る．

⑤ 対象の行列を $\boldsymbol{A}$ とおくと，特性方程式は $|s\boldsymbol{I_2} - \boldsymbol{A}| = 0$ となり，$s^2 + 10s + 10 = 0$ を得る．固有値 $\lambda_i = -5 \pm \sqrt{15}$ $(i = 1, 2)$ となる．

⑥ 省略．

第 10 章

① 状態方程式において，状態変数ベクトルと入力ベクトルが $\boldsymbol{x}(t) = \boldsymbol{x_0}$ かつ $\boldsymbol{u}(t) = \boldsymbol{u_0}$

で $\dot{\boldsymbol{x}}(t) = \boldsymbol{A}\boldsymbol{x_0} + \boldsymbol{B}\boldsymbol{u_0} = \boldsymbol{0}$ を満たすとき，$\boldsymbol{x_0}$，$\boldsymbol{u_0}$ を平衡点といい，この状態のことを平衡状態という．平衡状態のとき $\dot{\boldsymbol{x}} = \boldsymbol{0}$ であるから，入力 $\boldsymbol{u}(t)$ が $\boldsymbol{u_0}$ から変化しなければ，状態変数ベクトル $\boldsymbol{x}(t)$ は $\boldsymbol{x_0}$ にとどまり続ける．

❷ 自由システムとは，入力 $\boldsymbol{u}(t)$ に対し，常に $\boldsymbol{u}(t) = \boldsymbol{0}$ を与えたものである．

❸ 任意の初期ベクトル $\boldsymbol{x}(0)$ に対し，$t \to \infty$ で $\boldsymbol{x} \to \boldsymbol{0}$ となるとき，漸近安定という．漸近安定の必要十分条件は行列 $\boldsymbol{A}$ のすべての固有値 λ_i $(i = 1, \ldots, n)$ の実部が負 ($\mathrm{Re}[\lambda_i] < 0$, $i = 1, \ldots, n$) となることである．

❹ 自由システムの漸近安定性を知るには，行列 $\boldsymbol{A}$ の固有値を計算し，すべての固有値の実部が負かどうかを確認する必要がある．しかし，一般に行列の固有値を手計算などで求めるのは手間がかかる．ラウス・フルビッツの安定判別法では，固有値計算より簡単な方法で行列 $\boldsymbol{A}$ が安定行列かどうかを知ることができる．

❺ 第 9 章の章末問題 5 より，特性方程式は $|s\boldsymbol{I_2} - \boldsymbol{A}| = s^2 + 10s + 10 = 0$ となり，条件 1 を満たす．条件 2 のために以下のラウス表を作ると，$b = -\frac{1}{10}\begin{vmatrix} 1 & 10 \\ 10 & 0 \end{vmatrix} = 10 > 0$ となり，ラウス・フルビッツの安定条件を満たす．

第 1 行	1	10
第 2 行	10	0
第 3 行	b	-

第 11 章

❶ 省略．

❷ 散逸関数 M は $M = \frac{1}{2}\mu_x\dot{x}^2 + \frac{1}{2}\mu_\theta\dot{\theta}^2$ となる．式 (11.1)，(11.2) から，ラグランジュ関数 $L = K - P$ を計算し，式 (8.20) より，

$$\begin{cases} f = \frac{d}{dt}\frac{\partial L}{\partial \dot{x}} - \frac{\partial L}{\partial x} + \frac{\partial M}{\partial \dot{x}} \\ \tau = \frac{d}{dt}\frac{\partial L}{\partial \dot{\theta}} - \frac{\partial L}{\partial \theta} + \frac{\partial M}{\partial \dot{\theta}} \end{cases}$$

を計算することで，以下の運動方程式を得る．

$$\begin{cases} f = (m + M)\ddot{x} + ml_g\ddot{\theta}\cos\theta - ml_g\dot{\theta}^2\sin\theta + \mu_x\dot{x} \\ \tau = (J + ml_g^2)\ddot{\theta} + ml_g\ddot{x}\cos\theta - mgl_g\sin\theta + \mu_\theta\dot{\theta} \end{cases}$$

❸ 上問の運動方程式に対し，$\dot{\theta}^2 \fallingdotseq 0$，$\sin\theta \fallingdotseq \theta$，$\cos\theta \fallingdotseq 1$ と近似して，以下を得る．

$$\begin{cases} f = (m + M)\ddot{x} + ml_g\ddot{\theta} + \mu_x\dot{x} \\ \tau = (J + ml_g^2)\ddot{\theta} + ml_g\ddot{x} - mgl_g\theta + \mu_\theta\dot{\theta} \end{cases}$$

第 12 章

❶ 式 (8.1) のシステムが可制御であることは，状態フィードバック制御でレギュレータを構築し，適切なフェードバック係数行列を用いることで，状態変数ベクトルを $\boldsymbol{x}(t) \to 0$ $(t \to \infty)$ に制御できることを意味する．

❷ 行列 $\boldsymbol{A} - \boldsymbol{BF}$ のすべての固有値（レギュレータの極）の実部が負となり，複素平面上の左半平面に存在すること．

❸ 式 (12.19) の行列 $\boldsymbol{A}$ と $\boldsymbol{B}$ より，可制御性行列 $\boldsymbol{U_c}$ を求めると

$$
\boldsymbol{U_c} = \begin{bmatrix} 0 & 1.1 & 0 & 1 \\ 0 & -1 & 0 & -10 \\ 1.1 & 0 & 1 & 0 \\ -1 & 0 & -10 & 0 \end{bmatrix}
$$

となる．$\boldsymbol{U_c}$ は正方行列なので，式 (9.13) などより行列式を求めると $|\boldsymbol{U_c}| \neq 0$ となり，可制御となる．

第 13 章

❶ オブザーバとは，対象システムの状態変数ベクトルの一部もしくはすべてを計測できない場合に，システムの式と行列の値，および入出力の値から状態変数ベクトルの値を推定する方法である．

❷ システムが可観測であることは，オブザーバを構築し，適切なゲイン行列 $\boldsymbol{K}$ を用いることで，状態変数ベクトルを $\boldsymbol{x}(t)$ を推定できる．

❸ 行列 $\boldsymbol{A} - \boldsymbol{KC}$ のすべての固有値（オブザーバの極）の実部が負となり，複素平面上の左半平面に存在すること．

❹ 行列 $\boldsymbol{A}$ は式 (12.19)，$\boldsymbol{C}$ は式 (13.8) で与えられる．可観測性行列は

$$
\boldsymbol{U_o} = \begin{bmatrix} 1 & 0 & 0 & 0 \\ 0 & 0 & 1 & 0 \\ 0 & -1 & 0 & 0 \\ 0 & 0 & 0 & -1 \end{bmatrix}
$$

となる．式 (9.13) などより，$|\boldsymbol{U_o}| \neq 0$ であり，可観測となる．

第 14 章

❶ 極配置法は，レギュレータ/オブザーバのゲイン決定法である．レギュレータ/オブザーバの望ましい挙動を決めておき，それを実現するためのレギュレータ/オブザーバの極の値を決定したうえで，各ゲインの値を決定する．

❷ $\boldsymbol{A} - \boldsymbol{BF} = \begin{bmatrix} 0 & 0 & 1 & 0 \\ 0 & 0 & 0 & 1 \\ -f_1 & -1-f_2 & -f_3 & -f_4 \\ f_1 & 10+f_2 & f_3 & f_4 \end{bmatrix}$ より，行列 $\boldsymbol{A} - \boldsymbol{BF}$ の特性方程式

$|s\boldsymbol{I_4} - (\boldsymbol{A} - \boldsymbol{BF})| = 0$ は次式となる．

$$
\begin{vmatrix} s & 0 & -1 & 0 \\ 0 & s & 0 & -1 \\ f_1 & 1+f_2 & s+f_3 & f_4 \\ -f_1 & -10-f_2 & -f_3 & s-f_4 \end{vmatrix}
$$

$$
= s^4 + (f_3 - f_4)s^3 + (f_1 - f_2 - 10)s^2 - 9f_3 s - 9f_1 = 0
$$

❸ 上問の根 s が固有値 $\lambda_1 \sim \lambda_4$ となる．s に $\lambda_1 \sim \lambda_4$ の値を代入すれば，以下の連立方程式を得る．

$$
\begin{cases}
\cdot\ \lambda_1 = -1: & -8f_1 - f_2 + 8f_3 + f_4 - 9 = 0 \\
\cdot\ \lambda_2 = -2: & -5f_1 - 4f_2 + 10f_3 + 8f_4 - 24 = 0 \\
\cdot\ \lambda_3 = -4: & 7f_1 - 16f_2 - 28f_3 + 64f_4 + 96 = 0 \\
\cdot\ \lambda_4 = -10: & 91f_1 - 100f_2 - 910f_3 + 1000f_4 + 9000 = 0
\end{cases}
$$

これを解いて，$f_1 = -8.88\cdots$，$f_2 = -102.88\cdots$，$f_3 = -16.44\cdots$，$f_4 = -33.44\cdots$

④ レギュレータを構築するとき，状態変数ベクトルの値がリアルタイム計測できない場合がある．併合システムでは，オブザーバにより状態変数ベクトルを推定し，その推定値を利用してレギュレータの状態フィードバック制御を行う．

第 15 章

① 省略．
② 省略．
③ 省略．
④ 省略するが，参考文献 [27] などをお勧めする．
⑤ 省略．
⑥ 省略．
⑦ 省略．

索 引

た行

な行

は行

ま行

や行

ら行

著者紹介

木野（きの） 仁（ひとし）　博士（工学）／技術士（機械部門）

1997 年　立命館大学大学院理工学研究科博士後期課程中退
現　在　中京大学工学部機械システム工学科 教授
著　書　『工学博士が教える高校数学の「使い方」教室』ダイヤモンド社 (2020) ほか

監修者紹介

谷口忠大（たにぐちただひろ）　博士（工学）

2006 年　京都大学大学院工学研究科博士課程修了
現　在　立命館大学情報理工学部 教授
著　書　『イラストで学ぶ　人工知能概論　改訂第 2 版』講談社 (2020) ほか

イラストレーター紹介

峰岸（みねぎし） 桃（もも）　イラストレーター／ガラス作家

明星大学日本文化学部生活芸術学科卒業．出版社，輸入商社，大学勤務などを経て，
現在は大阪教育大学教育学部教員養成課程美術・書道教育コースで非常勤講師として勤務．

NDC548.3　283p　21cm

イラストで学（まな）ぶ　制御工学（せいぎょこうがく）

2024 年 2 月 21 日　第 1 刷発行

著　者　木野（きの） 仁（ひとし）
監修者　谷口忠大（たにぐちただひろ）
絵　峰岸（みねぎし） 桃（もも）
発行者　森田浩章
発行所　株式会社　講談社
〒 112-8001　東京都文京区音羽 2-12-21
販売　(03)5395-4415
業務　(03)5395-3615

KODANSHA

編　集　株式会社　講談社サイエンティフィク
代表　堀越俊一
〒 162-0825　東京都新宿区神楽坂 2-14　ノービィビル
編集　(03)3235-3701
本文データ制作　藤原印刷株式会社
印刷・製本　株式会社ＫＰＳプロダクツ

落丁本・乱丁本は，購入書店名を明記のうえ，講談社業務宛にお送りください．送料小社負担にてお取替えします．なお，この本の内容についてのお問い合わせは，講談社サイエンティフィク宛にお願いいたします．定価はカバーに表示してあります．

ISBN 978-4-06-534539-9